The dynamical theory of the Electromagnetic field

James Clerk Maxwell

(riedizione del testo originario del 27 Ottobre 1864)
edizione e commenti di T. Torrance e di C. Vitali

Indice

Prefazione all'edizione italiana

La *Conoscenza* è un concetto che richiede il soggetto che nutre curiosità di osservare e di riorganizzare le proprie osservazioni puramente occasionali secondo tipi di strutture organizzative capaci di attribuire a quelle osservazioni una logica che appaia più soddisfacente di altre ad essa alternative.

È un processo assolutamente *soggettivo* che prende l'avvio da una suddivisione della *realtà naturale* in elementi *esterni* e altri *interni* al soggetto che *osserva* e che, in seguito, sa *organizzare* quanto ha osservato in un insieme organico da lui etichettato *conoscenza*, che egli percepisce in modo gradevole. Un processo che lo gratifica talmente da volere rendere partecipi anche altri soggetti degli esiti facendogli così sviluppare tutte le ulteriori doti che caratterizzano i più disparati *linguaggi* usati dall'uomo per codificare le sue conoscenze e raccoglierne il plauso dai suoi simili. Si tratta di un processo che cerca di *proiettare* sulla realtà una o un'altra forma di classificazione che risulti *apprezzabile* sotto punti di vista *umani*. *Classificazione* che stabilisce relazioni biunivoche tra *oggetti delle osservazioni* e *concetti astratti* che la mente dell'osservatore *percepisce* come dotati di un grado di particolare *gradevolezza*. È un processo che è sopratutto *creativo*, indipendentemente dal tipo di *astrazione mentale* che suggerisce la classificazione, cioè di tipo artistico che ricerca assonanze tra il mondo *interiore* (la psiche) e l'*esteriore* (la realtà naturale). Solo in un momento successivo si pone il problema di *classificare* tali tipi rilevati di assonanza in modo formale con linguaggi che risultino i più appropriati a manifestare ciascuna di esse. Ogni linguaggio formale serve a *comunicare* quelle classificazioni di gradevolezza percepita per permetterne memoria e fruibilità. Ogni struttura che organizza in forma di concetti logici astratti la realtà naturale è portatrice di un *contenuto informativo* che è misurabile in forma matematica. La matematica è quindi un meta-linguaggio che opera su una classe di oggetti astratti (i numeri) e sul piano della logica pura ma che può essere posto in relazione con ogni tipo di classificazione formale espresso in altri linguaggi. La *conoscenza* è l'insieme di tutti i tipi di in cui si è riuscito a classificare le assonanze che l'uomo ha ritenuto di riscontrare

5

tra le sue sensibilità percettive interiori e taluni degli elementi osservabili su cui la sua sensibilità ha concentrato le attenzioni.

Ma perché possa *rilevare* forme di assonanza occorre che la struttura interiore che esprime la *sensibilità percettiva* abbia al suo interno lo stesso tipo di componenti naturali che possano entrare in sintonia con la più vasta realtà esterna. È un tipo di analogia con le scuole *impressionista* ed *espressionista* in storia dell'arte. In tutto la *psiche* gioca il ruolo protagonista sia nella *percezione* delle assonanze che nel *proiettare* suoi concetti pre-esistenti su una realtà informe per permettervi la *percezione* di forme d'ordine e di *classificarne* tale ordine con *concetti astratti* oltre che di formulare *linguaggi formali* adeguati a *comunicarne* i contenuti informativi.

Sembra che tutta la storia della cultura possa ricondursi alla costante ricerca di *trascendere* i limiti delle vecchie conoscenze arricchendone le rappresentazioni astratte con forme sempre più sofisticate e capaci addirittura di operare non più sui puri fatti osservati ma sui concetti astratti che sono stati formulati come rappresentazioni culturali di quelli. È una gerarchia di strutture logiche che possono essere poste in corrispondenza biunivoca grazie al linguaggio universale della matematica.

Si può allora sospettare che esistano due soli aspetti della *realtà naturale*: un unico campo continuo d'energia che nutre in modo indifferenziato sia la realtà osservabile che quella osservante e un campo di numeri presenti in ciascuna delle manifestazioni peculiari assunte da quel campo energetico dalle più piccole (la *micro-fisica*) ai loro aggregati nei sistemi organizzati più complessi e macro-scopici (sia quelli animati che quelli inanimati). Le *forme* che assume il campo energetico nelle sue evoluzioni sono le forme che vengono assunte dalle entità numeriche che le caratterizzano e che perciò si possono rappresentare e classificare con linguaggi astratti matematici. I numeri, le strutture e le loro trasformazioni topologiche son state da sempre suggestive per l'indagine umana. L'ottocento ha avviato il processo formale di rappresentazione astratta della *realtà fisica* in quanto realtà che nasconde la *trascendenza* della *natura* e della sua possibilità di essere conosciuta grazie al particolare patrimonio intrinseco al DNA che

6

caratterizza la vita nell'universo. Lo studio dell'evoluzione delle forme in natura è passato dalla fisica e chimica alla botanica e biologia e cresce la ricerca di darne applicazione in campi di psicologia e di rappresentazione delle instabilità socio-economiche. Il concetto di *unitarietà* della natura è accettato globalmente e richiederà di unificare le scienze *esatte* e quelle *umanistiche*. L'ottocento ha visto nascere le radici delle nuove discipline che oggi forniscono alla ricerca materiale in ogni campo. Allora i matematici e i fisici erano separati dai concetti di *sperimentale* (che restava *oggettivamente* aderente alle *osservazioni*) e quello di *teorico* (che trattava concetti *astratti*) che occasionalmente potevano fornire ai primi strumenti utili per esprimere le *leggi naturali* sotto forma di *equazioni matematiche* (senza rischiare le imprecisioni che comporta l'uso del *linguaggio naturale*. Ciò spesso costituiva un mezzo utile per nascondere l'incapacità di descrivere la *realtà naturale* (di cui s'erano capite solo quelle relazioni che ne legano le evoluzioni nello spazio e nel tempo) ma senza riuscire a rappresentarsi mentalmente alcun tipo di struttura formale che, prima d'essere usata per scopi pratici, si potesse sottoporre a una critica filosofica narrativa.

La storia di Maxwell e di Tesla, ad essa legata, rappresentano un episodio emblematico della costante opposizione opposta, nella storia della scienza, dall'*establishment industriale* gestito dai molti eruditi alla *creatività innovativa* dei pochi scienziati opposizione che trova fondamento nel *senso comune* dettato da *conoscenze tecnologiche* di ieri contro il *buon senso* critico che, su base di *intuizioni artistiche* e prive di già consolidate credibilità tecnologiche, è proposto dagli *scienziati*. L'evoluzione che l'uomo percepisce nella struttura dello spazio-tempo dal tempo di Newton a oggi è enorme ed ha modificato il linguaggio scientifico e la sua rappresentazione con strumenti matematici la cui utilità pratica era totalmente inimmaginabile dai ricercatori delle *scienze matematiche* che li avevano elaborati in epoche precedenti sulla base di processi di ricerca astratta a partire dalla teoria dei numeri e dai suoi sviluppi relativi alla struttura degli spazi matematici nel cui ambito vivono quegli insiemi. Che i numeri siano l'unica realtà ultima della natura è stata un'idea generata dalla cultura filosofica greca prima dell'era volgare, formalizzata da Pitagora.

Che la geometria costituisca l'universale misura del creato è stata un'altra idea generata da Eucliede nella stessa cultura.

Che esistano più insiemi logici capaci di raggruppare i numeri naturali e che tali insiemi si possano raccogliere in famiglie di insiemi altrettanto logicamente equivalenti è stato lo sviluppo che la storia della matematica ha elaborato fino all'avvento delle moderne teorie degli insiemi e dei gruppi di simmetria.

Che la geometria greca non fosse l'unica concepibile e che le geometrie non-euclidee non fossero che una apertura su spazi più astratti di quelli identificabili con le osservazioni in natura è stato uno sviluppo integrato con le teorie degli insiemi e dei gruppi di simmetria che ha dato origine agli spazi topologici utili per *proiettare* su di essi le astrazioni ideali degli elementi osservati in natura.

Che le leggi di natura debbano trovar corrispondenze in forme matematiche che possano permetterne verifiche di correttezza è stata un'idea abbastanza recente nella storia della scienza ed ha generato forme di calcolo sempre più complesse da quelle più elementari e ci hanno permesso di ricercare l'integrazione tra leggi descrittive dei processi fisici e leggi matematiche di metriche capaci di tradurre le leggi fisiche in *leggi matematiche* formalizzate grazie a linguaggi di algebra sempre più flessibili per soddisfare la crescita di complessità delle conoscenze sulla natura.

S'è quindi passati con potenti intuizioni da Galileo a Newton a *leggi di gravitazione* che hanno aiutato a formulare strumenti matematici quali il calcolo differenziale integrale da parte degli stessi fisici (Newton) o dei matematici venuti in loro soccorso (Leibnitz) fino alle altrettanto potenti intuizioni da Faraday a Maxwell con le *leggi elettro-magnetiche* che hanno obbligato a superare la struttura dello *spazio-tempo euclideo* sulle cui basi era il calcolo differenziale integrale per formulare equazioni che possono descrivere il campo *elettro-magnetico* collocandolo in uno *spazio-tempo* più ampio la cui struttura si è poi rivelata essere curva e nel quale vigono leggi proprie di geometrie non euclidee. Le intuizioni successive di *gravitazione relativistica* di Einstein e quelle di veri e propri geni della *creatività* da Bohr a Dirac hanno consentito di raccogliere tutti i nuovi fenomeni osservati in natura entro rappresentazioni

8

matematiche che hanno richiesto lo sviluppo della *teoria dei gruppi di simmetria* e di proporre di rappresentarne lo spazio d'esistenza con strutture geometriche che fossero compatibili con quello di esistenza dei gruppi scelti per formulare le leggi matematiche.

La *topologia* e le relative *trasformazioni* di forma, compatibili con le conversioni permesse dai sistemi matematici nel descrivere le leggi proposte dagli scienziati sono stati sviluppi più recenti della collaborazione tra la fisica sperimentale e la matematica astratta. Collaborazione che sempre più intima da quando l'uomo ha scoperto che le sue intuizioni astratte sulla consistenza della realtà sono *eventi creativi* che (vere e proprie *intuizioni artistiche*) precedono nuove osservazioni (anche se sono generate dalle *suggestioni* fornite dall'incoerenza delle osservazioni rispetto alle vecchie leggi – i cosiddetti *paradossi*).

Questo testo e i commenti che esso ci ha suggerito di proporre al lettore, è solo una cronaca nel corso dello sviluppo della *collaborazione interdisciplinare* che trova costanti ostacoli nella *mentalità egemone* di coloro che, essendosi formati su vecchie conoscenze s'oppongono quindi all'esigenza di doverne rivoluzionare il patrimonio (si tratta d'un costante conflitto tra il *senso comune* dei sapienti e il *buon senso* che, per potersi sintetizzare in progresso scientifico (nei pochi, veri *scienziati* che segnano le pietre miliari nella storia della scienza), richiede di combinarsi con dosi di forte *creatività artistica*.

Il perché della ripresentazione della teoria di Maxwell

La *rilettura* della teoria del campo elettromagnetico così come venne formulata originariamente da Clerk Maxwell nel 1868 ci sembra interessante in quanto consente di integrarvi tutte le scoperte *quanto-relativistiche* successive alla sua *riduzione semplificativa* che Lorentz impose sostituendo alla originaria *metrica non-commutativa* dei quaternioni quella *commutativa* del calcolo vettoriale. Riduzione arbitraria, anche se legittima, della teoria elettromagnetica a una sua applicazione al *caso di studio* molto particolare di uno spazio *localmente piatto* e a *metrica commutativa*. Caso che poi venne assunto, fino a

9

tutt'oggi, come la *soluzione generalizzata* della teoria per tutto il successivo arco di *formazione accademica* di fisici e ingegneri. Lorentz impose, alla rappresentazione che Clerk Maxwell aveva proposto in origine, questa *riduzione della complessità* essenzialmente per facilitarne l'insegnamento accademico colla adozione d'uno *strumento matematico* già molto familiare agli studiosi della sua epoca. Il *calcolo differenziale e integrale* era infatti stato sviluppato da Newton e Leibnitz per descrivere la *teoria della gravitazione* e si riteneva che, per analogia, quei successi lo potessero estendere a spiegare altri fenomeni allora emergenti in *magnetismo, elettrostatica* ed *elettro-dinamica*. La legittimità della trascrizione in una metrica più semplice era assicurata dalla cosiddetta *libertà di gauge* ovvero di libertà nella scelta del sistema di scala in cui descrivere i fenomeni. Inoltre la *riduzione* del numero di equazioni da 20 a 8 sembrò essere pienamente giustificata dal fatto che tutti i fenomeni allora noti potevano essere totalmente descritti dalla teoria ridotta e che quindi le restanti equazioni dovessero essere *puri residui* del tipo di *linguaggio astratto* scelto da Maxwell residui privi di alcun riscontro nella fenomenologia fisica reale. La simmetria imposta ai due campi, *vettoriale* e *scalare*, d'energia potenziale ridussero poi lo studio ai soli fenomeni con comportamenti simmetrici e alla concezione di quei processi artificiali e dei macchinari che basassero i loro comportamenti su tale simmetria funzionale. Furono totalmente esclusi dallo studio quei fenomeni di natura che solo in seguito vennero osservati e descritti con sviluppi difficoltosi del pensiero con la *teoria di relatività generale* (*spazio-tempo curvo* a *metrica non-commutativa* Albert Einstein), la *quanto-elettro-dinamica* (rottura di simmetrie in una gerarchia dei campi energetici P. A. M. Dirac) e la *termo-dinamica del caos* (sistemi a stati critici auto-organizzativi lontani dall'equilibrio Ilya Prigogine e Per Bak).

La formulazione originaria di Clerk Maxwell e la associata descrizione di Whittaker dei potenziali del campo come *treni d'onda bi-direzionali* propagatisi alla velocità della luce nello spazio e nel tempo (*treni d'onda coniugati in fase* nello spazio immaginario della matematica) si può ritenere pienamente descrittiva di tutti i fenomeni elettromagnetici in coerenza con le ulteriori condizioni imposte da quelle successive teorie.

Occorre solamente tenere conto che il *campo di potenziale di energia elettromagnetica* non è che una delle forme in cui si manifesta il *campo unitario dell'energia primordiale*. Campo che pervade tutto lo spazio-tempo anche attraverso fasi quali il *big-bang* critiche ma sempre prive di *singolarità*. Occorre pure tenere conto che le manifestazioni macro-scopiche, stabili e evolutive nell'apparente rispetto del principio termo-dinamico di crescente caos nel tempo, non sono altro che aggregazioni di quanti energetici in costante e virulento divenire che, a partire da eventi virtuali e non osservabili, costruiscono eventi reali osservabili nell'ambito di sistemi complessi che invece presentano intrinseche e permanenti instabilità caratteristiche di *transizioni auto-organizzanti* tra stati di ordine temporaneo lungo linee evolutive che si dimostrano capaci di creare ordine maggiore nel tempo a noi noto a partire da quel massimo *stato di caos* che è misurabile all'atto del *big bang*.

Occorre anche aver chiaro che la struttura dello spazio-tempo è determinata dinamicamente dalla distribuzione dell'energia potenziale e che essa, in generale, è *curva* e *quantizzata* sia nello *spazio* che nel *tempo* a *celle* di dimensione della *grandezza di Planck* (10^{-35}metri) e con una *metrica non-commutativa*, salvo possibili approssimazioni *locali* con *struttura piana* e *metrica commutativa*. Con ciò negando ogni forma di *singolarità* in natura e, per associazione, vietando anche l'adozione, per la descrizione delle *leggi di natura*, di *metriche matematiche* che non ne siano prive.

Occorre poi tenere anche conto della reversibilità nel tempo di eventi fisici misurabili a livello micro-scopico e della piena rappresentatività fisica dei *treni d'onda coniugati in fase* nella descrizione di Whittaker per la propagazione dei potenziali di energia nello spazio-tempo.

Queste considerazioni di *buon senso* fisico offrono l'occasione di una *rilettura* dei fenomeni elettro-magnetici che si sviluppa come segue. L'ambiente globale è permeato da *energia primordiale* che viene rinnovata costantemente dalle stelle e che, al livello di *fenomeni quantistici*, è in uno *stato turbolento*.

Tale campo potenziale di energia si manifesta con fenomeni reali e osservabili generati da processi fisici che raccolgono in modo ordinato energia virtuale fino al raggiungimento della saturazione di livelli dai quali è consentito il decadimento con scambi di quanti verso sensori che risultano ad essi sensibili in modo selettivo. Ogni perturbazione locale della struttura del potenziale d'energia primordiale viene propagata alla velocità della luce nelle due direzioni dello spazio-tempo che compone l'ambiente fisico unitario.

Gli scambi di energia nei sistemi elettromagnetici e tra essi e l'ambiente energetico esterno (lo *spazio-tempo*) sono descritti al livello macroscopico nella teoria elettromagnetica dalle *equazioni dei flussi energetici* definite da Heaviside e da Poynting. I flussi di energia comprendono quelli descritti dalla tradizionale teoria ridotta di Lorentz (i *flussi di Poynting*) e quelli trascurati invece da quella versione semplificata della originaria teoria di Maxwell che sono da attribuire al molto più consistente e completo scambio che avviene tra ogni sistema e il campo di energia primordiale in cui esso è immerso (i *flussi di Heaviside*). Flussi attribuibili a fenomeni virulenti e permanenti che un tempo erano totalmente ignoti alle osservazioni scientifiche (*energia scura* generata dalla struttura curva dello spazio-tempo e dai processi quantistici virtuali che vi si manifestano in modo pervasivo).

In altri termini il *flusso di Poynting* rende conto solo della porzione minima del flusso di energia che si svolge grazie (e attorno ad essi) a ogni sistema di materia che causa coi suoi dipoli la rottura della simmetria nel campo elettromagnetico. Quella piccola porzione in immediata *adiacenza ai conduttori* che è da essi intercettata e li taglia trasversalmente mettendovi in movimento gli elettroni liberi (il *gas di Drude*) e manifesta così i fenomeni descritti anche dalla *teoria ridotta di Lorentz* (e consente di alimentare lavoro utile sui carichi e le dissipazioni sui conduttori).

Al contrario il *flusso di Heaviside* rende conto del flusso globale di *scambi di energia* innescati dalla *rottura di simmetria* causata dai *dipoli* (batterie o alternatori). Ciò include anche, oltre al flusso immediatamente adiacente ai conduttori e deviato a tagliarli (Poynting), i flussi non deviati a intersecarli che però concorrono in modo massiccio e sostanziale al complessivo bilancio di energia (conservazione d'energia nei singoli sistemi e tra essi e lo spazio-tempo).

Lorentz considerò privo di significato questo enorme flusso energetico non deviato sul *gas di Drude* poichè non generava fenomeni sperimentalmente osservabili. Ciò legittimò la sua riduzione arbitraria del sistema matematico originario stralciandovi le equazioni di Heaviside descrittive del flusso globale.

Ogni sistema che generi una rottura artificiale di *simmetria elettromagnetica* (batterie o alternatori), innesca nell'intero spazio-tempo un intenso *scambio di flussi energetici* che non solo alimentano il lavoro utile svolto e le relative dissipazioni circuitali ma che vengono anche dispersi inutilmente nello spazio-tempo come treni d'onda che lo *percorrono in senso bi-direzionale* alla *velocità della luce*. Il dipolo che causa la rottura della simmetria nel campo innesca così un violento e costante processo ordinato di estrazione di energia dalla distribuzione disomogenea e permanente di densità energetica che compone la struttura stessa dello spazio-tempo. L'estrazione di energia innesca a sua volta la propagazione in ogni direzione di treni d'onda d'energia che includono sia il flusso di Poynting (che è utilizzato generalmente dai sistemi simmetrici di Lorentz) sia anche il ben più significativo flusso di Heaviside (che invece è disperso in generale nello spazio-tempo per la inadeguatezza strutturale dei sistemi simmetrici a impiegarlo in modo utile).

I tradizionali sistemi chiusi e simmetrici impiegano infatti metà del flusso di Poynting per alimentare lavoro utile e dissipazioni circuitali e l'altra metà per contrastare la forza contro-elettro-motrice distruggendo ad ogni ciclo operativo il dipolo che genera la raccolta stessa di *energia dal campo d'energia primordiale* che plasma lo spazio-tempo con la sua distribuzione di densità.

Tra i poli di ogni dipolo si genera un *potenziale scalare* che sollecita modifiche nella densità di energia potenziale dello spazio-tempo ed innesca uno scambio di flussi di energia nel suo ambito. Una volta prodotto tale potenziale si trasmette in ogni direzione come treni d'onda alla velocità della luce come descritto da Whittaker. Si tratta di un processo a entropia negativa innescato dal dipolo il quale non si logora ma agisce solo come una sorta di catalizzatore, all'interno del campo energetico, di una valanga di riorganizzazioni con scambi di flusso percepibili ovunque.

In definitiva si innesca una condizione di *caos auto-ordinato* che consente di raccogliere gratuitamente quantità di energia dal vuoto pervaso da una densità di energia primordiale e costantemente rinnovata dalle stelle. Si tratta di uno stato termodinamico proprio dei *sistemi critici auto-organizzati* descritti da Ilya Prigogine e dalla teoria delle *criticità auto-organizzate* di Per Bak.

Questa descrizione del processo innescato dalla rottura di simmetria è più esaustiva rispetto alla condizione (ipotizzata da Lorentz) di equilibrio che si viene a stabilire tra ogni sistema di potenza e il vuoto che lo circonda. Uno stato di equilibrio che termodinamicamente inibirebbe ogni possibile raccolta di energia all'esterno del sistema. Seguendo invece la descrizione del flusso di Heaviside data da Whittaker si intuisce che la riorganizzazione di densità energetica innescata dal dipolo in tutto lo spazio-tempo, muove dal dipolo in ogni direzione alla velocità della luce come un insieme armonico di *treni d'onda* longitudinali *elettro-magnetici* organizzati nell'ambito del flusso di particelle virtuali del vuoto. Ogni treno d'onda consiste d'una coppia d'*onde* uscenti *longitudinali* nello spazio a tre dimensioni e dalla rispettiva onda entrante *coniugata in fase* sul piano complesso. Ciò fornisce una descrizione secondo lo *spazio-tempo* in coordinate complesse di Minkowski. Ciò assicura un processo a *entropia negativa* di *riorganizzazione della energia* non solo nello spazio ma anche nel tempo. In definitiva il sistema termodinamico che viene sollecitato a riorganizzarsi dalla rottura di simmetria del dipolo è un sistema lontano dall'equilibrio in cui nello ambiente esterno si innesca una catena di auto-organizzazioni attorno al *treno* di Whittaker *bidirezionale* colla riverberazione al suo interno di *auto-oscillazioni* che alimentano l'ambiente e il sistema innescante e che procede per salti critici verso assetti auto-ordinati di maggiore ordine. In linea con le più attuali teorie termodinamiche dei sistemi complessi.

Il fatto che la teoria ridotta di Lorentz non contenga capacità di descrivere matematicamente se non il *flusso minimale d'energia* di Poynting, non toglie che esista un processo globale ben più massiccio di *flussi energetici* di Heaviside che risulta più adeguato a descrivere il campo di energia primordiale ed i suoi processi interni secondo le più aggiornate realtà relative alla struttura dello spazio-tempo e delle dinamiche proprie dei sistemi termo-dinamici in natura. Ciò costringe a rivedere il concetto *potenziale scalare*. Esso non è una grandezza scalare ma consiste di un flusso dinamico e bi-direzionale di treni d'onda energetici. Nella sua interazione con una carica puntiforme l'effetto complessivo ha una dimensione scalare che però rappresenta solo quella energia del potenziale che è stata deviata a sollecitare la carica stessa a vibrare. Si tratta solo di una porzione minimale del potenziale: un puro *vortice* all'interno del *fiume* di energia.

Il dipolo sollecita un enorme e vorticoso processo di flussi nello spazio-tempo esattamente come la griglia di un triodo provoca lo scatenarsi amplificato di scambi di energia dall'alimentatore anodico (lo spazio-tempo) sul carico utile catodico (del *sistema di potenza*) con una minimale perturbazione dell'equilibrio dei flussi elettrici. L'assunzione di Lorentz di calcolare solo i *flussi di energia* che attraversano la *superficie chiusa* che delimita opportuni *volumetti di spazio* escluse ogni possibilità di poter calcolare anche quei flussi che non fossero *deviati a tagliare* le *superfici stesse*. Occorre invece agire sui *flussi* in genere non *deviati a tagliare* i *conduttori circuitali* agendo sui *treni di onde di energia* che si propagano nello spazio a causa dell'*azione innescata dal dipolo*. Una tecnologia che progetti *sistemi-triodo* capaci di incanalare a volontà l'energia contenuta da tali *treni d'onda* per sfruttare il *flusso totale di Heaviside* consentirebbe di estrarre in modo gratuito energia dal campo primordiale e costantemente rinnovato dalle stelle senza contravvenire alla *legge di conservazione* né al *secondo principio della termodinamica*. Questa è la sfida che una rilettura della originaria teoria di Maxwell alla luce delle conoscenze odierne in quantistica e in termodinamica permetterebbe di vincere. Le equazioni di Maxwell vennero formulate nel suo lavoro originario per riepilogare l'insieme dei fenomeni osservati da diversi ricercatori in materia di interazione tra l'elettricità e il magnetismo. Esse riuscirono a esprimere le modalità in cui: campi magnetici variabili generino campi elettrici; l'assenza sperimentale di monopoli magnetici in natura; correnti elettriche e campi elettrici variabili producano campi magnetici; cariche elettriche generino campi elettrici. Maxwell aggiunse alle leggi già note un termine ulteriore relativo all'esistenza di correnti dovute allo spostamento di cariche che gli permisero di giungere a riepilogare i fenomeni con l'equazione delle onde elettro-magnetiche e la conseguente dimostrazione che la anche luce è un'onda elettro-magnetica. Vogliamo riepilogare nel seguito i passi seguiti da James Clerk Maxwell e le riduzioni apportate al suo lavoro originario:

- Maxwell aveva riepilogato tutti i fenomeni elettrici e magnetici noti alla sua epoca nell'ambito di un insieme di 20 equazioni in 20 incognite (cfr. traduzione del libro originario Torrance),
- Le 20 equazioni in 20 incognite riepilogavano i fenomeni elettrici e magnetici che erano stati descritti empiricamente fino allora dalle osservazioni sperimentali (cfr. elenco in Torrance)
- L'insieme di 20 equazioni in 20 incognite era quello minimo sufficiente e necessario per descrivere tutte le leggi empiriche e costituiscono una teoria che le riassume in modo sintetico. Come ogni teoria unitaria essa spiega i tanti fenomeni come manifestazioni settoriali di un numero più ridotto di enti fisici progenitori che Maxwell propose in 2 'campi elettromagnetici' uno vettoriale e l'altro scalare riassumendo quindi tutte le 20 equazioni in 20 incognite in un insieme ristretto di 4 equazioni ove figuravano 2 componenti *vettoriale e scalare* (cfr. equazioni:

$$\nabla x E = -B$$
$$\nabla x H = J + D$$
$$\nabla . B = 0$$
$$\nabla . D = \varrho$$

in cui

E=intensità del campo elettrico;
H=intensità del campo magnetico;
B=induzione magnetica;
D=spostamento elettrico;
J=densità di conduzione di corrente;
ϱ=densità di carica elettrica.

16

- Tale insieme ristretto di equazioni inoltre può essere ancora ridotto in 2 sole equazioni in cui i campi vettoriale e scalare sono spiegati come aspetti osservabili di 2 campi, *vettoriale* e *scalare*, che descrivono la distribuzione del campo di energia potenziale del campo elettromagnetico unitario nello spazio (cfr. equazioni:

I) $(-c^2 \nabla^2 A + c^2 \, \nabla(\nabla x A) + \delta(\nabla \Phi)/\delta t + \delta^2 A/\delta t^2 = j/\varepsilon_0)$ ε,

II) $-\nabla^2 \Phi - 1/c^2 \delta/\delta \Phi^2 = \varrho/\varepsilon_0.$)

- Maxwell a quel punto doveva scendere a formalizzare in un linguaggio matematico rigoroso le relazioni quantitative tra specifici fenomeni che quella sua sintesi organica e unitaria fosse in grado di prevedere in valori che rispondessero a quelli osservati nella realtà sperimentale
- Le equazioni proposte da Maxwell vennero da lui descritte con un formalismo matematico alquanto inusuale e molto complesso per la sua epoca affascinata dalla semplicità e potenza del calcolo infinitesimale adottato da Newton e Leibnitz per descrivere il movimento dei gravi sotto azione di campi di forza vettoriali in uno spazio euclideo a metrica commutativa:

  A.B=B.A)

- Maxwell adottò invece i quaternioni (quadrivettori operanti in spazio curvo con metrica non commutativa:

  A.B≠B.A)

- Per Maxwell sarebbe stato totalmente legittimo e possibile scegliere la metrica vettoriale allora popolare nella dinamica dei corpi e la conseguente estrazione dalla sua teoria delle deduzioni formali ricavate dalle regole di trasformazione coerenti con tale diversa scelta che avrebbe obbligato al rispetto della diversa sintassi. Questa libertà, ed obbligo di coerenza, è permessa in fisica e si chiama 'libertà di gauge' (libertà di scegliersi il sistema di riferimento topologico)

- La rappresentazione matematica condusse a riepilogare le 20 equazioni in 20 incognite nella forma di 4 equazioni in cui sono presenti, e tra loro interdipendenti, i campi magnetico e elettrico in forma vettoriale e scalare ma lasciando liberi di scegliere quali tipi di

17

vettori adottare e, con essi, la coerente metrica e il tipo di spazio di esistenza (cfr. equazioni:

$$\nabla \mathbf{x} E = -B; \quad \nabla \mathbf{x} H = J + D; \quad \nabla . B = 0; \quad \nabla . D = \varrho),$$

• Un'ulteriore riduzione delle equazioni in forma più sintetica è, come detto, la seguente che descrive le relazioni tra i campi elettrico e magnetico come aspetti di due potenziali elettro-magnetici uno *vettoriale* e l'altro *scalare* (cfr. equazioni:

I) $\quad (-c^2\nabla^2 A + c^2 \, \nabla(\nabla \mathbf{x} A) + \delta(\nabla \Phi)/\delta t + \delta^2 A/\delta t^2 = j/\varepsilon_0) \; e,$

II) $\quad -\nabla^2 \Phi - 1/c^2 \delta/\delta \Phi^2 = \varrho/\varepsilon_0.)),$

• Maxwell ebbe un'ulteriore intuizione, e cioè che quei due campi di potenziale avessero un significato fisico e non un semplice formalismo matematico. Essi in altri termini costituiscono una struttura realmente esistente in Natura, un duplice aspetto che assume il campo di energia elettromagnetica.

• Se due sono i campi di energia potenziale elettromagnetica in natura, uno *scalare* e l'altro *vettoriale*, rappresentati dalle due equazioni del punto precedente, essi hanno valori quantitativi propri e diversi in relazione alla loro rappresentazione della distribuzione d'energia irradiata dai corpi stellari nello spazio-tempo,

• Le due equazioni sono tra loro autonome pertanto le deduzioni quantitative che ciascuna di esse permette non sono tra loro in un rapporto fisso. Mentre ciascuna delle due permette il calcolo della distribuzione delle intensità di ciascuno dei due campi esse danno quelle due distribuzioni sfasate tra loro in valore a meno di un ammontare costante dato da:

$$c^2 \nabla(\nabla \mathbf{x} A) + \delta(\nabla \Phi)/\delta t$$

se si scegliesse un particolare 'punto di riferimento' dello spazio-tempo nel quale il valore di

$$(\nabla \mathbf{x} A = -1/c^2 \delta \Phi/\delta t),$$

quell'elemento si azzererebbe e stabilirebbe una piena fasatura tra i due campi,

• La relazione tra i valori assunti dalle 2 equazioni sintetiche del potenziale vettoriale e scalare elettromagnetico descrittive del loro

18

comportamento, è insomma relazione tra valori relativi e differisce per un ammontare costante che dipende solo dalle condizioni del punto spaziale in cui viene scelto di misurarli (cfr. il fattore di diversità:

$(\nabla \times A = -1/c^2 \delta \Phi / \delta t)$,

• Pur di scegliere un opportuno riferimento spaziale (gauge), il fattore di diversità può quindi essere ridotto a zero. Questo è infatti uno dei possibili valori assunti da quella costante in un seppure specifico riferimento (la scelta di un *gauge* particolare attribuì allora una forma simmetrica alle due espressioni:

vettoriale $(\nabla^2 A - 1/c^2 \delta^2 A / \delta t^2 = -j/\varepsilon_0 c^2)$ e

scalare $(\nabla^2 \Phi - 1/c^2 \delta^2 \Phi // t^2 = -\rho/\varepsilon_0))$,

La scelta di un sistema di riferimento in cui quella costante assume valore nullo conduce le due equazioni del potenziale vettoriale e scalare a presentare forma matematica simmetrica le cui soluzioni (funzioni d'onda) sono funzioni di tipo sinusoidale (cfr. l'equazione:

I) $(\nabla^2 A - 1/c^2 \delta^2 A / \delta t^2 = -j/\varepsilon_0 c^2)$ e

II) $(\nabla^2 \Phi - 1/c^2 \delta^2 \Phi // t^2 = -\rho/\varepsilon_0))$,

• Lorentz impose queste, seppur riduttive, doppie semplificazioni in modo legittimo
   I)   il *gauge* – lo spazio euclideo e commutativo – e
   II)   l'*azzeramento del valore relativo* tra i 2 potenziali)
solo al fine di facilitare l'insegnamento della teoria elettro-magnetica
• Tuttavia quella scelta di Lorentz comportò di abbandonare la metrica dei quadrivettori in spazio curvo non commutativo e di trascrivere in metrica vettoriale in spazio piano euclideo le equazioni da lui ridotte nella difficoltà,
• Grazie alla rappresentazione in 4 equazioni riepilogativa del comportamento organico dei 2 potenziali vettoriale e scalare del campo d'energia elettromagnetica che esiste in Natura in un carattere pervasivo e 'gratuito' che Maxwell ci ha fornito si possono ricavare, come 'casi particolari' tutte le 20 'leggi' descritte su base empirica dietro l'osservazione dei fenomeni da cui egli era partito,

- Tuttavia se si deducono le 20 'leggi empiriche' dalla sua teoria originaria (quaternioni a metrica non commutativa) esse contengono aspetti di soluzioni teoriche (funzioni d'onda) ben più ricchi di quelli che possono essere contenuti invece nella versione 'ridotta' di Lorentz (trivettori, metrica commutativa),
- Infatti il risultato della duplice pur legittima semplificazione fu quello di ridurre, per ogni uso pratico e teorico, il numero delle possibili previsioni che invece la sintetica e più potente forma di Maxwell consentiva di dedurre dalle sue 20 leggi originarie. Ciò ha comportato una corrispondente perdita del potenziale di quella teoria di dare 'informazione scientifica' e di promuovere l'innovazione tecnologica fino ad oggi,
- Infatti da allora tutte le applicazioni tecnologiche della teoria elettromagnetica si sono sviluppate trascurando il potenziale di possibili applicazioni che venne smarrito a causa della pur legittima, riduzione semplificativa di Lorentz-Heaviside,
- Lo sviluppo delle conoscenze scientifiche successive alla teoria originaria di Maxwell hanno potuto dare conferma della correttezza delle deduzioni teoriche della teoria di Maxwell non solo sul fatto che la luce fosse un aspetto 'locale' dello stesso campo elettromagnetico ma sulla sua originaria intuizione circa la struttura non commutativa e curva dello spazio-tempo (cfr. compatibilità tra le teorie di Maxwell e di Einstein) e anche dell'esistenza fisica di onde elettromagnetiche a propagazione inversa nel tempo con trasmissione di energia virtuale (la scomposizione in somme di 'treni d'onda' bidirezionali venne proposta formalmente da Whittaker),
- Tra gli studiosi dell'epoca che riuscirono a percepire il pieno valore della originaria teoria elettromagnetica di Maxwell figurò Nikola Tesla, un ricercatore che applicò dapprima le previsioni della stessa allo sviluppo di brevetti per generare potenza elettrica in corrente alternata (sostituendo le vecchie centrali in corrente continua con impianti a rendimento più alto) per poi concentrarsi sulla ricerca di trasmissione d'onde di potenza elettrica a distanza via etere (eliminazione delle costose e dispersive linee di potenza e produzione

di sistemi d'arma a radiazione), infine sulla ricerca di raccolta gratuita dell'energia elettromagnetica irradiata dagli oggetti stellari e disponibile sotto forma di campo di energia onnipresente e pervasivo in ogni tempo e punto fisico dello spazio-tempo la cui struttura fosse quella ipotizzata dallo spazio di esistenza dei quaternioni scelti da Maxwell

- Si può riepilogare quanto esposto affermando che esiste in Natura un campo di energia elettromagnetica che pervade tutto lo spazio-tempo dalla sua origine per tutta la sua 'durata'. Tale campo energetico è rinnovato costantemente dai fenomeni stellari ed è quindi 'disponibile gratuitamente' in ogni punto del cosmo purché si riuscissero a identificare i fenomeni elementari grazie ai quali l'energia viene emessa e resa disponibile. Un impegno in teoria elettromagnetica e in quella quanto-elettro-dinamica potrebbe conseguire nella pratica quei successi che Nikola Tesla ricercò per tutta la sua vita seguendo intuizioni geniali ma frustrato dalle carenze sia di componentistica tecnologica (elettronica) sia di quella fisico-matematica della sua epoca

La formulazione matematica delle originarie leggi di Maxwell può fornire la descrizione delle 20 equazioni nell'ambito di due diversi linguaggi: cartesiano (in coerenza col calcolo integrale o colle derivate parziali), quaternale (quadri-vettori nello spazio dei numeri immaginari che seguono le regole di una metrica non-commutativa in cui cioè il prodotto tra due entità A e B è diverso nei due casi in cui le si moltiplichino nell'ordine A.B o in quello B.A). Una ulteriore formulazione fu fornita da Heaviside che tentò la descrizione delle 20 equazioni originarie adottando il linguaggio vettoriale (a tre dimensioni nello spazio dei numeri reali che seguono invece le regole della metrica commutativa in cui cioè il prodotto tra due entità A e B risulta indifferente tra i due casi in cui le si moltiplichino nell'ordine A.B piuttosto che in quello B.A). La formulazione di Maxwell coi quaternioni include le correnti dovute allo 'spostamento' delle cariche elettriche nel corpo delle sostanze sottoposte al campo elettromagnetico mentre la formulazione di Heaviside le esclude ed è integrata da una ulteriore *equazione di Lorentz* che descrive la forza

subita da particelle cariche nel loro moto nell'ambito di campi elettrici e magnetici; artificio che riequilibra le due forme. Heaviside con la sua formulazione cercava di semplificare la complessità della matematica di Maxwell per agevolare lo studio della sua teoria rivoluzionaria ritenendo inoltre in piena buona fede che tutti gli aspetti della teoria relativi ai numeri immaginari e a spazi non piani né commutativi giungessero inevitabilmente a prevedere soluzioni delle equazioni valide solo sul piano della matematica adottata ma fossero prive di significato fisico nel mondo reale (che all'epoca era ispirato alla teoria meccanicista di Newton) ma condusse alla perdita di potenza descrittiva di fenomeni allora ignoti totalmente e che sarebbero stati scoperti e descritti solo in epoca successiva dalla teoria della relatività di Einstein (descritta col linguaggio di quadri-vettori a metrica tensoriale nello spazio curvo) e dalla quantistica di PAM Dirac (descritta col linguaggio dei *gruppi di simmetria* che include i linguaggi precedenti entro metriche più potenti e capaci di fornire formulazioni unitarie delle tre teorie precedenti; elettromagnetica, relativistica e elettro-quanto-dinamica).
Indipendentemente da quella perdita di contenuti previsionali esiste tuttavia un ulteriore problema relativo alle due soluzioni matematiche delle equazioni di Maxwell nelle loro formulazioni espresse con i quaternioni e con i vettori. Le soluzioni infatti forniscono radici a tre diversi ordini gerarchici.
Le radici del primo ordine danno luogo alle 20 *equazioni ai differenziali parziali* descritte da Maxwell nel suo lavoro originario. A questo livello di radici le equazioni vettoriali di Heaviside presentano il suggerimento attraente di dare una semplificazione di forma tra la soluzione relativa al potenziale elettro-magnetico vettoriale e quella relativa al potenziale elettro-magnetico scalare. Questa semplificazione di forma rende simmetriche le soluzioni relative ai due campi del potenziale elettromagnetico ma conduce a trascurare la previsione relativa all'esistenza in natura di onde elettromagnetiche scalari longitudinali. Le 8 equazioni vettoriali si ridussero a 4 e ne venne facilitato lo studio che però si limitava a descrivere solo *aspetti parziali* della teoria originaria trascurando perfino tipi di onde che

sono state studiate e sperimentate da inventori di grande preparazione sin dalle ricerche di Tesla fino alle odierne armi più innovative.

Le radici del second'ordine forniscono soluzioni matematiche che prevedono un *campo elettrico vettoriale* nullo. Soluzione che venne ritenuta priva di significati fisici e che, quindi, fu scartata ma le ricerche originali di Tesla sulle onde elettro-magnetiche scalari longitudinali hanno dato corpo ai contenuti fisici di *campi elettrici stazionari* composti da treni d'onda sfasate di 180° viaggianti, cioè, nelle due direzioni opposte e mutuamente bilanciantesi al valore complessivo zero.

Le radici del terzo ordine forniscono soluzioni matematiche che prevedono un campo vettoriale elettrico di valore pari alla *radice di numeri negativi*. Soluzioni nello *spazio immaginario* che sono sempre state sempre ritenute prive di *significato fisico reale*; ma le successive scoperte di fenomeni che, ad un livello quantistico, *procedono a ritroso* nel tempo, rendono attuale la revisione globale delle previsioni proposte dall'originaria formulazione quaternale di Maxwell della sua teoria del campo elettro-magnetico e può aiutare alla revisione sul piano epistemologico dei fenomeni fisici.

Prefazione alla riedizione inglese

Il saggio di James Clerk Maxwell *'Una teoria dinamica del campo elettro-magnetico'* fu presentato alla Società Reale a Londra il 27 Ottobre 1864 e venne pubblicata l'anno seguente nel volume CLV delle Philosophical Transactions.

Maxwell era una persona oltremodo modesta che teneva un basso profilo sui propri risultati e non ne parlava alla leggera. Tuttavia i suoi primi biografi Lewis Campbell e William Garnett nella loro opera *'La vita di James Clerk Maxwell'* del 1882 hanno dato evidenza ad una lettera in cui Maxwell scrisse del suo lavoro ad uno stretto parente in toni entusiastici: *'ho anche un documento su una teoria elettro-magnetica della luce che, tranne non mi convinca altrimenti, ritengo altamente esplosiva'*. Dimostrando così che essa, benché fosse di una concezione tanto rivoluzionaria e di grande rottura rispetto all'ossessione scientifica nei confronti dei modelli meccanici e delle spiegazioni rigorosamente meccanicistiche dei fenomeni naturali, prese un lungo tempo perché il mondo scientifico l'accettasse e ne apprezzasse le conseguenze.

Al proposito la reazione di Sir William Thomson (Lord Kelvin) l'intimo amico di Clerk Maxwell cui egli era molto debitore, è particolarmente interessante e illuminante. In una lettera inedita all'Università di Glasgow sulla quale è stata orientata la mia attenzione dal professor Sir John C. Gunn, *'Pubblicazioni di Kelvin M17'*, Clerk Maxwell riferisce di un commento espresso da Sir William che, nel suo allontanarsi dal modello meccanico di interpretazione, Maxwell stesse perdendosi in *'misticismi'*! Thomson non accettò mai in modo totale il suo distacco dalla stretta tradizione Newtoniana di pensiero meccanicistico non ostante la verifica, nel 1887, delle previsioni di Clerk Maxwell sulla radiazione elettromagnetica. Perfino quando Einstein, nel 1904, stese i suoi quattro lavori stupefacenti Thomson continuò a dichiarare che la teoria elettromagnetica di Clerk Maxwell non fosse pienamente accettabile. I successivi progressi in fisica han dimostrato altrimenti.

Dai primi giorni all'Accademia di Edimburgo e alla Edinburgh University, Clerk Maxwell aveva subito la suggestione dei rapporti delle forme geometriche col movimento ed aveva sviluppato nuovi modi di pensare che applicò con successo in varie aree della ricerca e della teoria, nella sua spiegazione della stabilità degli anelli di Saturno, nella sua teoria dinamica dei gas, nel suo lavoro sulla visione a colori e sulla fotografia a colori e, sopra a tutto, nella sua spiegazione della nostra comprensione di elettricità, magnetismo e luce grazie alla loro unificazione in una sola teoria elettromagnetica. Tuttavia sin dai suoi primi lavori, Clerk Maxwell si rese conto della limitata applicabilità della pura analisi matematica per rendere conto delle modalità dinamiche delle connessioni osservate in natura. Maxwell quindi, benché sia stato più avanzato di ogni altro scienziato, tra Newton ed Einstein, nell'applicare rigorosamente le equazioni matematiche ai fenomeni naturali ed ai loro comportamenti, restò sempre consapevole della 'vastità della natura rispetto alla limitatezza delle nostre scienze simboliche'. Riteneva che nessuna scienza umana potesse mai dare completo riscontro con le sue connessioni teoriche delle reali modalità di connessione esistenti in natura. Per quanto valide esse possano essere come sistemi simbolici e matematici esse sono vere solo entro certi limiti e pongono essere accettate dagli uomini di scienza, così come da quelli di fede, in tanto in quanto essi possano servirsene per orientare l'indagine scientifica umana al di là dei suoi propri limiti verso quella regione nascosta in cui il pensiero si sposa coi fatti e dove le operazioni mentali del matematico e le azioni fisiche della natura vengono osservate nella loro relazione concreta. In altri termini Clerk Maxwell riteneva che le scienze naturali non possano progredire senza prendere in considerazione un riferimento metafisico capace di dare significato ultimo delle origini della natura nel Creatore. Perciò mentre Clerk Maxwell non ha mai introdotto le sue profonde convinzioni teologiche evangeliche nelle sue ricerche fisiche e nelle speculazioni teoriche, ma ha permesso che la sua fede cristiana in Dio Creatore e Reggitore dell'universo esercitasse solo una qualche funzione regolatrice di controllo sui giudizi che doveva formulare circa l'appropriatezza e la coerenza delle teorie scientifiche che formulava; cioè se esse fossero adeguate a-misura della 'ricchezza del Creato'.

È in tale spirito che egli propose le sue teorie, sempre con riserva e sempre con la richiesta che le si dovessero sottoporre alla verifica dei fatti, in quanto la sua fede cristiana non gli avrebbe permesso di porre confini ad alcuna area rispetto alla esigenza di verificarla criticamente o rivendicare la correttezza delle sue teorie al di là del loro carattere provvisorio e sempre perfettibile. Ciò era caratteristico dello *spirito scientifico* che Clerk Maxwell aveva trovato in Faraday e di cui si preoccupò di rendere conto nella conclusione del suo articolo su Faraday per l'Enciclopedia Britannica. Ciò che Clerk Maxwell vi affermò su Faraday vale anche per lui stesso.

'Una teoria dinamica del campo elettromagnetico' fu ripubblicato da W. D. Niven nel primo volume de *'I documenti scientifici di James Clerk Maxwell'* che egli raccolse e pubblicò nel 1890. si spera che questa nuova edizione in cui essa per la prima volta viene pubblicata in modo autonomo la possa rendere più disponibile. Ciò è di certo necessario in quanto, benché si tratti della monografia più importante dell'intera storia della scienza, sembra che essa sia stata letta raramente o che sia addirittura sconosciuta. Non ho apportato modifiche al testo ma mi sono preso la libertà di modernizzare certi termini e di renderli coerenti lungo tutto il documento. Le note occasionali in parentesi quadre sono dell'editore originario, W.D. Niven. Qualche termine adottato da Clerk Maxwell suonerà strano al lettore moderno a causa delle modifiche al linguaggio scientifico oggi in uso che il lavoro scientifico stesso di Clerk Maxwell ha imposto alla concezione della realtà fisica. Ciò vale in modo alquanto sottile per i termini di *'forza'* e di *'energia'* e di *'campo'* in quanto le implicazioni ultime delle scoperte di Michael Faraday sulle linee mobili di forza e della realtà fisica del campo si riversarono nel resoconto matematico di Clerk Maxwell sulle proprietà intrinseche del campo elettromagnetico. Lo stesso Clerk Maxwell condusse rimarchevoli tentativi per modificare le sue interpretazioni dei campi di forza in modo che fossero coerenti con la teoria meccanica classica ma divenne sempre più chiaro che il concetto di *'forza interattiva'* unitamente a quello d'*'energia potenziale d'un sistema'*, venivano a mancare delle loro basi nel momento in cui si doveva rifiutare la

nozione di *'azione istantanea a distanza'*. L'effetto di un tale cambiamento implicava che il *'campo'*, come era descritto dalle equazioni differenziali parziali di Clerk Maxwell, veniva a rimpiazzare la *'forza'*. Per questo motivo lo si può trovare a modificare la sua terminologia, in modo non sempre coerente, per parlare dell'*'energia intrinseca del campo elettromagnetico'* come funzione della polarizzazione elettrica e magnetica in ogni punto e proporre le sue *equazioni generali del campo* come espressione delle relazioni che intercorrono tra campi elettrico e magnetico e dei tassi di variazione dei campi nel tempo e sulla distanza.

Tuttavia nel tentativo di offrire un resoconto sullo sviluppo della teoria del campo elettromagnetico di Clerk Maxwell in modo che sia fedele a quanto sperimentato da Clerk Maxwell stesso, ho conservato il linguaggio che egli usò a ogni stadio degli sviluppi e cioè rispetto a *'Sulle linee di forza di Faraday'* e poi in *'Una teoria dinamica del campo elettromagnetico'* .

Il lettore moderno potrà voler condurre più oltre le modifiche sopravvenute nella terminologia scientifica quando vorrà parlare di *'vettore campo elettrico'* o di *'vettore campo magnetico'* in luogo della nomenclatura usata da Clerk Maxwell di *'forza elettromotrice'* e di *'forza magnetica'* o se vorrà parlare di *'vettore potenziale magnetico'* al posto dell'originario *'momento elettromagnetico'* di Maxwell. Il lettore dovrebbe osservare che Clerk Maxwell usa in due sensi diversi i termini *'forza elettro-magnetica'* e *'momento elettromagnetico'* nella loro consistenza fisica e all'atto della loro applicazione a un circuito. Mentre lo stesso Clerk Maxwell nel lavoro originario per proporre la sua teoria ha usato otto equazioni distinte, la rappresentazione odierna delle *'equazioni di Maxwell'* viene in genere ridotta alle quattro seguenti nella loro versione vettoriale:

1. $\nabla \times \mathbf{E} = -\mathbf{B}$
2. $\nabla \times \mathbf{H} = \mathbf{J} + \mathbf{D}$
3. $\nabla \cdot \mathbf{B} = 0$
4. $\nabla \cdot \mathbf{D} = \varrho$

in cui **E**=intensità del campo elettrico; **H**=intensità del campo magnetico; **B**=induzione magnetica; **D**=spostamento elettrico; **J**=densità di conduzione di corrente; ϱ=densità di carica elettrica. Siccome Clerk Maxwell non impiegò quantità vettoriali, benché usi triplette di valori scalari, il lettore troverà comodo l'impiego di una tabella di conversione delle sue triplette originarie nei simboli impiegati oggi per le principali quantità fisiche come segue:

momento elettromagnetico	F, G, H
vettore potenziale	**A**
intensità magnetica	α, β, γ
campo magnetico	**H**
forza elettromotrice	P, Q, R
campo elettrico	**E**
corrente generata dalla conduzione	p, q, r
corrente condotta	j
spostamento elettrico	f, g, h
spostamento elettrico	**D**
corrente totale	p', q', r'
corrente totale	J
quantità di elettricità libera	e
densità di carica elettrica	ϱ
potenziale elettrico	Ψ
potenziale elettrico	Φ

occorre infine notare che Clerk Maxwell usa ovunque la annotazione di derivata totale d/dt mentre, per concordare con gli standard odierni, sarebbe necessario adottare le annotazioni di derivata parziale $\delta/\delta t$ in tutte le posizioni appropriate e soprattutto a partire dal paragrafo 55 in poi. Inoltre s'è voluto inserire l'apprezzamento formulato nel 1931 (centenario della nascita di Clerk Maxwell) da Albert Einstein sull'importanza che il pensiero di Clerk Maxwell ha avuto nella storia della scienza.

Edimburgo Maggio, 1982

Thomas F. Torrance

28

Introduzione

Nessuno più di Clerk Maxwell seppe apprezzare Michael Faraday. Egli si trovò in una tale e profonda affinità con l'intuizione fisica e con l'approccio teorico di Faraday che tutto ciò che Clerk Maxwell ebbe a dire sull'importanza di Faraday nella storia della scienza getta ampia luce su lui stesso. Ciò che perciò Clerk Maxwell scrisse di Michael Faraday subito dopo la sua morte nel 1867 può consentirci di attribuire in modo corretto la stessa importanza a Clerk Maxwell nella storia della scienza, in particolare per ciò che concerne l'interpretazione del 'campo elettromagnetico'.

Clerk Maxwell definì Michael Faraday come 'padre della scienza estesa dell'elettro-magnetismo che riesce ad abbracciare in unitarietà tutti i fenomeni che in precedenza erano stati studiati separatamente', e che 'egli intraprese l'obiettivo di studiare i fatti, le idee e la terminologia scientifica dell'elettromagnetismo col risultato di rimodellarli complessivamente secondo un approccio di metodologia scientifica totalmente nuovo' e che 'la posizione chiave che attribuiamo a Faraday nella scienza elettro-magnetica può apparire a qualcuno come inconsistente col fatto che la scienza elettromagnetica sia una scienza esatta e che essa avesse, in qualche sua branca, già raggiunto una formulazione matematica prima di Faraday, laddove Faraday non fosse uno specialista in matematica e, nei suoi scritti, non troviamo alcuna di quelle integrazioni delle equazioni differenziali che ci aspetteremmo fossero l'essenza stessa delle scienze esatte. Consultando Poisson e Ampere che lo precedettero, troveremmo le loro pagine piene di simbolismi che Faraday non sarebbe stato in grado di capire. Si ammette che Faraday abbia fatto grandi scoperte ma, se prescindiamo da quelle, come si può giudicare così elevato il suo metodo scientifico, senza sminuirne la matematica adottata da quegli eminenti scienziati? È vero che nessuno può coltivare l'essenza delle scienze esatte senza capirne i formalismi matematici ma non dobbiamo supporre che i calcoli e le equazioni ritenuti utili dai matematici esauriscano la totalità della matematica. Il calcolo ne è solo una branca. Inoltre la 'geometria delle posizioni' è un esempio di *scienza matematica fondata senza l'ausilio del calcolo. Ora le 'linee di forza' di Faraday occupano nella scienza elettromagnetica lo stesso ruolo che le linee di matita occupano nella 'geometria di posizione'. Esse ci forniscono un metodo per costruire una immagine mentale esatta di ciò su cui stiamo speculando. Il modo in cui Faraday ha fatto uso della sua idea di 'linee di forza' nel coordinare i vari fenomeni della induzione magnetoelettrica ci segnala in lui un vero matematico di altissima statura da cui i matematici del futuro potranno ricavare metodi validi e fertili'. In quanto il progresso delle scienze esatte dipende dalla scoperta e dallo sviluppo di idee appropriate ed esatte per mezzo delle quali, da un lato, ci formiamo una rappresentazione mentale dei fatti che sia sufficientemente generale da spiegare ogni fatto perticolare e, da un altro lato, che sia sufficientemente corretta da assicurarci le deduzioni che ne possiamo ricavare grazie alla applicazione delle riflessioni matematiche'. 'Dalla linea retta di Euclide alle 'linee di forza' di Faraday, questo è stato il carattere delle idee grazie alle quali la scienza ha progredito e grazie al libero impiego di idee dinamiche e geometriche possiamo sperare in ulteriori progressi. L'uso dei calcoli matematici è di confrontare i risultati dell'applicazione di queste idee con le misure raccolte sulle grandezze coi nostri esperimenti. La scienza elettrica si trova oggi allo stadio in cui tali calcoli e misurazioni sono della massima importanza'. 'Probabilmente siamo ignoranti perfino sul nome da assegnare alla scienza che nascerà dal materiale sperimentale che stiamo raccogliendo nel momento in cui nascerà il grande filosofo della scienza dopo Faraday'.*

Con questi brevi paragrafi Clerk Maxwell indica quelle peculiarità della attività scientifica di Faraday che sposavano le sue stesse convinzioni e accelera la sua integrazione tra intuizione fisica e visione matematica. Per inclinazione naturale e formazione originaria alla Accademia di Edimburgo e alla Edinburgh University, Clerk Maxwell era insoddisfatto del puro strumento di analisi matematica incentrato sulla manipolazione di simboli avulsi da strutture e schemi fisici della natura, in quanto la ragione stessa della matematica era il suo impatto sulla realtà empirica non-matematica. Clerk Maxwell si concentrò soprattutto per tutta la vita sugli stati dinamici della materia, quindi egli fu determinato nello sviluppare forme nuove di *'ragionamento dinamico'* su cui fondare appropriate funzioni matematiche che potessero rendere conto dei comportamenti della natura in modo tale da illuminare e interpretare la *'verità fisica'*. Possono riscontrarsi eccellenti esempi di tale tipo di ragionamento nella sua *'teoria cinetica dei gas'*, nel suo sviluppo del *'calcolo delle probabilità'* e nei suoi contributi alla *'termodinamica'* ma, soprattutto, nella sua *'teoria dinamica del campo elettromagnetico'*.

Clerk Maxwell fu certamente quel gran filosofo successivo a Faraday che fu capace di raccogliere i suoi stimoli scientifici e che rimodellò la fisica secondo *'metodi totalmente innovativi'* riuscendo a integrare elettricità, magnetismo e luce sotto l'ambito di una teoria unitaria cun la quale ricavò le leggi strutturali della radiazione elettromagnetica. Riuscendo a determinare le proprietà matematiche del campo unitario grazie ad un'unica costante (il rapporto tra le unità elettro-magnetiche e quelle di elettricità elettrostatica) egli fu in grado di dimostrare la corrispondenza di quella grandezza con la costante che esprimeva la velocità della luce nel mezzo. Quando, nel 1887, quella sua previsione teorica delle onde elettromagnetiche venne provata corretta sperimentalmente da Henry Hertz, le equazioni di Clerk Maxwell vennero accettate dal mondo scientifico e le radicali modifiche che egli aveva introdotto nella struttura epistemologica e logica della fisica cominciarono a essere apprezzate nel loro valore epocale. Si aprì allora la strada al successivo, grande salto compiuto da Einstein lungo l'unificazione delle teorie. Chi meglio del grande Max Planck, che riuscì a riconoscere le profonde relazioni esistenti tra il pensiero di Clerk Maxwell e quello di Albert Einstein, ci può indicare il posto da attribuire a James Clerk Maxwell nella storia della scienza moderna?

'Mentre nella teoria cinetica dei gas Clerk Maxwell può dividere la sua grandezza con molti altri, nel campo dell'elettrodinamica il suo genio si erge solitario. Poiché gli si deve attribuire dopo molti anni di silenziose indagini un successo che deve essere enumerato tra le più grandi realizzazioni del pensiero. Col solo ragionamento Maxwell riuscì a

rivelare segreti della natura qualcuno dei quali venne dimostrato poi sperimentalmente da una generazione successiva come risultato di esperienze innovative e laboriose. Che tali previsioni teoriche siano appena possibili ci sarebbe totalmente incomprensibile se non assumessimo che esiste una stretta relazione tra le leggi di natura e quelle del ragionamento astratto. Naturalmente non ci dobbiamo scordare che Maxwell non costruì la sua teoria elettrodinamica sull'aria, da niente nasce il nulla. Egli costruì le sue speculazioni teoriche sulle fondamenta dei solidi lavori sperimentali di Michael Faraday la cui memoria abbiamo celebrato di recente. Ma C. Maxwell superò Faraday generalizzandone e precisandone il punto di vista e le intuizioni, con pura immaginazione creativa e visione matematica. Egli creò pertanto una teoria che non solo poteva competere con le teorie elettrica e magnetica già consolidate del suo tempo ma le surclassò interamente e con successo. In quanto il criterio di valutazione di una teoria quanto cioè riesca a chiarire altri fenomeni al di là di quelli su cui si fonda, non è mai stato meglio ottemperato della teoria di Clerk Maxwell. Né Faraday né Maxwell possono evere considerato alle origini l'ottica in connessione con le loro considerazioni sulle leggi fondamentali dell'elettromagnetismo. Tuttavia il campo integrale dell'ottica che aveva resistito a ogni tentativo per oltre un secolo, dal versante della meccanica, venne conquistato d'un colpo dalla teoria elettrodinamica di Maxwell. Così completamente che da allora ogni fenomeno ottico può essere trattato come fenomeno elettromagnetico. Ciò resterà in eterno uno dei più grandi trionfi dell'impegno intellettuale umano'.

Ora dobbiamo considerare il metodo scientifico di Clerk Maxwell in quanto esso è altrettanto eccezionale della struttura innovativa che egli diede alla scienza fisica e ne è indissolubilmente connesso. Nessuno scienziato ha forse potuto dimostrare con maggiore chiarezza che il metodo e la materia su cui esso agisce sono strettamente connessi e si deve loro consentire di interpenetrarsi in modo costante e reciproco se vogliamo che i misteri della natura vengano chiariti dalle nostre indagini. Come abbiamo visto questa era la peculiare caratteristica del metodo scientifico di Faraday che Maxwell scelse di apprezzare, ma i successi di Faraday mostrarono a Clerk Maxwell che ci dovesse essere una correlazione più profonda tra i fattori empirici e teorici (o fisici e matematici) per progredire nella scienza fisica, è ciò che egli si prefisse di realizzare. Più tardi, riflettendo su quanto cercava di realizzare, in un numero del 1873 della 'Elements of Natural Philosophy' dei professori Sir William Thomson e P.G. Tait, stese qualche notevole considerazione. Discusse sui due modi principali in cui le scienze fisiche o la filosofia naturale erano state sino ad allora insegnate. Un metodo cominciò con una approfondita formazione in matematica pura così ché, quando allo studente successivamente venivano presentate le relazioni dinamiche in forma di equazioni matematiche, egli potesse apprezzare il linguaggio del nuovo tema, se non i concetti. *'Il progresso della scienza secondo tale metodo consisteva nel riportare in sequenza le diverse branche della scienza sotto il dominio del calcolo'.*

L'altro metodo è fare familiarizzare lo studente coi fenomeni fisici e col linguaggio scientifico fino a renderlo capace di eseguire e di descrivere i suoi esperimenti. *'Ognuno di questi due tipi di protagonisti scientifici è utile nel grande impegno di condurre la natura sotto il nostro controllo, ma nessuno di loro può compiere totalmente l'ancora più grande opera di potenziare il loro ragionamento e di sviluppare innovative capacità di pensiero. Il matematico puro s'impegna a travasare i costanti tentativi del pensiero sui fenomeni naturali, nei simbolismi delle sue equazioni mentre lo sperimentale puro è capace di spendere così tanto le sue energie mentali su temi di dettaglio, da non essere più in grado di dedicarsi a forme più elevate di pensiero. Entrambi si permettono d'acquisire sterile familiarità coi fatti di natura senza sapersi prendere vantaggio dell'opportunità di risvegliare quei poteri del loro pensiero che ogni nuova rivelazione della natura è invece in grado di evocare'.*

Clerk Maxwell prese poi a parlare d'un *terzo metodo per coltivare la scienza fisica in cui ogni facoltà viene coinvolta non come pura raccolta di fatti da doversi coordinare tramite formule predisposte da matematici puri, ma come elemento grazie al quale si possano sviluppare idee innovative. Ogni scienza deve avere proprie idee*

33

fondanti (modi del pensiero coi quali i processi del nostro pensiero
sono condotti nella massima armonia coi processi di natura) e queste
idee non hanno raggiunto la perfezione perché non sono vestiti di
analogie con i puri fenomeni di cui tratta la scienza stessa ma di ricerca
di analogia con i meccanismi dei quali i matematici si sono attrezzati
per elaborare i problemi in modi quantitativi'.

Questo punto venne rinforzato al termine dell'articolo '*i matematici si*
possono lusingare di possedere nuove idee che nessun linguaggio
umano sia in grado di esprimere. Cercate di far loro esprimere quelle
idee in termini appropriati senza l'uso di simboli e, se avranno
successo, non si saranno solo guadagnati una solida gratitudine da noi
inesperti ma osiamo dire che avranno essi stessi guadagnato ulteriori
illuminazioni dal corso di questo processo ed avranno perfino il dubbio
che le idee espresse in simboli avrebbero mai potuto essere estratte
dall'ambito delle loro equazioni mentali'.

Nell'elaborare le ricerche di Faraday, Clerk Maxwell gettò le basi del
suo nuovo approccio scientifico con cui cercava di estrarre dalla sua
mente le dinamiche comportamentali della natura secondo '*campi di*
forza' tramite idee appropriate che potessero rivelarli e con cui se ne
potesse formulare una interpretazione naturale e rigorosa. Nella
prefazione del suo lavoro principale '*Un trattato su elettricità e*
magnetismo' pubblicato nel 1873, Clerk Maxwell ci dice di avere
deciso di non leggere matematica sul tema dell'elettricità fintanto ché
non ebbe letto '*Ricerche sperimentali in elettricità*' di Faraday.

'*Ero consapevole che esistesse una differenza tra il modo di Faraday di*
concepire i fenomeni rispetto a quello dei matematici, così ché né lui né
loro erano soddisfatti dei reciproci linguaggi. Ero anche convinto che la
discrepanza non risiedesse in errori interni a nessuna delle due parti.
Nel progredire nello studio di Faraday ebbi percezione che il suo
metodo di concepire i fenomeni era anche esso matematico, benché
non fosse formulato con i simbolismi convenzionali. Trovai anche che
questi metodi potessero formularsi con formalismi matematici ordinari
e pertanto confrontabili con quelli dei matematici professionali.
Faraday, ad esempio, nella sua visione mentale, vedeva linee di forza

attraversanti tutto lo spazio laddove i matematici vedevano centri di
forza in mutua attrazione a distanza; Faraday vedeva un mezzo
laddove per quelli non esistevano altro che distanze; Faraday cercava
la ubicazione dei fenomeni nelle azioni reali sviluppantesi nel mezzo,
laddove quelli si accontentavano di averla trovata in un potere di
azione a distanza impressa su dei fluidi elettrici. Una volta aver
tradotto in linguaggio matematico ciò che consideravo fossero le idee
di Faraday, trovai che in generale i risultati dei due metodi
coincidevano così ché potevano rendere conto dei medesimi fenomeni
e che le stesse leggi di azione erano dedotte da entrambi i metodi ma
che i metodi di Faraday somigliavano a quelli in cui si comincia
dall'intero per arrivare ai dettagli col sostegno della analisi, mentre gli
ordinari metodi matematici si fondavano sul principio di iniziare con le
parti per poi costruire l'intero con un procedimento di sintesi. Trovai
altresì che taluni dei più fertili metodi di ricerca scoperti dai
matematici potevano essere espressi molto meglio in termini delle idee
derivate da Faraday, piuttosto che non nella loro forma originaria. Ad
esempio la teoria totale del potenziale, considerata come quantità che
soddisfa ad una certa equazione differenziale parziale, appartiene
essenzialmente al metodo che ho denominato 'di Faraday'. Secondo
l'altro metodo, il potenziale, se lo si deve considerare del tutto si deve
riguardare come il risultato di una somma di particelle elettrizzate
ciascuna divisa per la distanza da un certo punto. Pertanto molte
scoperte matematiche di Laplace, Poisson, Green e Gauss trovano
ospitalità appropriata in questo trattato e le loro espressioni
appropriate in termini di concezioni derivate principalmente da
Faraday'.

Gli strumenti concettuali che Clerk Maxwell portò e beneficio dei
fenomeni elettromagnetici rivelati dalle ricerche di Faraday
permettendogli di concepire e di interpretare le loro proprietà
matematiche, erano vere e proprie analogie in natura e un nuovo
modo di pensare in termini di relazioni dinamiche. Convinto che le
analogie permeano le regolarità e le armonie del Creato in tutta la
gamma delle sue manifestazioni, Clerk Maxwell usò schemi di

comportamento determinati per un gruppo di fenomeni naturali per assisterlo a immaginare ed elaborare schemi relativi ad altri gruppi di fenomeni. Perciò, ad esempio, egli sviluppò la analogia tra moto rotatorio di un fluido e linee di forza mobili in un campo elettromagnetico, oppure l'analogia tra le vibrazioni in un mezzo elastico e il comportamento delle onde luminose. Il valore del pensiero analogico di questi tipo fornì Clerk Maxwell di 'una flessibilità straordinaria nelle sue ricerche' in quanto l'attrezzarono a sviluppare costantemente modelli e teorie di tentativo nel duro lavoro di tentare di armonizzare il pensiero con la realtà in modo tale da generare idee appropriate. Inoltre, come ha detto William Berkson, 'ciò lo incoraggiò a proporre teorie che egli stesso trovava molto poco plausibili ma che gli fornivano sistemi matematici che erano molto illuminanti quando li si applicassero ai fenomeni che stava cercando di approfondire. L'elemento liberatorio del 'metodo delle analogie' è il fatto che esso incoraggia lo sviluppo di ciò che riteniamo 'false analogie' per la luce che esse possono gettare sulla verità (procedura che era stata raccomandata da Faraday). Il metodo inoltre incoraggia a costruir teorie diverse da quelle cui s'è affezionati e incoraggia in generale a inventare teorie che nessuno si sarebbe immaginato per la loro potenziale fertilità'. Pensare per analogie (il pensiero relazionale) deriva dalla convinzione che l'universo, nel suo stato naturale, è caratterizzato da un intrinseco carattere di integrazione e continuità e quindi che le relazioni tra gli oggetti appartengono alla consistenza stessa degli oggetti. Ciò significa che se dobbiamo capire la realtà fisica, non dobbiamo iniziare da considerazioni sulle particelle individuali secondo le quali essa può essere analizzata per poi considerarle nelle loro relazioni mutue, ma piuttosto si deve cominciare dalle loro interrelazioni originarie e dagli schemi integrati che esse ci evidenziano, per capire successivamente le loro parti e relazioni interne. Un tal modo di procedere dall'intero-alle-parti invece che dalle-parti-all'intero, sembra essere l'essenza del metodo di Faraday. Nelle parole di Clerk Maxwell 'Faraday non considera mai i corpi come entità esistenti senza nulla tra loro se non la distanza. Faraday concepisce l'intero spazio come un 'campo di forza' le cui linee *siano in generale 'curve' e le cui direzioni vengano modificate dalla presenza di altri corpi. Farady parla perfino di linee di forza come parti d'un corpo che siano in qualche modo di sua stretta appartenenza così ché, nel suo agire su corpi distanti non si possa dire che esso agisca laddove non è presente. Questa non è tuttavia una idea dominante di Faraday. Penso che Faraday avrebbe piuttosto detto che il campo dello spazio è pieno di linee di forza la cui sistemazione dipende da quella di altri corpi nel campo e che l'azione meccanica o elettrica su ogni corpo è determinata dalle linee che siano sostenute da esso'.* Clerk Maxwell si preoccupava evidentemente di chiarire che, mentre Faraday poteva parlare delle interrelazioni tra corpi in un campo di forze come entità che danno contributo alla stessa consistenza dei corpi (il ché formulerebbe la nozione di un campo *continuo*), ciò che invece egli riteneva in generale era che i corpi interagiscano attraverso lo spazio tra loro, in modo meccanico o elettrico, in un modo non istantaneo a distanza ma per punti contigui (il ché invece formulerebbe la nozione di campi *contigui*). Questa era di certo la nozione che Clerk Maxwell accettò da Faraday quando cercò di determinare le leggi del campo di forza in accordo con le esigenze delle leggi di Newton che valgono per i corpi nelle loro relazioni esterne reciproche tuttavia il suo modo di pensare dinamico e relazionale diede origine a equazioni matematiche e a un'interpretazione del *campo* che lo condussero a superare Faraday fino a stabilire una nozione di realtà fisica che fosse rappresentata da campi continui.

Quella fu l'implicazione ultima del suo lavoro attorno a una teoria dinamica del campo elettromagnetico che rappresenta una rottura decisiva rispetto all'interpretazione meccanicistica dell'universo prevalsa a partire da Newton.

I progressi di Clerk Maxwell nella sua teoria fisica avevano registrato fino a questo punto vari stadi contraddistinti da precise pubblicazioni nelle quali si era impegnato anche più profondamente al concetto di campo e lottò per chiarirne le immanenti proprietà matematiche e dinamiche.

Nel suo primo lavoro pubblicato nel 1855 *'Sulle linee di forza di Faraday'* esaminò quel tema base e, tramite ragionamenti analogici, diede una certa spiegazione di ordine matematico sulla comprensione che Faraday aveva dei fenomeni elettro-magnetici senza ancora svilupparne una teoria appropriata. Egli si impegnò a fare due cose, trovare una analogia fisica che avrebbe potuto aiutare la mente a comprendere i risultati di tutte le ricerche precedenti su elettricità e magnetismo e mostrare che uno sviluppo del concetto di Faraday delle linee di forza mobili non sarebbe stato inconsistente con le formule matematiche di Poisson o con le leggi stabilite da Ampere le quali non erano in conflitto con la meccanica di Newton.

Non possiamo fare meglio che ribadire le stesse affermazioni di Clerk Maxwell circa le sue intenzioni.

'il primo processo nello studio operativo della scienza deve essere di semplificare e ricondurre i risultati delle ricerche precedenti ad una forma in cui la mente possa comprenderli. I risultati di questa semplificazione possono assumere la forma di una pura formula matematica oppure di un'ipotesi fisica. Nel primo caso perdiamo totalmente di vista i fenomeni che ci proponiamo di chiarire e anche se possiamo descrivere le conseguenze di talune leggi, non potremo mai ottenere visioni più estese per le connessioni in questione. Se d'altro lato adottiamo un'ipotesi fisica vedremo i fenomeni solo attraverso un mezzo e subiremo quella cecità sui fatti e rozzezza sugli assunti conseguenza di una spiegazione parziale. Perciò dobbiamo scoprire un qualche metodo di indagine che permetta alla mente, ad ogni passo, di conseguire una chiara concezione fisica senza vincolarci a qualunque teoria che si fondi sulla fisica da cui è stata mutuata quella stessa concezione così ché non si rischi d'alienarla dal tema in studio per colpa di sottigliezze analitiche né la si venga ad anteporre alla verità a causa di una imposta ipotesi preferenziale'. 'Onde ottenere idee fisiche sena adottare una particolare teoria fisica dobbiamo prendere familiarità con l'esistenza di analogie fisiche. Col termine di analogia fisica intendo dire che esiste una somiglianza parziale tra le leggi di ogni scienza e quelle delle altre il ché permette all'una di illustrare le altre. Perciò tutte le scienze matematiche si fondano su relazioni tra leggi fisiche e leggi dei numeri così ché lo scopo delle scienze esatte è

quello di ridurre i problemi della natura a determinazioni quantitative tramite operazioni sui numeri. Passando dalla più universale delle analogie a una molto parziale troviamo che la stessa somiglianza in forma matematica da origine ad una teoria fisica della luce.' 'I cambiamenti di direzione subiti dalla luce nella passare da un mezzo a un altro sono identici alle deviazioni subite dal percorso di una particella che si muove nello spazio ristretto nel quale agiscano forze intense. Questa analogia che si estende solo alla direzione e non alla velocità del moto fu a lungo ritenuta la spiegazione reale della rifrazione della luce e la troviamo tuttora utile per risolvere certi problemi in cui la adottiamo senza pericolo come un artificioso. metodo L'altra analogia tra luce e vibrazioni di un mezzo elastico si estende ben oltre ma, benché non si possano sopravvalutare la sua importanza e la sua utilità, dobbiamo ricordare che si fonda solo su una somiglianza formale tra le leggi della luce e quelle delle vibrazioni elastiche. Spogliandola del suo abito fisico e riducendola ad una teoria di 'alternanze trasversali', possiamo ottenere un sistema di verità fondato strettamente sulle osservazioni ma probabilmente carente sia nella lividezza delle concezioni che nella fertilità di metodo'.

Questo riferimento alla luce era tipico della procedura seguita da Clerk Maxwell nel documento. Nella prima parte egli fece uso estensivo di una analogia presa dal moto dei fluidi non comprimibili. Traendo una relazione tra le linee di flusso di un fluido di questo tipo e le linee di forza che governano i comportamenti del campo elettromagnetico, cercò non solo di determinare le leggi dell'elettrostatica in un solo mezzo ma anche un modo per rappresentare gli schemi del suo comportamento quando l'azione passa da un dielettrico a un altro. Tuttavia C. Maxwell insistè che il fluido in questione non fosse neanche un fluido ipotetico ma *'semplicemente una raccolta di proprietà immaginarie che può essere utilizzata per stabilire certi teoremi in matematica pura in un modo che è più intelleggibili a molte menti e più applicabile ai problemi fisici di quanto non sia possibile ad altri che facciano solo uso di simboli algebrici'*. Nella seconda parte del documento Clerk Maxwell passò a considerare l'idea di *'stato elettrotonico'* cioè lo stato speciale che caratterizza lo spazio attraversato dalle linee di forza magnetica. Con un attento studio delle leggi dei solidi elastici e del moto dei fluidi viscosi, Maxwell sperò di scoprire un metodo per formare *'una concezione meccanica dello stato elettrotonico che potesse essere adatta per sviluppare ragionamenti generali'*. Egli ammise tuttavia che l'idea dello stato elettro-tonico non si era ancora presentata alla sua mente in forma tale che le sue proprietà e natura si potessero spiegare con chiarezza *'senza dover fare riferimento a puri simbolismi'*. Perciò dopo avere sviluppato una serie di teoremi matematici e di equazioni rilevanti rappresentative dello stato elettrotonico era ancora insoddisfatto. *'Possiamo concepire lo stato elettrotonico in ogni punto dello spazio come una grandezza definita in intensità e direzione e possiamo rappresentarci la condizione dello stato elettrotonico di una porzione di spazio come un qualunque sistema meccanico che presenta in ogni suo punto una qualche grandezza che può essere una velocità, uno spostamento o una forza le cui direzione e intensità corrispondano a quelle dell'ipotizzato stato elettrotonico. Una tale rappresentazione non implica alcuna teoria fisica ma è solamente una forma di notazione artificiosa'*. *'Qual'è allora lo scopo d'immaginare uno stato elettrotonico di cui non abbiamo una chiara concezione fisica rispetto ad una formula di suggestione che possiamo invece capire facilmente? Risponderei che è sempre bene avere due modi distinti di vedere i problemi e ammettere che ci siano due modi di esaminarli. Inoltre non penso che abbiamo alcun diritto attualmente di capire l'azione della elettricità e ritengo che i meriti principali d'una teoria provvisoria siano di guidare gli esperimenti senza ostacolare il progresso della teoria vera quando questa dovesse emergere'*. È difficile evitare la conclusione che studiando le ricerche di Faraday, C. Maxwell si era già formato una potente intuizione sulla natura del campo elettromagnetico e che la sua estensione artificiosa di analogie reali come il suo disegnao di modelli meccanici assai poco plausibili fosse intesa a soddisfare i vincoli delle sue precedenti comprensioni sul modo di comportarsi del campo. Ma il carattere immaginario degli schemi analogici e la impossibilità meccanica dei suoi modelli fosse legata a suggerire che la vera natura del campo, quando fosse stata definita, avrebbe trasceso le sue rappresentazioni meccaniche. Nel frattempo tuttavia Clerk Maxwell giustificava i suoi tentativi di spiegazione meccanica richiamandosi al vantaggio di poter disporre di due modi di guardare alle cose. Non ci può essere dubbio che fintanto ché veniva presunta una qualche forma di etere per il comportamento dei fenomeni elettro-magnetici le proprietà meccaniche non potevano essere escluse dal concetto di campo, ma il concetto di Faraday di linee di forza pervasive attraverso l'intero spazio, aveva l'effetto di porre un serio dubbio sull'etere come idea scientifica seria. Le idee scientifiche e le ipotesi fisiche di Faraday sembrarono essere così fondamentalmente *naturali* a Clerk Maxwell da ispirargli un profondo rispetto verso l'istinto di Faraday. In un suo riferimento alla nozione di Faraday di stato elettro-tonico dello spazio attraversato dalle linee di forza magnetiche a fronte della criticabile natura delle prove empiriche che davano loro sostegno, Clerk Maxwell diede il suo giudizio. *'La congettura di un filosofo'* disse riferito a Faraday, *'così familiare con la natura, èpuò talvolta essere più pregnante di verità della migliore legge stabilita su base sperimentale e scoperta con indagini empiriche e, benché non siamo vincolati ad accettarla come verità fisica, la possiamo accettare come nuova idea con cui le nostre concezioni matematiche possano essere rese più chiare'*. Questo era precisamente il modo in cui Maxwell procedeva spinto da introspezioni intuitive e da istinto scientifico per sviluppare una teoria genuina del campo elettro-magnetico.

Il passo successivo del pensiero di Clerk Maxwell è illustrato dalla pubblicazione di *'Sulle linee di forza fisiche'* nel volume XXI del Philosophical Magazine del 1861/62. Mentre nello scrivere *'Sulle linee di forza di Faraday'* si era impegnato a ridurre il più possibile le idee di Faraday ad una forma geometrica, in questo suo nuovo lavoro Maxwell introdusse principi teorici di base che cominciarono a impostare tutto su una nuova base ma lavorò anche con un altro modello elaborato al fine, come egli disse *'di esaminare i fenomeni magnetici sotto un punto di vista meccanico e determinare quali tensioni interne o movimenti del mezzo siano in grado di produrre i*

fenomeni meccanici osservati. Se, con la stessa ipotesi, potremo
collegare i fenomeni di attrazione magnetica ai fenomeni elettro-
magnetici e a quelli delle correnti indotte, avremo trovato una teoria
che, se non fosse vera, potrebbe essere dimostrata falsa con
esperimenti capaci di estendere in modo significativo le nostre
conoscenze di fisica'.

Ciò che Clerk Maxwell voleva era un modello del campo magnetico che
potesse illustrare la legge di induzione magnetica di Faraday ma nelle
sue mani il modello aveva anche un fine euristico in quanto era
disegnato come modo per interrogare la natura stessa onde ottenere
vere soluzioni di problemi che erano proposti dalla sua teoria
matematica e, a questo proposito, alla sua ricerca di simmetrie. Ciò
che in realtà accadde poiché, come si espresse Sir J.J. Thomson
'quando giunse ad usare il modello trovò che esso suggeriva che
'modifiche' nella forza elettrica avrebbero generato forza magnetica'.
Quando Clerk Maxwell generalizzò queste idee che cioè il campo
elettrico generasse un campo magnetico e che una variazione del
campo magnetico producesse un campo elettrico e diede loro una
formulazione matematica rigorosa, il risultato fu la stesura delle sue
equazioni del campo che descrivono come elettricità e magnetismo si
propaghino in accordo con leggi esatte. Perciò Sir J.J. Thomson
dichiarò che l'introduzione e lo sviluppo di questa teoria poteva essere
definito come il massimo contributo di Clerk Maxwell alla fisica.
Il modello che Clerk Maxwell sviluppò era estremamente ingegnoso,
complesso ma non pienamente credibile in quanto doveva continuare
a modificarlo con l'inserimento delle sue famose *'ruote inerti'* e il
concetto di un *'mezzo elastico'* in modo da staccarlo dalla meccanica
strumentale ma, come abbiamo appena detto, esso servì
egregiamente al suo scopo. Era un modello in cui Maxwell immaginava
che il campo magnetico fosse occupato da vortici molecolari i cui assi
coincidevano con le linee di forza , ma conviene lasciare che lo stesso
Clerk Maxwell riepiloghi nel documento ciò che aveva scritto; come
fece nella terza parte. *'Nella prima parte di questo documento ho*
mostrato come le forze agenti tra magneti, correnti elettriche e

*materia capace di induzione magnetica possano essere spiegate
dall'ipotesi che il campo magnetico sia occupato da innumerevoli
vortici di materia rotante i cui assi coincidano con la direzione della
forza magnetica in ogni punto del campo. La forza centrifuga di questi
vortici produce pressioni distribuite in modo tale che l'effetto
complessivo sia una forza identica in direzione e grandezza a quella
che possiamo osservare sperimentalmente. Nella seconda parte ho
descritto il meccanismo con cui queste rotazioni possano coesistere e
essere distribuite in coerenza con le leggi conosciute delle linee di forza
magnetica. Ho concepito la materia rotante come sostanza di certe
celle separate tra loro da pareti cellulari composte di particelle che
sono molto più piccole delle celle e che è grazie al movimento di queste
particelle, e alle loro azioni tangenziali della sostanza interna alle celle,
che comunicano quella rotazione tra le celle. Non ho cercato di
spiegare quell'azione tangenziale ma si deve supporre, per giustificare
la trasmissione delle rotazioni dall'esterno verso l'interno di ogni cella,
che la sostanza di cui si compongono possieda elasticità di forma in
modo simile (ma in grado diverso) da quello che so osserva nei corpi
solidi. La teoria ondulatoria della luce ci costringe ad ammettere una
tale forma di elasticità nel mezzo trasportatore di luce onde
giustificare le vibrazioni trasversali. Non dobbiamo quindi sorprenderci
che il mezzo magnetoelettrico goda delle stesse proprietà. Secondo la
nostra teoria, le particelle che formano la suddivisione tra le celle,
costituiscono la sostanza dell'elettricità. Il movimento di queste
particelle costituisce una corrente elettrica, la forza tangenziale con cui
le particelle sono compresse dalla sostanza delle celle è la forza
elettromotrice e la pressione delle particelle tra loro corrisponde alla
tensione del potenziale elettrico. Se riusciamo a spiegare così la
condizione di un corpo rispetto al mezzo che lo circonda quando esso si
definisce 'carico' di elettricità e se possiamo rendere conto delle forze
che agiscono tra corpi elettrizzati, avremo stabilito una connessione
tra tutti i principali fenomeni della scienza elettrica'.*
Clerk Maxwell riconobbe onestamente l'implausibilità del modello e
non voleva che in alcun modo esso corrispondesse alle azioni che
avvengono realmente in natura. *'Il concetto di particella dotata di*

moto connesso a quello di un vortice rotatorio in un collegamento perfetto può apparire stravagante. Io non lo voglio proporre come il modo di connessione esistente realmente in natura né voglio proporlo come ipotesi elettrica, tuttavia è un modo di connessione che è concepibile sotto il profilo meccanico, può essere agevolmente studiato e serve a dare evidenza delle reali connessioni meccaniche esistenti tra fenomeni elettromagnetici a noi noti, pertanto mi azzardo a dire che chiunque comprenda il carattere provvisorio e strumentale di questa ipotesi riceverebbe più aiuto che ostacoli nella sua ricerca di raggiungere una vera comprensione dei fenomeni'.

Questo era un punto che Clerk Maxwell si prese cura di sottolineare nella pubblicazione *'Un trattato su elettricità e magnetismo'* nel 1873. *'Il tentativo che feci di immaginare un modello operativo di questo meccanismo non va preso per più di ciò che vuole essere, la dimostrazione che si può immaginare un meccanismo capace di produrre connessioni meccaniche equivalenti alle reali connessioni esistenti tra le parti del campo elettromagnetico'.* È stupefacente che Clerk Maxwell col sostegno del suo modello ideale fu in grado di ricavare le equazioni alle derivate parziali tra correnti elettriche e campi magnetici e quindi a fornirci le leggi strutturali del campo elettromagnetico. Come lo riepilogò William Berkson, Clerk Maxwell derivò le sue equazioni in tre passi. *'Prima usò l'assunto dei vortici per giustificare i puri effetti magnetici, poi usò l'assunto delle sfere elettriche per ricavare le relazioni tra correnti e magnetismo, ivi incluso l'induzione, in seguito usò l'assunto della elasticità delle sfere elettriche per giustificare gli effetti elettrostatici. Ognuno dei tre passi costituice un progresso verso il successo di Maxwell: la teoria elettromagnetica della luce'*

In altri termini, la soluzione delle equazioni di Clerk Maxwell suggerì l'esistenza d'onde elettromagnetiche propagatesi alla velocità già nota della luce. Le velocità delle oscillazioni trasversali nel nostro mezzo ideale, già calcolate grazie alle esperienze elettromagnetiche di MM Kohlrausch e Weber, concordano così esattamente con la velocità della luce misurata da M. Fizeau con gli strumenti ottici, che difficilmente possiamo escludere la conseguenza che *'la luce consiste di oscillazioni trasversali dello stesso mezzo che genera i fenomeni elettrici e magnetici'*. Clerk Maxwell perciò produsse una teoria unitaria di elettricità, magnetismo e luce in cui i mezzi (o campi) elettromagnetici e luminiferi coincidevano. Nel suo successo tuttavia le sue equazioni differenziali parziali non ebbero il solo effetto di confermare l'idea di Faraday di vibrazioni in assenza d'una materia vibrante (linee di forza mobili in uno spazio vuoto) ma stabilire anche l'autonoma realtà del *'campo elettromagnetico'*, ciò ebbe a sua volta la conseguenza di modificare il concetto di *'campo'* come mezzo in cui interagiscono forze contigue ed imporne il riapprendimento. Inoltre poiché risultò chiaro che la teoria del *'campo elettromagnetico'* di Clerk Maxwell era solo occasionalmente e lontanamente collegata al suo modello meccanico, occorse porsi la domanda fondamentale sulle proprietà di un approccio meccanico nell'interpretazione dei fenomeni elettro-magnetici. Ciò ci conduce al terzo passo del progresso compiuto da Maxwell verso la comprensione del *'campo elettromagnetico'* nel documento da lui presentato alla Royal Society a Londra nel 1864 *'Una teoria dinamica del campo elettromagnetico'* che riportiamo in questo testo. Secondo W. D. Niven, un suo vecchio allievo ed editore delle sue *'Relazioni Scientifiche'*, quel documento riporta il pensiero maturo di Clerk Maxwell su quel tema. Ciò che caratterizza questo testo, come vedremo, è che esso incorpora le sue equazioni alle derivate parziali in una interpretazione profondamente *'relazionale'* del *'campo elettro-magnetico'* senza riferimenti né ricorso al modello meccanico da lui concepito in modo strumentale in *'Sulle linee di forza fisiche'* e determina la indipendenza definitiva dalla meccanica di Newton.

Lo stesso Maxwell ci dice che la teoria da lui proposta in deliberato contrasto con le teorie meccanicistiche di Weber e Neumann può essere chiamata *'una teoria del campo elettro-magnetico'* in quanto ha a che fare con lo spazio nelle vicinanze dei corpi elettrici o magnetici e si può chiamare *'una teoria dinamica'* in quanto assume che in quello spazio esista materia in movimento grazie alla quale vengono prodotti i fenomeni elettromagnetici osservabili. In questa teoria ipotizzò la realtà di un mezzo internamente connesso in modo tale che il moto di una sua parte dipendesse in qualche modo dal moto delle restanti parti e che queste connessioni siano capaci di erogare una forma d'elasticità *'in quanto la comunicazione del movimento non è istantanea ma impiega del tempo'*. *'Il mezzo perciò è capace di ricevere e di immagazzinare due forme di energia, cioè l'energia 'in atto' che dipende dal movimento delle sue parti e l'energia 'potenziale' che consiste nel lavoro che il mezzo erogherà tornando dal suo stato di 'spostamento' accumulato in virtù della sua elasticità interna. La propagazione delle oscillazioni consiste nella trasformazione continua di una di queste forme di energia nell'altra in alternanza in modo che l'ammontare globale di energia nel mezzo sia, ad ogni istante, equamente suddivisa così ché metà sia energia di movimento e metà è resilienza elastica'*. *'Un mezzo di siffatta consistenza'*, aggiungerà Clerk Maxwell, *'può essere capace di produrre altre forme di movimento e di spostamenti interni rispetto a quelli che producono i fenomeni ottici e termici e tra essi qualcuno può essere tale da poter essere rilevato dai nostri sensi grazie a xfenomeni da essi prodotti'*.

La procedura seguita da Clerk Maxwell era l'inverso di quella tradizionalmente accettata nel diciottesimo secolo, la derivazione dei concetti teorici di base deducendoli dai particolari analitici delle osservazioni. Egli invece dapprima avanzò concetti maturati sul piano intuitivo e suggeritigli dalla sua familiarità con i comportamenti della natura per poi dedurre le conseguenze relative alla realtà fisica e al tipo di conoscenza che possiamo costruire su base di assunti meccanici. Cioè le teorie da lui proposte in un tale modo si devono sottoporre a verifica relativamente alla gamma dei fatti empirici che esse si propongono di spiegare e anche rispetto alla loro capacità sia di unificare le conoscenze già consolidate, sia di portare alla luce nuove proprietà di natura che richiedono ancora di essere spiegate. Come considerava lo stesso Clerk Maxwell, questo fondamentalmente era il metodo di Faraday, eccetto che il suo era caratterizzato da maggiore precisione in quanto a formalismi matematici pur senza limitare tuttavia la naturale capacità caratteristica del metodo di Faraday di integrare nella conoscenza scientifica gli ingredienti empirici e quelli teorici. Perciò invece di cercare di determinare le leggi del campo elettromagnetico attraverso processi logici e di astrazione da principi meccanici per dedurne il comportamento di elettricità e di magnetismo, Clerk Maxwell antepone la proposta di leggi per l'induzione sottoponendole successivamente per via deduttiva a verifica per determinarne la coerenza coi fatti sperimentali acquisiti con le teorie e leggi già ben consolidate.

Perciò dopo aver ricordato i fenomeni generali delle interazioni tra correnti e magneti, l'induzione generata in un circuito dalle variazioni di intensità del campo, le proprietà dei dielettrici, e così via, Clerk Maxwell improvvisamente introdusse le *equazioni generali del campo elettromagnetico* senza tuttavia fare riferimento di una loro dipendenza da uno specifico modello meccanico. Il punto significativo da rilevare è che queste equazioni generali sono presentate come espressione matematica dell'energia intrinseca al campo elettromagnetico. È attraverso la loro applicazione a varie proprietà e caratteristiche del campo che una *teoria del campo* può essere formulata. Perciò quando le si applicano ad esempio ai disturbi magnetici propagati attraverso un campo non-conduttore, si può dimostrare che gli unici disturbi (perturbazioni) che possono propagarsi sono quelle trasversali alla direzione della propagazione e che la velocità della loro propagazione è quella '*v*' misurata da esperimenti come quello di Weber che esprime il '*numero costante*' di unità di elettricità elettro-statica che sono contenute in una unità elettro-magnetica e che oggi sappiamo essere uguale a '*c*'. questa velocità e così prossima a quella della luce che ci sembra di poter avere una forte ragione per concludere che la stessa luce (ivi incluso calore radiante e altre radiazioni eventualmente esistenti) sia una perturbazione elettro-magnetica sotto forma di onde che si propagano attraverso il campo elettromagnetico secondo le leggi elettromagnetiche .... . Nel corso del suo argomentare lungo il documento e nella applicazione di queste equazioni generali al campo elettro-magnetico, Clerk Maxwell si trova a usare un linguaggio di ordine '*meccanico*' per illustrare i comportamenti dei fenomeni nel campo. Poi se ne astrae e aggiunge due significativi paragrafi. '*Ho tentato nel passato di descrivere un tipo particolare di tensione presupposta per giustificare i fenomeni. Nel presente documento evito questa ipotesi e uso termini del tipo 'momento elettrico' e 'elasticità elettrica' in relazione a noti fenomeni di induzione di corenti e di polarizzazione dei dielettrici solo al fine di orientare la mente del lettore sui fenomeni meccanici che lo possono aiutare a capire quelli elettrici. Tutte quelle frasi, nel documento attuale devono ritenersi puramente 'illustrative' e non 'giustificative'. 'Nel parlare dell'energia del campo desidero tuttavia essere capito 'alla lettera'. Infatti tutta l'energia è la stessa di quella meccanica, sia che essa esista in forma di movimento o in quella di elasticità o in altre forme. L'energia bei fenomeni elettromagnetici è energia meccanica. Il solo problema è 'dove risiede?'. 'nelle vecchie teorie essa risiede nei corpi elettrici, nei circuiti conduttori e magneti in forma d'una qualità misteriosa denominata 'energia potenziale' (ossia 'capacità di produrre certi effetti a distanza). Nella nostra teoria essa viene fatta risiedere tanto nel 'campo elettromagnetico' (nello spazio che circonda i corpi elettrizzati e magnetici) quanto nell'ambito stesso di quei corpi e in due forme distinte che possono descriversi senza altre ipotesi del tipo 'polarizzazione magnetica' o secondo un'ipotesi altamente credibile come movimenti e tensione del medesimo mezzo'.*

Collegando le sue equazioni alle derivate parziali con l'energia intrinseca del campo quali sua espressione matematica e non in alcun modo diretto con un collegamento meccanico tra i corpi in movimento, Clerk Maxwell trovò che i campi elettrico e magnetico potevano esistere sia nello spazio libero che in quello occupato in modo assolutamente indipendente dai corpi materiali ed affermò definitivamente l'autonoma esistenza e la realtà fisica del *campo elettromagnetico'* il chè richiede una modifica allo stesso concetto di *'campo'*. Inoltre, dimostrando che quelle equazioni gli permettevano di ricavare le leggi della radiazione elettromagnetica e i campi elettromagnetici in ogni punto dello spazio e del tempo, affermò la natura continua dei campi in contrasto con la concezione di Newton e di Cartesio di *'campo'* in termini di *azione di corpi'* o di particelle al loro esterno le une sulle altre sia a distanza tra loro che tra punti contigui.

Ciò comporta in ultima analisi che il concetto di 'etere' che implica e soggiace a una visione meccanicistica dei fenomeni elettromagnetici, risulti ozioso. Qui tuttavia appare una ambiguità nel pensiero di Maxwell in quanto evidentemente egli non s'era liberato completamente del concetto d'etere né perciò dell'esigenza di proporre una descrizione dei fenomeni in termini di relazioni e modelli meccanici benché insistesse, come s'è visto, che le frasi e i termini da lui adottati in tali descrizioni dovessero intendersi in senso puramente illustrativo e non descrittivo. La ragione della ambiguità sembrerebbe avesse a che fare con la sua idea che, mentre l'energia è unica, essa si manifesta tuttavia in due forme distinte, quella 'potenziale' e quella 'cinetica'. Altrove Clerk Maxwell poteva insistere che dobbiamo accettare due modi di vedere la realtà e che quindi dobbiamo imparare a fiancheggiare il telescopio della teoria talvolta a un livello di definizione e talaltra a un livello diverso se vogliamo entrare veramente in profondità nella realtà (altrimenti tutto si mischia in modo indistinguibile).

In altre parole la natura come cerchiamo di capirla tramite le nostre teorie scientifiche ci si manifesta a livelli diversi, uno in cui siamo interessati ai collegamenti meccanici subordinati e l'altro in cui siamo interessati ai collegamenti continui. Visto in questo modo dovremmo interpretare la scienza fisica di Maxwell come interessarsi a due livelli diversi dei collegamenti uno dei quali in qualche misura arbitrario e artificioso che costituisce il caso limite dell'altro in cui abbiamo la visione corretta delle connessioni proprie dei fenomeni naturali. Ciò spiegherebbe perché nel suo lavoro egli si preoccupi di dedurre ciò che chiama 'azioni meccaniche del campo' dalle sue spiegazioni fondamentali delle relazioni dinamiche del campo elettromagnetico in termini di equazioni che sono espressione delle proprietà matematiche della sua energia intrinseca e pervasiva ma che non si possono spiegare su basi meccanicistiche. Finché le leggi non meccanicistiche del campo continuo si può dimostrare essere consistenti entro certi limiti colle leggi che governano le interazioni meccaniche tra corpi mutuamente separati, esse non possono che aggiungere conferme.

La più famosa sezione di 'Una teoria dinamica del campo elettromagnetico' è naturalmente quella in cui Clerk Maxwell formula la sua 'teoria elettromagnetica della luce'. Quello certamente è l'apice del progresso del suo pensiero in cui dimostrò che una teoria della luce può essere ricavata direttamente dalle sue equazioni elettromagnetiche. Egli aveva già gettato le basi di quel successo in un suo precedente lavoro 'Sulle linee di forza fisiche' come abbiamo già visto ma ora con un meno sofisticato ma certamente elegantissimo insieme di equazioni, egli mostrò che la velocità delle onde elettromagnetiche e la velocità della luce hanno lo stesso valore 'v' in uno spazio vuoto in cui il rapporto costante tra le unità elettromagnetiche ed elettrostatiche di elettricità è noto come 'c'. Ciò risultò decisivo. 'L'accordo tra i risultati sembra mostrarci che luce e magnetismo sono effetti della stessa sostanza e che la luce sia una perturbazione elettro-magnetica propagantesi attraverso il campo secondo le leggi elettromagnetiche'.

Inoltre, in quanto le equazioni di Clerk Maxwell mostrano come elettricità e magnetismo si comportino secondo condizioni di spazio e di tempo, esse resero possibile dedurre nuove proprietà delle onde elettromagnetiche e suggerirono la esistenza, al di la di quelle che generano i fenomeni visivi, di altre perturbazioni tipo-onda che si propagano da punto a punto con la stessa velocità finita e cioè perturbazioni in cui l'intensità elettrica del campo dovesse variare con estrema rapidità quale ad esempio 10^{14} hertz. Tale previsione, come abbiamo già avuto occasione di ricordare, fu rilevata molto ingegnosamente da Heinrich Hertz quando scoprì onde di un'elevata frequenza che si propagavano alla velocità della luce, onde che si collocavano oltre quelle dello spettro 'visibile'. Il fatto che le deduzioni di base delle sue equazioni che Clerk Maxwell ricavò nella ultima parte del suo lavoro, si dimostrarono corrette, dimostrarono che esse promettevano d'essere il terreno fertile per nuove scoperte inimmaginabili fino ad allora. Infatti l'uso delle equazioni di Clerk Maxwell comporta una tale integrazione tra elementi empirici e teorici delle conoscenze scientifiche che Einstein potè parlare di esse come 'l'espressione naturale delle realtà primarie della fisica'.

Otto anni dopo avere scritto *'Una teoria dinamica del campo elettromagnetico'* Clerk Maxwell pubblicò un lavoro molto più massiccio intitolato *'Un trattato su elettricità e magntismo'* nel 1873. quasi tutto il suo lavoro, salvo dettagli non significativi, vi venne accorpato mentre la trattazione fu caratterizzata dalla sua spiegazione radicale dinamica e relazionale di elettricità e magnetismo.

Nella prima edizione di questo trattato egli ci dice che si proponeva di descrivere i principali fenomeni elettrici e magnetici per mostrare come essi potessero essere soggetti a misurazioni e per evidenziare le connessioni matematiche intercorrenti tra le grandezze misurate.

'Avendo così ottenuto i dati per una teoria matematica dell'elettromagnetismo e avendo mostrato come tale teoria possa essere applicata al calcolo dei fenomeni, debbo impegnarmi a dimostrare nel modo più chiaro le relazioni tra la forma matematica di questa teoria e quella della fondamentale scienza della dinamica affinché ci possiamo preparare in qualche misura a determinare il tipo di fenomeni dinamici tra i quali dobbiamo ricercare le illustrazioni e spiegazioni dei fenomeni elettro-magnetici'.

Il fatto che egli potesse apparentemente parlare di *'illustrazioni'* e di *'spiegazioni'* come qualcosa di parallelo potrebbe indicare che stesse togliendo le sue riserve precedenti sulle spiegazioni meccanicistiche ma ciò si giustificherebbe con difficoltà in quanto, lungi dal retrocedere sul punto che le sue equazioni generali e leggi del campo che esse rappresentano sono indipendenti da modelli meccanici, egli spinge tale autonomia ancora più oltre. Tuttavia Clerk Maxwell nel suo *'trattato'* costruisce attorno all'esposizione essenziale della sua teoria una formidabile struttura di natura meccanica e dinamica che dimostra che la teoria della radiazione elettromagnetica che aveva proposto e stava elaborando con grande dettaglio, era profondamente consistente con la già consolidata struttura della fisica in accordo con la meccanica Newtoniana classica. Ciò non significa accettare nozioni di causalità basate sul concetto di *'azioni a distanza'* né imposizioni prescrittive sul comportamento del mondo o nozioni di spazio e tempo assolutamente uniformi e pertanto su una visione rigidamente molecolarista e determinista della natura, ma piuttosto di suggerire che se indaghiamo più profondamente le proprietà dell'energia intrinseca che pervade l'universo, giungiamo a ricavare leggi valide a quel livello che non confliggono necessariamente con leggi che si dimostrano valide ad altri livelli in cui non ci interessiamo delle relazioni che siano continue nello spazio e nel tempo.

Questo duplice modo di guardare la realtà e la corrispondente dualità di metodi sono sottolineati da Clerk Maxwell sin dalla prefazione. Tuttavia ciò che egli primariamente era intento a raggiungere era lo studio dei fenomeni elettromagnetici in termini delle loro relazioni interne nei campi di forza in cui sono immersi e lo sviluppo al meglio in un modo metodico di un loro resoconto matematico. Cioè Clerk Maxwell, come Faraday, cercava di localizzare i fenomeni elettromagnetici nelle azioni reali che si sviluppano nel mezzo o nel continuo in cui le linee di forza che appartengono ai corpi sono in un certo senso una loro parte costitutiva.

In 'Un trattato su elettricità e magnetismo' Clerk Maxwell tracciò una distinzione più netta tra forza meccanica e forza elettromotrice. 'La forza elettromotrice si deve sempre concepire come agente solo sull'elettricità e non sui corpi in cui la stessa elettricità risiede'. Non si deve mai confondere con l'ordinaria forza meccanica che agisce solo sui corpi non sulla loro carica elettrica. Questa distinzione cade in sintonia con i due tipi di energia di cui parlò in 'Una teoria dinamica del campo elettromagnetico'. Ipotizzato che tutta l'energia sia dello stesso tipo essa non ostante ha forme diverse rispetto a movimento e posizione cosicché dobbiamo cercare di capire l'energia in due modi diversi attraverso la dinamica dei campi e la dinamica dei corpi interagenti.

Quando trattiamo questi ultimi (cioè per una teoria delle azioni tra particelle a distanza), le equazioni differenziali integrali sono lo strumento matematico più appropriato, ma dovendo trattare il primo aspetto, lo strumento appropriato sono invece le equazioni differenziali parziali.

Se Clerk Maxwell pensava soprattutto come proposto in 'Un trattato su elettricità e magnetismo' di essere interpretato in questo modo diviene allora facile capire perché insisteva con la struttura meccanica della sua teoria elettro-magnetica anche dopo avere avuto successo nel penetrare più a fondo di quanto fosse mai stato possibile in precedenza nel capire le connessioni di natura in termini di campi continui e delle loro leggi. Per quanto riguarda l'uso o la fiducia nei modelli meccanici, la teoria di elettromagnetismo e luce di Clerk Maxwell prese drastica distanza da essi perché le equazioni generali da cui era derivata la teoria sono indipendenti dalla struttura meccanica. I modelli meccanici possono proseguire ad essere utilizzati in modo illustrativo per assistere la mente fornendole elementi distinti sui quali concentrarsi ma una volta aver svolto tale compito, devono essere rifiutati.

Per ciò che concerne la struttura meccanicistica tuttavia non c'è dubbio che occorra conservarla se dobbiamo riscontrare che, mentre tutta l'energia è la stessa, essa si manifesta sotto due forme rispetto a posizione e comportamento delle particelle discrete e rispetto alle caratteristiche spaziali e temporali del campo. In tal caso tuttavia occorre introdurre vere modifiche alla descrizione meccanicistica della realtà secondo i principi della scienza classica di Newton tramite la deduzione e recupero dei concetti meccanici secondo i principi che la scienza fisica ha acquisito grazie alla nuova prospettiva governata dalla teoria e dalle leggi del campo. Sembra quasi che questa sia stata l'intenzione di Clerk Maxwell specialmente nei suoi lavori successivi. Ciononostante non c'è dubbio che Clerk Maxwell restò insoddisfatto del suo lavoro fino al termine della sua vita perché in qualche modo le sue teorie non soddisfacevano i suoi obiettivi di credibilità. Non c'è prova che egli fosse insoddisfatto delle sue equazioni del campo elettro-magnetico o della sua teoria elettromagnetica della luce ma piuttosto che esse dovessero essere interpretate attraverso un accorpamento più naturale nella realtà del creato rispetto a quanto non lo fossero state tramite la sua elaborata formulazione matematica. Sotto questo aspetto l'ultimo lavoro di Clerk Maxwell 'Un trattato elementare sull'elettricità' che fu completato e pubblicato due anni dopo il suo decesso da W. Garnett nel 1881, è di un certo interesse.

'In questo più piccolo documento mi sono sforzato di presentare nel modo più compatto possibile, quei fenomeni che sembrano gettare luce sulla teoria della elettricità e a usarli, ognuno a suo scopo, per sviluppare idee elettriche nella mente del lettore. Nel trattato più ampio ho talvolta fatto uso di metodi che non ritengo siano di per sé i migliori ma senza i quali l'allievo non potrebbe seguire le indagini dei fondatori della teoria matematica dell'elettricità. Da allora mi sono sempre più convinto della superiorità dei metodi analoghi a quello di Faraday e li ho quindi mutuati da quel trattato'.

Ciò sembrerebbe indicare che Clerk Maxwell sentiva che la sua teoria del campo elettromagnetico mancasse di interpretazione fisica e dovesse essere accorpata nelle realtà empiriche dei fenomeni elettromagnetici per potere essere apprezzata ma il fatto che Maxwell abbandonò quasi tre o quattro anni prima di morire prematuramente nel 1879 o che quantomeno aggiunse poco durante quel periodo ai primi otto capitoli, potrebbe indicare la sua convinzione che le sue stesse affermazioni richiedessero quel tipo di integrazione con la verità fisica che aveva iniziato ad apprezzare dai lavori di Faraday. In questi capitoli consolidati Maxwell fece poco più che descrivere e dimostrare i fatti principali correlati ai fenomeni elettromagnetici ed offrirvi qualche deduzione che corrispondeva in modo più elementare, come si era prefisso nella prima parte di *'Un trattato su elettricità e magnetismo'* così egli non scese in profondità nella sostanza di ciò che voleva sviluppare mostrando la rappresentazione geometrica della sua teoria basata su fatti empiricamente accertati.

Se William Berkson fornisce una interpretazione corretta, Faraday che rifiutò con chiarezza la nozione di *'etere'*, elaborò una molto più stretta integrazione tra materia, forza e campo rispetto a Clerk Maxwell perché, in ultima analisi, sembra aver guardato alle *'particelle'* come *'linee di forza'* convergenti e anche come vere e proprie *'modalità di forza'*. Perciò Faraday vedeva la *'forza'* come diretta azione su *'forze'* in altri punti contigui del campo e vedeva tutto lo spazio come un vasto campo di interazione tra varie forze. Secondo Berkson l'identificazione di materia e campo fu il primo passo intrapreso da Faraday laddove per Clerk Maxwell materia e campo erano entità distinte benché interpenetrantisi. In quest'ottica può ben essere che dietro al disagio di Clerk Maxwell verso i suoi tentativi di circondare la sua teoria con una struttura meccanica di un qualche tipo giacesse l'intuizione che le sue equazioni generali che esprimevano l'energia intrinseca del campo continuo sposavano la concezione di Faraday di materia e forza meglio della sua e che sperava di essere capace di integrare le sue equazioni con la visione che Faraday aveva di materia e forza nella struttura dinamica del campo. Certamente l'ultimo libro di Clerk Maxwell nella forma frammentaria in cui resta non riesce a quello scopo benché se Clerk Maxwell non fosse stato tanto impegnato a editare i documenti di Cavendish avrebbe avuto il tempo di approfondire il suo pensiero in quella direzione con le sue capacità creative rimarcabilmente fresche. Ciò lo avrebbe condotto alle soglie della teoria della relatività. Certamente la unificazione di Clerk Maxwell tra elettricità, magnetismo e luce tramite le sue equazioni alle derivate parziali, fornì a Einstein le basi sulle quali alla luce delle trasformazioni di Lorentz, fu in grado di formulare in modo cristallino la sua *Teoria della relatività*. Per concludere questa introduzione possiamo offrire tre osservazioni:

1. Clerk Maxwell creò per la prima volta una teoria del campo che potesse essere verificata indipendentemente dalle teorie di forza newtoniana. Egli creò una situazione in cui venne messo in discussione il ruolo egemone della meccanica newtoniana su tutta la gamma delle altre scienze fisiche e vennero intrapresi passi decisivi in direzione di una comprensione non-meccanicistica e profondamente relazionale delle connessioni comprensibili immanenti allo universo. Non c'è dubbio che Clerk Maxwell non si rese conto delle più estreme implicazioni del suo lavoro che avrebbe cambiato la prospettiva di base e la direzione della fisica oltre ad alterare la nostra comprensione dei concetti di spazio e di tempo. Riferendosi ai due lavori fondamentali di Clerk Maxwell *'Sulle linee di forza fisiche'* e *'Una teoria dinamica del campo elettro-magnetico'* Ivan Tosltoy ha formulato il seguente apprezzamento: *'per noi con oltre cent'anni di prospettiva, quei due lavori della teoria elettro-magnetica di Maxwell costituiscono*

una svolta nella storia della scienza. La teoria è innanzitutto una delle massime sintesi nella storia della scienza. Unifica due tipi di forza (elettrica e magnetica) in una il campo elettromagnetico. Questa unificazione è stata la conseguenza logica e diretta del lavoro sperimentale di Faraday ed era stata iniziata da altri (Ampere, Weber, Thomson) ma Clerk Maxwell consolidò questa prima tra le moderne teorie unificate del campo e ne diede una formulazione matematica che resta immortale col nome di 'equazioni di Maxwell' (un sistema di relazioni tra campi variabili elettrici e magnetici) un intero mondo di fenomeni elettromagnetici miracolosamente raccolto in poche righe di elegante matematica.'

2. il lavoro di Clerk Maxwell ebbe una profonda importanza concettuale in quanto ebbe l'effetto di riorganizzare la struttura epistemologica e logica della fisica non solo grazie alla sua determinazione delle proprietà matematiche della radiazione con immense implicazioni per la tecnologia scientifica, ma attraverso il modo in cui egli concepì e sviluppò la natura del campo e stabilì nella realtà del campo quella realtà di fondo d'ogni fenomeno nello spazio-tempo. Ci sembra di non poter far meglio di Einstein con l'affermare che: *'la formulazione di queste equazioni è stato il più importante evento in fisica dopo Newton non solo per la ricchezza dei loro contenuti, ma anche perché formano lo schema di un nuovo tipo di leggi. Le caratteristiche peculiari delle equazioni di Maxwell che appaiono in ogni altra equazione della fisica moderna si riepilogano in una frase. Le equazioni di Maxwell sono leggi rappresentative della struttura del campo. Tutto lo spazio è la scena di queste leggi contrariamente ai soli punti in cui sono presenti masse e cariche proprio delle leggi meccaniche'.* Inoltre occorre evidenziare che esse hanno l'effetto di stabilire l'oggettività delle conoscenze scientifiche in un modo nuovo e più profondo di quanto fosse possibile nella visione post-newtoniana e di certo in quella post-kantiana dell'universo, ciò in quanto esse non dipendono dal modo in cui si muove l'osservatore (o lo sperimentatore dei campi).

3. la fisica influenzata dalle idee rivoluzionarie di Clerk Maxwell fu lasciata con un problema serio e forse irresolubile del quale egli stesso sembra essersi reso conto. Ciò è legato al fatto che, benché le sue equazioni esprimessero le proprietà matematiche dell'energia intrinseca al campo continuo di spazio-tempo, egli non riuscì a riconciliare in modo soddisfacente i modi in cui si manifestano le due forme base dell'energia rispetto alla posizione ed al movimento. Perciò, come dice Einstein, mentre le equazioni di Maxwell alle derivate parziali sembrano la naturale espressione delle realtà primarie della fisica, in una particolare area della fisica teorica '*il campo continuo appariva affiancato ai punti materiali come rappresentazione della realtà. Tale dualismo non è ancora sparito e continua a disturbare ogni mente sistematica*'. Il problema di Clerk Maxwell resta nelle difficoltà che sono emerse nel riconciliare la teoria della relatività con la teoria quantistica per non citare una teoria unitaria del campo che dovrebbe accorpare anche termodinamica e gravitazione benché una soluzione potrebbe trovarsi nella linea di pensiero coltivato sia da Faraday che da Maxwell, ovvero che le relazioni tra particelle in un campo di forza, si devono concepire come costituenti stessi , almeno parziali, di ciò che sono in realtà le particelle. Tuttavia è dubbio se in natura il dualismo tra particelle e campi possa essere completamente rimosso altrettanto quanto non sia possibile rimuovere gli aspetti temporali e spaziali dalla realtà unitaria dello spazio-tempo.

Influsso di Maxwell sulla evoluzione del concetto di realtà fisica
Albert Einstein

La fede in un mondo esterno indipendente dai fenomeni osservati, costituisce il fondamento di ogni scienza naturale. Tuttavia siccome solo i sensi ci informano in modo indiretto su tale mondo esterno (o *realtà fisica*) solo per via speculativa possiamo cercare di raggiungerne la comprensione. In conseguenza la nostra concezione di realtà fisica non potrà mai concludersi. Dobbiamo essere sempre pronti a cambiare tali concetti (cioè le basi assiomatiche della fisica) per giustificare i fatti osservati nel modo più completo possibile sul piano logico.

In realtà uno sguardo allo sviluppo della fisica ci mostra che questa base assiomatica ha attraversato cambiamenti radicali nel tempo.

Il maggior cambiamento nelle basi assiomatiche della fisica (e in corrispondenza nella nostra concezione della struttura della realtà) dalla fondazione della fisica teorica con Newton è emersa attraverso le ricerche di Faraday e Clerk Maxwell sui fenomeni elettromagnetici. Nel seguito cercherò di presentare in modo più preciso questo fatto e di prendere in esame gli sviluppi precedenti e i successivi.

Secondo il sistema di Newton la realtà fisica è caratterizzata dai concetti di spazio, tempo, punti materiali e forza (interazioni tra punti materiali).

Gli eventi fisici si devono pensare come movimenti dei punti materiali nello spazio secondo leggi. Il punto materiale è solo rappresentativo della realtà in quanto è soggetto a cambiamento. Il concetto di punto materiale è ovviamente dovuto ai corpi osservabili ed è concepito sull'analogia coi corpi mobili omettendone le caratteristiche di estensione, di forma, di ubicazione spaziale e di ogni qualità '*interna*' conservandone solo l'inerzia, lo spostamento e il concetto aggiuntivo di '*forza*'. I corpi materiali che hanno generato sotto il profilo psicologico il formarsi del concetto di '*punto materiale*', a loro volta dovevano essere concepiti come sistemi di punti materiali. Si deve notare che questo sistema teorico è essenzialmente atomistico e meccanicistico. Ogni manifestazione si doveva concepire come puramente meccanica e cioè come puri movimenti di punti materiali secondo le leggi del moto di Newton.

L'aspetto più insoddisfacente di questo sistema teorico (a parte le difficoltà di correlare il concetto di *spazio assoluto* che è stato rimesso in discussione di recente) giaceva principalmente nella teoria della luce che Newton aveva, molto logicamente, pensato consistesse di punti materiali.

Anche allora dovette risultare cruciale il problema: *'cosa accade ai punti materiali che costituiscono la luce quando questa viene assorbita?'*. Inoltre è alquanto insoddisfacente introdurre nella discussione i due tipi molto diversi di punti materiali che dovevano rappresentare la materia pesante e quella luminosa. Successivamente si aggiunse una terza categoria con caratteristiche diverse fondamentalmente, quella dei corpuscoli elettrici.

Inoltre una debolezza nella struttura di base era che le forze di interazione si dovevano postulare in modo arbitrario per rendere conto degli eventi. Ciononostante questa concezione della realtà ottenne molto. Allora come si giunse alla convinzione che la si dovesse abbandonare?

Per dare al sistema una forma matematica, Newton dovette inventare il concetto di rapporto differenziale e tracciare le leggi del moto sotto forma di equazioni differenziali (forse il salto intellettuale più grande che sia mai stato realizzato dall'uomo). Le equazioni differenziali parziali non erano necessarie per questo scopo e Newton non ne fece uso metodico. Tuttavia le equazioni differenziali parziali erano necessarie per formulare la meccanica dei corpi deformabili. Ciò si collega al fatto che in quel tipo di problemi il modo e le modalità in cui si pensava fossero costruiti i corpi non aveva inizialmente una grande importanza. Perciò le equazioni differenziali parziali entrarono in fisica teorica in modo surrettizio ma poco a poco assunsero il ruolo da protagonista. Ciò avvenne nel diciottesimo secolo quando si affermò la teoria ondulatoria della luce sotto la pressione dei fatti sperimentali. La luce, nello spazio vuoto, era concepita come una vibrazione dell''*etere*' e sembrava difficile concepire questa entità come un agglomerato di punti materiali. A quel punto per la prima volta le equazioni differenziali parziali sembrarono la formalizzazione più naturale delle realtà primarie della fisica. In una particolare area della fisica teorica, il campo continuo emergeva come rappresentazione della realtà fisica al fianco dei punti materiali. Questo dualismo non è ancora stato eliminato al giorno d'oggi e riesce inaccettabile alle menti sistematiche.

Se l'idea di realtà fisica aveva cessato di essere puramente atomistica restava tuttavia ancora puramente meccanicistica. Si cercava ancora di interpretare ogni evento come il movimento di corpi inerti (le cose non potevano essere immaginate altrimenti). Poi sopraggiunse la grande rivoluzione che sarà legata a Faraday, Maxwell ed Hertz, al tempo Maxwell svolse la parte del leone in questa rivoluzione. Egli mostrò che tutto ciò che sino ad allora era noto sui fenomeni elettromagnetici e sulla luce, potevano essere descritti dal suo doppio sistema di equazioni differenziali parziali in cui i campi elettrico e magnetico apparivano come variabili dipendenti. In realtà Maxwell cercò di trovare un modo per basare o giustificare queste equazioni attraverso modelli mentali meccanici. Tuttavia impiegò qualche modello di quel tipo senza prenderne in seria considerazione alcuno, così ché solo le stesse equazioni apparvero formare la materia essenziale e le forze del campo che vi apparivano emergevano come le entità ultime e irriducibili ad alcunché d'altro. Tra i due secoli il concetto di campo elettromagnetico come entità irriducibile era già stato generalmente affermato e seri teorici avevano rinunciato a poter giustificare con fondamento meccanico le equazioni di Maxwell. Al contrario ben presto fu fatto un tentativo di dare un resoconto teorico del campo con punti materiali e con la loro inerzia con l'aiuto della teoria del campo elettromagnetico di Maxwell, ma questo tentativo non giunse ad un successo definitivo.

Se trascuriamo i risultati importanti e particolari che Maxwell realizzò nella sua vita in importanti aree della fisica e concentriamo la nostra attenzione sul cambiamento che grazie a lui subì la concezione della realtà fisica, si può dire che: *prima di Maxwell si pensava alla realtà fisica (nella misura in cui presentava eventi in natura) come punti*

materiali i cui cambiamenti consistono solo in movimenti che sono soggetti a equazioni differenziali totali. Dopo Maxwell la realtà fisica venne pensata come rappresentata da campi continui non spiegabili in modo meccanico, che sono soggetti ad equazioni differenziali parziali.'.
Questo cambiamento nella concezione della realtà è il più profondo e fertile che la fisica abbia sperimentato dopo Newton ma occorre anche riconoscere che la completa realizzazione del programma che questa rivoluzione ideale comporta non è ancora stata portata a termine. I sistemi fisici più soddisfacenti che abbiamo realizzato da allora, rappresentano più compromessi tra quei due programmi e, per il loro carattere di compromesso, portano in sé lo stigma del provvisorio e del logicamente incompleto, benché in molte aree essi abbiano permesso di conseguire grandi progressi. Tra questi il primo che possiamo citare è la *teoria degli elettroni* di Lorentz in cui il *campo* e i *corpuscoli elettrici* appaiono affiancati come elementi d'ugual peso per capire la realtà. Segue la *teoria speciale e generale della relatività* che (benché si basi interamente su considerazioni di *teoria del campo*) non ha potuto evitare finora di introdurre sia i *punti materiali* che le *equazioni differenziali totali.*
La *meccanica quantistica*, l'ultima e più soddisfacente creazione della fisica teorica, differisce nei suoi principi in modo fondamentale dai due programmi che chiamiamo sinteticamente di Newton e di Maxwell. Infatti le grandezze che appaiono nelle sue leggi non pretendono di descrivere la realtà fisica su cui si dirige l'attenzione. Dirac cui, secondo me, siamo debitori per il resoconto più logicamente completo di questa teoria, segnala correttamente il fatto che non sarebbe facile, a esempio, dare una descrizione fisica del fotone in modo tale che nella descrizione fossero forniti elementi sufficienti per giudicare se il fotone passerà o meno attraverso polarizzatori disposti obliquamente al suo percorso.
Ciononostante sono incline a pensare che i fisici non saranno a lungo soddisfatti di tale descrizione indiretta della realtà anche se un adattamento della teoria alle esigenze della relatività generale può essere formalizzato in modo soddisfacente.

Allora si dovrà tornare sicuramente al tentativo di realizzare il programma che possiamo convenientemente definire Maxwelliano, cioè una descrizione della realtà fisica in termini di campi che soddisfano equazioni alle derivate parziali in modo che siano privi di singolarità.

Una teoria dinamica del campo elettromagnetico
James Clerk Maxwell

Prima parte

Introduzione

1. il più ovvio fenomeno meccanico negli esperimenti elettrici e magnetici è la azione mutua che sposta due corpi in certi stati mentre si trovano ancora a distanza sensibile tra loro. Perciò il primo passo per ricondurre questi fenomeni in veste scientifica e di accertare l'intensità e la direzione della forza che agisce tra i corpi e, una volta accertato che questa forza dipende in un certo modo dalla posizione relativa dei corpi e dalle loro condizioni elettriche o magnetiche, sembra naturale, a prima vista, spiegare i fatti assumendo l'esistenza di un'entità a riposo o in moto in ogni corpo che ne costituisce lo stato elettrico o magnetico e che è capace di agire a distanza secondo leggi matematiche. In tal modo sono state formulate le teorie matematiche della elettrostatica, del magnetismo e dell'azione meccanica tra conduttori percorsi da corrente. In queste teorie la forza agente tra i due corpi viene trattata con riferimento alle sole condizioni dei corpi stessi e alle loro posizioni reciproche senza esprimere considerazioni sul mezzo circostante. Queste teorie, in modo più o meno esplicito, assumono che esistano sostanze le cui particelle hanno la proprietà di agire tra loro a distanza attraendosi o respingendosi. Il più completo sviluppo d'una teoria di questo tipo è quello di M.W. Weber che ha incluso nella sua teoria i fenomeni elettrici e quelli magnetici. Nel fare ciò tuttavia egli ha trovato necessario assumere che la forza tra due particelle elettriche dipenda, oltre che dalla loro distanza, dalla loro velocità relativa. Questa teoria sviluppata da M.Weber e da C.Neumann è oltremodo ingegnosa e meravigliosamente inclusiva nella sua applicabilità ai fenomeni elettrostatici, d'attrazione elettro-magnetica, d'induzione di correnti e ai fenomeni diamagnetici e ci si impone con l'autorevolezza ulteriore di avere svolto il ruolo di guida alle speculazioni d'un protagonista dei grandi progressi nella pratica

della scienza elettrica sia con l'introduzione di un coerente sistema d'unità di misura sia misurando nella pratica le grandezze elettriche a livelli d'accuratezza mai sperimentati in precedenza.

2. Le difficoltà meccaniche che comporta l'assunto di particelle agenti a distanza con forze che dipendono dalla loro velocità sono tuttavia tali da segnalarmi che questa teoria non sia conclusiva benché sia stata (e lo potrà ancora essere) utile per pilotare verso il coordinamento dei fenomeni. Quindi ho preferito cercare una spiegazione dei fatti in altra direzione supponendoli prodotti da azioni che avvengono sia nel mezzo circostante, come anche nell'ambito dei corpi in stato eccitato e sforzandomi di spiegare l'azione tra corpi distanti senza assumere l'esistenza di forze capaci di agire direttamente a distanze sensibili.

3. La teoria che propongo può perciò essere chiamata 'teoria del campo elettro-magnetico' (in quanto ha a che fare con lo spazio nelle vicinanze dei corpi elettrici o magnetici) e può essere anche chiamata 'teoria dinamica' (in quanto assume che in quello spazio ci sia materia in moto tramite la quale vengono manifestati quei fenomeni elettromagnetici che possono osservarsi).

4. Il campo elettromagnetico è quella parte dello spazio che ospita e circonda i corpi che sono in una condizione elettrica o magnetica. Esso può essere riempito di ogni tipo di materia o possiamo tentare di svuotarlo di materia pesante (come è il caso nei tubi di Geisslker e altri cosiddetti 'vuoti'). C'è sempre in essi tuttavia ancora sufficiente materia da ricevere e trasmettere le vibrazioni luminose e termiche ed è proprio in quanto non viene alterata in modo sensibile la trasmissione di quelle radiazioni se si sostituiscono corpi trasparenti di densità misurabile in luogo del 'vuoto', che siamo costretti ad ammettere che le oscillazioni sono proprie di una 'sostanza eterea' (e non di materia pesante) la cui presenza modifica puramente in un qualche modo il movimento dell'etere'. Abbiamo perciò, dai fenomeni luminosi e termici, qualche motivo di credere che esista un 'mezzo etereo' che riempie lo spazio, permea i

corpi ed è capace di mettere in moto e di trasmettere quel moto da un punto all'altro e di comunicarlo alla materia pesante tanto da riscaldarla e influenzarla in vari modi.

5. Però l'energia comunicata a un corpo riscaldandolo deve essere preesistita nel mezzo mobile in quanto le oscillazioni avevano lasciato la fonte del calore un qualche tempo prima di raggiungere il corpo, e durante quel lasso di tempo, l'energia deve essere stata per metà sotto forma di movimento dello stesso mezzo e metà sotto forma di sua resilienza elastica. Da queste considerazioni il professor W. Thomson ha dedotto che il mezzo deve avere una densità che si può paragonare a quella della materia pesante e le ha perfino attribuito un valore limite inferiore.

6. Possiamo quindi accettare (come dato dedotto da una branca della scienza indipendente da quella con cui trattiamo) l'esistenza di un mezzo pervasivo di piccola ma reale densità, capace d'essere posto in movimento e trasmettere il moto tra due punti distanti a una velocità grande ma finita. Perciò le parti di questo mezzo devono essere tra loro connesse in modo tale che il movimento di una parte dipenda in qualche modo dal movimento delle parti restanti e che, allo stesso tempo, tali connessioni devono essere capaci di erogare una certa forma di elasticità poiché il movimento non si comunica istantaneamente ma prende del tempo. Il mezzo è perciò capace di ricevere e di immagazzinare due tipi di energia, quella *'in atto'* (che dipende dal moto delle parti) e quella *'potenziale'* (che consiste nel lavoro che il mezzo, grazie alla sua elasticità, erogherà rientrando in equilibrio rispetto allo spostamento subito). La propagazione delle oscillazioni consiste nel continuo convertirsi in alternanza dall'una di queste forme di energia nell'altra e l'ammontare di energia complessiva nel mezzo è, in ogni istante, equamente ripartita: metà di essa è energia cinetica e metà resilienza elastica.

7. Un mezzo che abbia una costituzione simile può essere capace di altri tipi di moto e spostamento, oltre a quelli che generano i

fenomeni ottici e termici, e qualcuno di essi può essere di un tipo tale da potersi manifestare ai nostri sensi con fenomeni da essi generati.

8. Sappiamo d'altronde che il mezzo luminifero in certi casi viene influenzato dal magnetismo, in quanto Faraday scoprì che, quando raggi polarizzati su un piano attraversano un mezzo trasparente diamagnetico nella direzione delle linee di forza magnetica prodotte nelle vicinanze da magneti o correnti, il piano di polarizzazione viene ruotato. Tale rotazione è sempre nella direzione in cui occorre far circolare elettricità positiva attorno al corpo diamagnetico per produrre quella magnetizzazione del campo. M. Verdet da allora ha scoperto che se un corpo paramagnetico (come una soluzione di percloruro di ferro in etere) viene sostituito al corpo diamagnetico, quella rotazione avviene nella direzione opposta. Ora il professor Thomson ha dimostrato che nessuna distribuzione di forze che agiscono tra le parti di un mezzo il cui solo movimento sia quello delle vibrazioni luminose è sufficiente a rendere conto dei fenomeni ma che dobbiamo ammettere che esista un movimento nel mezzo che dipenda dalla magnetizzazione, oltre al moto vibratorio che costituisce la luce. È vero che la rotazione magnetica del piano di polarizzazione è stata osservata solo in mezzi di densità notevole, ma le proprietà del *campo magnetico*, sostituendo due mezzi (o il vuoto), non vengono alterate in modo significativo tanto da permetterci di supporre che il mezzo più denso non faccia altro che modificare semplicemente il movimento dell'*etere*. Disponiamo così di motivi fondati per indagare se non esista un movimento del mezzo etereo che si sviluppi ogniqualvolta si osservino effetti magnetici e abbiamo qualche ragione di supporre che questo movimento sia di tipo rotatorio e abbia come asse la direzione della *forza magnetica*.

9. Dobbiamo ora considerare un altro fenomeno osservato nel campo elettro-magnetico. Quando un corpo viene mosso 'attraverso' le linee di forza magnetica esso sperimenta ciò che viene chiamata una '*forza elettromotrice*'. Le due estremità del

corpo tendono a caricarsi di opposte elettricità e una corrente elettrica tende a fluire nel suo ambito. Quando la forza elettromotrice è sufficientemente potente ed agisce su certi corpi composti, essa li decompone e provoca il passaggio di uno dei suoi costituenti verso una estremità del corpo e l'altro nella direzione opposta. Abbiamo la prova di una forza che, a dispetto della resistenza, genera una corrente elettrica e elettrizza di segno opposto le estremità del corpo (una condizione che si conserva solo con l'azione della forza elettromotrice e che, non appena essa viene rimossa, tende con forza uguale ed opposta a produrre una controcorrente attraverso il corpo ed a ripristinare lo stato elettrico del corpo) e infine (se di sufficiente intensità) facendo a pezzi i composti chimici e trasportando in direzioni opposte quei suoi componenti (mentre la loro tendenza naturale è quella di combinarsi con una forza in grado di generare una 'forza elettromotrice' di direzione inversa). Questa allora è una forza che agisce su un corpo ed è provocata dal suo movimento attraverso il campo elettromagnetico o da cambiamenti che avvengono in quello stesso campo e l'effetto di tale forza è di produrre una corrente e riscaldare il corpo oppure di decomporre il corpo (se non riesce a provocare nessuno di quei due fatti), di porre il corpo in uno stato di polarizzazione elettrica (uno stato di costrizione in cui le estremità opposte sono elettrizzate di segno opposto e dal quale stato il corpo tende a liberarsi non appena viene rimossa la forza perturbatrice).

10. Secondo la teoria che mi propongo di spiegare, questa 'forza elettromotrice' è la forza chiamata ad agire durante la trasmissione del movimento da una parte del mezzo all'altra ed è per mezzo di tale forza che il movimento di una parte provoca il movimento in un'altra parte. Quando la forza elettro-motrice agisce su un circuito conduttore produce una corrente che, trovando resistenza, genera una conversione continua dell'energia elettrica in calore il quale non può più essere a sua volta convertito in energia elettrica tramite alcun processo di conversione.

11. Ma se la forza elettromotrice agisce su un dielettrico produce uno stato di polarizzazione delle sue parti simile come distribuzione alla polarità delle parti di una mazza di ferro sotto l'influenza di un magnete e come la polarizzazione magnetica è capace di essere descritto come uno stato in cui ogni particella ha i suoi poli opposti in condizioni opposte. In un dielettrico sotto l'azione della forza elettromotrice, possiamo immaginare che in ogni molecola l'elettricità sia così spostata da rendere un lato elettricamente positivo e l'altro negativo ma che l'elettricità resti interamente connessa alla molecola e non passi dall'una alle altre ad essa adiacenti. L'effetto di questa azione sull'intera massa dielettrica è di produrre un generale spostamento di elettricità in una certa direzione. Questo *spostamento* non diviene corrente poiché, quando ha raggiunto un certo valore, resta costante ma è l'inizio di una corrente e le sue variazioni costituiscono correnti di direzione positiva o negativa a seconda che lo *spostamento* cresca o diminuisca. All'interno del dielettrico non c'è segno di elettrizzazione in quanto l'elettrizzazione di un lato di ogni molecola è neutralizzata dall'elettrizzazione della faccia opposta delle molecole in contatto con essa, ma sulle superfici di frontiera del dielettrico, dove l'elettrizzazione non è neutralizzata, troviamo fenomeni che indicano elettrizzazione positiva o negativa. La relazione tra forza elettro-motrice e ammontare dello *spostamento elettrico* da essa prodotto, dipende dalla natura del dielettrico, la stessa forza elettromotrice produrrà uno spostamento elettrico maggiore in generale in dielettrici solidi (vetro o solfo) rispetto all'aria.

12. Rileviamo qui allora un altro effetto di forza elettromotrice e cioè lo *spostamento elettrico* che, secondo la nostra teoria, è un tipo di *cedimento elastico* all'azione della forza simile a ciò che accade in strutture e macchine dovuto all'esigenza di perfetta rigidità dei collegamenti.

13. L'indagine pratica della capacità induttiva dei dielettrici è resa difficile a causa di due fenomeni di disturbo. Il primo è la

'*conduttività del dielettrico*' che, benché in molti casi sia oltremodo piccola, non può tuttavia essere totalmente trascurata. Il secondo fenomeno è chiamato *assorbimento elettrico* in virtù del quale quando il dielettrico viene esposto alla forza elettromotrice, lo *spostamento elettrico* aumenta con gradualità e, quando la forza elettro-motrice viene rimossa, il dielettrico non ritorna istantaneamente al suo stato originario ma scarica solo una parte della sua elettrizzazione e quando viene lasciato a se stesso acquisisce graduale elettrizzazione sulla sua superficie mentre il suo interno gradualmente si polarizza. Quasi tutti i dielettrici solidi presentano questo fenomeno che origina la carica residua delle bottiglie di Leida ed altri fenomeni dei cavi elettrici descritti dal signor F. Jenkin.

14. Abbiamo dunque due altre forme di manifestazioni, oltre a quella di un dielettrico perfetto (che paragoniamo a un corpo perfettamente elastico). La manifestazione dovuta alla conduttività può essere paragonata a quella d'un fluido viscoso (cioè un fluido caratterizzato da attriti interni) o a quella di un solido morbido sul quale anche la più piccola forza produce una alterazione permanente di forma che cresce col tempo di applicazione della forza. La manifestazione dovuta all'assorbimento elettrico si può invece paragonare a quella d'un corpo elastico a struttura spugnosa che contiene un fluido denso nelle sue cavità. Se soggetto a pressione, un tale corpo gradualmente si comprime in relazione al rilascio graduale di fluido denso e, quando viene a terminare la pressione applicata, non riassume istantaneamente la sua forma primitiva a causa dell'elasticità della sostanza del corpo che deve prevalere con gradualità sulla tenacia del fluido prima di poter ripristinare l'equilibrio originario. Taluni corpi solidi in cui non possiamo trovare un simile tipo di struttura sembrano possedere proprietà meccaniche di questo tipo e sembra quindi probabile che le stesse sostanze, se dielettriche, possano presentare proprietà corrispondenti correlate all'accumulo, alla ritenzione e alla perdita di polarità magnetiche.

15. Sembra perciò che in elettricità e magnetismo certi fenomeni conducano alla medesima conclusione di quelli ottici, che cioè esista un mezzo *etereo* che pervade tutti i corpi (e che è modificato solo in modo marginale dalla loro presenza) che le parti di tale mezzo possano essere messe in movimento con correnti elettriche e magneti, che questo movimento venga trasmesso tra le parti del mezzo tramite forze emergenti dalle connessioni tra quelle parti, che sotto l'azione di quelle forze vi sia una certa reazione che dipende dalla elasticità di quelle connessioni interne e che perciò in quel mezzo possa esistere energia sotto due forme: una di esse essendo l'*"energia attuale'* del moto delle sue parti e l'altra essendo l'*"energia potenziale'* immagazzinata nelle connessioni interne grazie alla loro elasticità.

16. Perciò siamo quindi indotti a concepire un meccanismo complesso capace di un'ampia gamma di movimenti ma allo stesso tempo interamente connesso in modo tale che il movimento di una sua parte dipenda dal moto delle altre parti secondo precise relazioni. Tali movimenti essendo trasmessi da forze che emergono a causa degli *spostamenti* relativi delle parti connesse in grazia della loro elasticità. Un tale meccanismo deve essere soggetto alle leggi generali della dinamica e dovremmo essere in grado di elaborare tutte le conseguenze del suo movimento, purché conoscessimo la forma delle relazioni tra le parti in movimento.

17. Sappiamo che quando viene stabilita una corrente elettrica in un circuito conduttore, la parte circostante del campo è caratterizzata da certe proprietà magnetiche e che, se sono presenti due circuiti nel campo, le proprietà magnetiche del campo dovute alle due correnti si combinano. Perciò ogni parte del campo è in connessione con entrambe le correnti e le due correnti sono messe in reciproca connessione in virtù delle loro connessioni con la magnetizzazione del campo. Il primo risultato di questa connessione che mi propongo di esaminare è l'induzione mutua tra correnti e quella causata dal movimento dei conduttori nel campo. Il secondo risultato che se ne ricava è l'azione meccanica tra conduttori

percorsi da corrente. Il fenomeno della induzione delle correnti è stato dedotto da Helmholtz e Thomson dai loro effetti meccanici. Io ho seguito il procedimento inverso e ho dedotto le azioni meccaniche dalle leggi dell'induzione. Poi ho descritto metodi sperimentali in grado di determinare le grandezze L, M, N da cui faccio dipendere quei fenomeni.

18. Successivamente ho applicato i fenomeni dell'induzione e attrazione delle correnti all'esplorazione del campo elettromagnetico e alla tracciatura del sistema di linee di forza magnetica che indica le sue proprietà magnetiche. Esplorando lo stesso campo con un magnete, ho mostrato la distribuzione delle sue superfici equipotenziali tagliando del linee di forza ad angoli retti. Al fine di portare questi risultati nell'ambito del potente strumento del calcolo simbolico, li ho poi formulati sotto forma di 'equazioni generali del campo elettromagnetico'. Queste esprimono le seguenti relazioni:

a. tra *spostamento elettrico*, conduzione in atto e corrente totale (la combinazione di entrambe),
b. tra le *linee di forza magnetiche* e i coefficienti induttivi di un circuito (come erano già stati ricavati dalle leggi dell'induzione),
c. tra le intensità di una corrente e i suoi effetti magnetici secondo il sistema di misura elettromagnetica,
d. il valore della *forza elettromotrice* in un corpo che deriva dal movimento di quel corpo in un campo, l'alterazione subita dallo stesso campo e la variazione del *potenziale elettrico* tra una parte e un'altra del campo,
e. tra lo *spostamento elettrico* e la *forza elettro-motrice* che lo genera,
f. tra una *corrente elettrica* e la *forza elettromotrice* che la produce,
g. tra l'ammontare di *elettricità libera* in ogni punto e lo *spostamento elettrico* nelle sue prossimità,
h. tra l'aumento o la diminuzione di *elettricità libera* e le *correnti elettriche* nelle vicinanze.

In tutto ho formulato 20 equazioni in 20 incognite.

19. Successivamente, in funzione di queste grandezze, ho espresso l'energia intrinseca del 'campo elettro-magnetico' come in parte dipendente dalla sua polarizzazione magnetica e in parte da quella elettrica in ogni punto. Da ciò ho derivato la forza meccanica che agisce 1) su un conduttore mobile percorso da corrente, 2) su un polo magnetico e 3) su un corpo elettrizzato. Quest'ultimo risultato (la forza meccanica agente su un corpo elettrizzato) conduce a un metodo indipendente di misure elettriche che si fonda sui suoi effetti elettrostatici. La relazione tra le unità di misura adottate dai due metodi è dimostrata che dipende da ciò che ho chiamato *elasticità elettrica* del mezzo e che essa ha le dimensioni di una velocità la cui grandezza è quella misurata sperimentalmente da M. M. Weber e da Kohlrausch. Successivamente ho mostrato come si calcoli la capacità elettrostatica di un condensatore e la specifica capacità induttiva di un dielettrico. Ho esaminato poi il caso di un condensatore composto da strati paralleli di materiali di diversa resistenza elettrica e capacità induttiva e dimostro che il fenomeno denominato *assorbimento elettrico* si manifesta in generale e cioè che, quando il condensatore viene scaricato in modo improvviso, dopo un breve lasso di tempo mostra di avere una *carica residua*.
20. le equazioni generali sono poi state applicate al caso di una perturbazione magnetica propagata attraverso un campo non conduttore e si dimostra che le sole perturbazioni che possono venire trasmesse in questo modo sono quelle *trasversali* alla direzione della propagazione e che la velocità di trasmissione risulta essere quella velocità di grandezza *v* (già misurata da esperimenti come quelli di Weber) che esprime il numero di unità elettro-statiche di elettricità contenute entro un'unità elettromagnetica. Questa velocità è così prossima a quella misurata per la luce, che sembra possa esser ragionevole concludere che la stessa luce (ivi incluso il calore radiante e altri tipi di radiazione possibilmente esistenti) sia una perturbazione elettro-magnetica sotto forma di onde che si propagano attraverso il *campo elettro-magnetico* secondo le *leggi elettromagnetiche*. Se ciò fosse vero, l'accordo tra il calcolo dell'elasticità del mezzo con le modifiche rapide delle

74

vibrazioni luminose e quello coi processi lenti delle esperienze elettriche, mostra la perfezione e regolarità delle proprietà elastiche del mezzo quando non sia appesantito da materiali più densi dell'aria. Se si suppone lo stesso carattere di elasticità per i corpi densi e trasparenti, ne discende che il quadrato dell'indice di rifrazione, è uguale al prodotto della capacità specifica dielettrica e della capacità specifica magnetica. Si dimostra che i mezzi conduttori assorbono rapidamente tali radiazioni e risultano quindi in generale *'opachi'*. Il concetto di propagazione delle perturbazioni magnetiche trasversali con l'esclusione di quelle normali, è stato ipotizzato con chiarezza dal professor Faraday nel suo *'Riflessioni sulle radiazioni vibratorie'*. La *'Teoria elettromagnetica della luce'* da lui proposta è sostanzialmente la stessa che ho cominciato a sviluppare nel presente documento eccetto che mancavano, nel 1846, i dati necessari per poter calcolare la grandezza della velocità di propagazione.

21. Successivamente ho applicato le equazioni generali al calcolo dei coefficienti di mutua induzione di due correnti circolari e a quello del coefficiente d'auto-induzione d'una bobina. Si valuta (ritengo per la prima volta) l'esigenza di un'uniformità della corrente nelle diverse parti della sezione di un filo all'atto d'avvio della corrente e si trovano le conseguenti, necessarie correzioni da apportare al coefficiente d'autoinduzione. Questi risultati si sono applicati al calcolo dell'autoinduzione di una bobina usata nel corso dell'esperimento di resistenza elettrica condotto dal Comitato della British Association on Standards e il valore calcolato è stato confrontato coi risultati di quegli esperimenti.

Seconda parte
Sull'induzione elettromagnetica
Il *'momento elettromagnetico'* di una corrente
22. Possiamo cominciare considerando lo stato del campo in prssimità di una corrente elettrica. Sappiamo che nel campo vengono eccitate forze magnetiche la cui direzione e intensità dipendono tramite leggi note dalla forma dei conduttori della corrente. Aumentando l'intensità della corrente aumentano proporzionalmente anche tutti gli effetti magnetici. Ora, se lo stato magnetico del campo dipende dai movimenti del mezzo, occorrerà esercitare una certa forza al fine di aumentare o di ridurre tali movimenti e, quando i movimenti vengono sollecitati, essi continuano così che l'effetto della connessione tra la corrente e il campo elettromagnetico che la circonda, è di dotare la corrente d'una sorta di *'momento'* (*'inerzia'*) esattamente come la connessione tra la parte trainante d'una macchina e un volano riesce a fornire alla parte trainante un momento aggiuntivo che si può denominare il momento del volano trasmesso al trainante. La forza sbilanciata che agisce sul meccanismo trainante aumenta tale suo momento e viene misurata grazie al tasso di tale aumento. Nel caso di correnti elettriche, la resistenza a improvvisi aumenti o cali di intensità, produce effetti esattamente analoghi a quel momento ma l'aumento del momento dipende da forma del conduttore e dalla posizione relativa tra le sue diverse parti.

Azione mutua tra due correnti
23. Se nel campo ci sono due correnti, la forza magnetica in ogni punto è la risultante composta dalle due forze dovuta separatamente a ciascuna corrente e, siccome le due correnti sono in connessione con ogni punto del campo, esse risulteranno connesse tra loro così ché ogni aumento o diminuzione di una di esse produrrà una forza che agirà in sintonia o in contrasto con l'altra.

Illustrazione dinamica del momento ridotto

24. Per dare una illustrazione dinamica supponiamo che un corpo sia connesso a due punti pilota indipendenti A e B e che la sua velocità sia p volte quella di A e q volte quella di B. Sia u la velocità di A, v quella di B e w quella di C e siano δx, δy, δz i loro spostamenti simultanei allo, secondo le leggi generali della dinamica,

$$C\ dw/dt\ \delta z = X\ \delta x + Y\ \delta y$$

Dove X e Y sono le forze che agiscono in A e in B

ma $dw/dt = p\ du/dt + q\ dv/dt$

e $\delta z = p\ \delta x + q\ \delta y$

sostituendo e ricordando che δx e δy sono indipendenti

$$X = d/dt\ (C\ p^2\ u + C\ p\ q\ v) \qquad (1)$$
$$Y = d/dt\ (C\ p\ q\ u + C\ q^2\ v)$$

possiamo chiamare $C\ p^2\ u + C\ p\ q\ v$ il *momento di C riferito ad A* e $C\ p\ q\ u + C\ q^2\ v$ il suo *momento riferito a B*, allora possiamo dire che l'effetto della forza X è di aumentare il momento di C riferito ad A e quello di Y di aumentare il suo momento riferito a B.

Se ci fossero molti corpi connessi ad A e a B in modo simile ma differenti valori di p e di q potremmo trattare il problema nello stesso modo con l'assumere

$$L = \Sigma(Cp^2) \qquad M = \Sigma(Cp\ q) \qquad e \qquad N = \Sigma(C\ q^2)$$

Dove la sommatoria è estesa a tutti i corpi coi loro valori competenti per C, p e q. Allora il momento del sistema riferito ad A sarà

$$Lu + Mv$$

e quello riferito a B sarà

$$Mu + Nv$$

ed avremmo in definitiva

$$X = d/dt\ (L\ u + M\ v) \qquad (2)$$
$$Y = d/dt\ (M\ u + N\ v)$$

dove X e Y sono le forze esterne che agiscono in A e in B

25. Per rendere più completa questa illustrazione, occorre solo supporre che il moto di A venga contrastato da una forza

proporzionale alla sua velocità che possiamo chiamare R u e quello di B da una simile forza che chiameremo S v ove R ed S sono dei coefficienti di resistenza. Allora se x e η sono le forze in A e in B

x=X+R u=R u+d/dt (L u+M v)　　(3)

η = Y+S v=S v+d/dt (M u+N v)

se la velocità di A aumenta al tasso di du/dt allora, per impedire a B di muoversi occorrerà applicargli una forza pari a

η=d/dt (M u)

Questo effetto su B dovuto a un aumento della velocità di A corrisponde alla forza elettromotrice su un circuito che emerge da un aumento di intensità in un circuito a lui prossimo.

Questa illustrazione dinamica deve essere vista solo come aiuto al lettore per capire ciò che si intende in meccanica col concetto di *momento ridotto*. I dati dell'induzione delle correnti in dipendenza dalle variazioni della grandezza chiamata *momento elettromagnetico* (o di *stato elettro-tonico*) si basano sulle esperienze condotte da Faraday, Felici ed altri.

Coefficienti di induzione di due circuiti

26. Nel campo elettromagnetico i valori di L, M, N dipendono dalla distribuzione degli effetti magnetici causati dai due circuiti e tale distribuzione dipende solamente dalla forma e dalla posizione relativa dei due circuiti. Perciò L, M, N sono grandezze che dipendono dalla forma e dalla posizione relativa dei circuiti e sono soggette a modificarsi col muoversi dei conduttori. Dimostreremo che L, M, N sono grandezze geometriche che hanno natura di linee e cioè hanno una sola dimensione spaziale; L dipende dalla forma del primo conduttore (che chiameremo A), N da quella del secondo (che chiameremo B) ed M dalla posizione relativa di A e B.

27. Sia x la forza elettromotrice agente su A, x l'intensità di corrente ed R la resistenza, allora R x sarà la forza resistente. Nelle correnti continue la forza elettromotrice bilancia esattamente tale forza resistente ma nelle correnti variabili, la forza risultante x−Rx viene spesa ad aumentare il *momento elettromagnetico* usando il termine *momento* per esprimere quello prodotto da una forza che agisce per

un lasso di tempo ovverosia una velocità propria di un corpo. Nel caso di correnti elettriche, la forza che agisce non è una comune forza meccanica (o almeno non siamo ancora in grado di misurarla come forza ordinaria) ma la possiamo chiamare *'forza elettromotrice'* e il corpo mosso non è la sola elettricità interna del conduttore ma qualcosa di esterno ad esso che è capace di essere modificata da altri conduttori percorsi da corrente ed ubicati nelle vicinanze. Sotto una tale ottica si può paragonare più al *'momento ridotto'* del meccanismo trainante di una macchina che è influenzato dalle sue connessioni meccaniche meglio che ad un semplice corpo mobile, come una palla di cannone o l'acqua in un tubo.

Relazioni elettromagnetiche di due circuiti conduttori
28. Nel caso di due circuiti conduttori A e B, dobbiamo assumere che il *'momento elettromagnetico'* appartenente ad A sia

L x+M y

e quello di B

M x+N y

Dove L, M, N corrispondono alle medesime grandezze dell'illustrazione dinamica tranne che le si suppongono capaci di cambiare al muoversi dei conduttori A e B.
Allora l'equazione della corrente x in A sarà:

x =R x+d/dt (L x+M y)   (4)

e quella y in A sarà:

η=S y+d/dt (M x+N y)   (5)

dove x ed η sono le forze elettromotrici, x e y sono le correnti ed R e S sono le resistenze di A e B rispettivamente.

Induzione di una corrente da un'altra
29. Primo caso. Supponiamo che in B non ci sia altra forza elettromotrice che quella che vi viene indotta dall'azione di A e sia aumentata tale corrente in A da 0 ad un valore x, allora:

S y+d/dt (M x+N y)=0

per cui

$Y = \Phi_0^{\,t} y\ dt = -M/S\ x$ (6)

e cioè una quantità y di elettricità (che rappresenta la corrente totale indotta) fluirà su B al crescere di x da 0 ad x. Questa è l'induzione causata da una variazione di corrente nel conduttore primario. Se M è positivo, la corrente indotta da un aumento di corrente nel circuito primario è negativa.

Induzione per movimento dei conduttori

30. Secondo caso. Ma teniamo ora x costante e facciamo variare M al valore M', allora:

$$Y=-x\,(M-M')/S \qquad (7)$$

così ché se si aumenta M (avvicinando ad esempio tra loro i circuiti primario e secondario), verrà indotta una corrente negativa (la quantità totale di elettricità che fluisce in B sarà y). Questa è l'induzione causata dal moto relativo dei conduttori primario e secondario.

Equazione di lavoro ed energia

31. Per ottenere l'equazione tra il lavoro erogato e l'energia prodotta, occorre moltiplicare la 1 per x e la 2 per y e poi sommare i risultati:

$$\xi\,x+\eta y=Rx^2+Sy^2+x\,d/dt(L\,x+M\,y)+d/dt\,(M\,x+N\,y)$$
$$(8)$$

in cui ξ x è il lavoro erogato nell'unità di tempo dalla forza elettromotrice ξ che agisce sulla corrente x e la mantiene mentre ηy è il lavoro compiuto dalla forza elettromotrice η nell'unità di tempo.

Calore prodotto dalla corrente

32. Nell'altro termine dell'equazione abbiamo dapprima:

$$R\,x^2+S\,y^2=H \qquad (9)$$

che rappresenta il lavoro compiuto per vincere la resistenza dei circuiti nella unità di tempo. Questo è convertito in calore. La parte restante di quel termine rappresenta il lavoro compiuto e non dissipato in calore. La si può scrivere in una forma estesa:

$$\tfrac{1}{2}\,d/dt(L\,x^2+2\,M\,xy+N\,y^2)+\tfrac{1}{2}\,dL/dt\,x^2+dM/dt\,xy+\tfrac{1}{2}\,dN/dt\,y^2$$

Energia intrinseca delle correnti

33. Se L, M, N sono costanti, il lavoro totale delle forze elettromotrici che non viene speso contro la resistenza verrà impiegato per

80

sviluppare correnti. L'energia intrinseca totale delle correnti perciò sarà:

$$\tfrac{1}{2}L\,x^2 + M\,x\,y + \tfrac{1}{2}N\,y^2 = E \qquad (10)$$

quest'energia esiste in forma impercettibile ai nostri sensi (probabilmente come movimento reale) e la sede di tale movimento non è puramente nei circuiti conduttori ma nello spazio che li circonda.

Azione meccanica tra conduttori

34. Il termine residuo:

$$\tfrac{1}{2}\,dL/dt\;x^2 + dM/dt\;x\,y + \tfrac{1}{2}\,dN/dt\;y^2 = W \qquad (11)$$

rappresenta il lavoro svolto nell'unità di tempo e prodotto dalle variazioni di L, M, N o (detto altrimenti) dalle alterazioni di forma e di posizione dei circuiti conduttori A e B.

Se viene compiuto un lavoro quando un corpo si muove, esso deve essere ascritto a una comune forza meccanica che agisce sul corpo mentre si sposta. Perciò questa parte dell'espressione mostra che esiste una forza meccanica che sollecita ogni parte degli stessi conduttori nella direzione in cui L, M, N sono aumentati. L'esistenza della forza elettromotrice tra conduttori nei quali fluisce corrente è perciò una conseguenza diretta dell'azione combinata ed indipendente di ogni corrente sul campo elettro-magnetico. Se A e B vengono accostati di una distanza ds che fa crescere M dal valore M a quello M' mentre le correnti sono di valore x e y allora il lavoro compiuto sarà:

$$(M{-}M')\,x\,y$$

e la forza nella direzione ds sarà

$$x\,y\,dM/ds \qquad (12)$$

che corrisponde ad una attrazione se x ed y hanno lo stesso segno e se M aumenta, mentre A e B si avvicinano tra loro.

Perciò emerge che, se ammettiamo che la parte della forza elettromotrice non consumata in resistenze si mantiene fintanto che agisce generando uno stato auto-mantenuto di corrente che (per analogia meccanica) possiamo chiamare il suo *momento elettromagnetico* e che quel momento dipende da circostanze esterne al conduttore, allora si possono dimostrare con un ragionamento meccanicistico entrambe l'induzione di correnti e le attrazioni elettromagnetiche. Ciò che ho chiamato *momento elettromagnetico* è la medesima grandezza che Faraday chiama lo *stato elettro-tonico* del circuito ogni cambiamento del quale comporta l'azione della forza elettromotrice proprio come ogni cambiamento di momento comporta l'azione di forze meccaniche. Se perciò i fenomeni descritti da Faraday nella nona serie del suo *'Ricerche sperimentali'* fossero gli unici fatti noti sulle correnti elettriche, le leggi di Ampere relative all'attrazione di conduttori percorsi da correnti e quelle di Faraday sulla mutua induzione di correnti, potrebbero essere ricavate con ragionamenti meccanicistici. Al fine di riportare questi risultati nel campo delle verifiche sperimentali ho poi indagato il caso d'una corrente singola, su quello di due correnti e sei correnti nella *compensazione elettrica* per permettere ai ricercatori di determinare il valore di L, M, N.

Caso di un circuito singolo
35. L'equazione della corrente x in un circuito di resistenza R e di coefficiente di auto-induzione L su cui agisce una forza elettromotrice esterna x è:

$$x-R\ x=d/dt\ Lx \qquad (13)$$

in cui x è costante, la soluzione è del tipo:

$$x=b+(a-b)\ e-R/L\ t$$

in cui a è l'intensità iniziale della corrente e b il suo valore finale. La quantità totale di elettricità che passa nel lasso di tempo t (ove t è grande) è:

$$\Phi_0^t x^2\ dt=b^2\ t+(a-b)\ L/R \qquad (14)$$

il valore dell'integrale di x^2 rispetto al tempo è

$$\Phi_0^t x^2\ dt=b^2\ t+(a-b)\ L/R\ ((3b+a)/2) \qquad (15)$$

la corrente reale cambia gradualmente dal valore iniziale a quello finale b ma i valori degli integrali di x e di x^2 sono gli stessi di quelli che sarebbero qualora una corrente costante di intensità ½(a+b) fluisse per una durata di tempo 2 L/R per essere poi seguita da una corrente costante b.

Il tempo 2 L/R in genere è di una frazione di secondo tanto piccola che i suoi effetti sul galvanometro e sul dinamometro possono essere calcolati come se fossero impulsi istantanei.

Se il circuito consiste di una batteria ed una bobina, allora quando il circuito è completato, gli effetti sono gli stessi di quelli che si avrebbero qualora la corrente avesse solo metà della sua intensità per una durata di tempo pari a 2 L/R. questa diminuzione di corrente dovuta all'induzione è talvolta chiamata *controcorrente*.

36. Se viene improvvisamente inserita nel circuito una resistenza aggiuntiva r (come avviene all'atto dell'apertura dei contatti per costringere la corrente a passare attraverso un filo sottile di resistenza r) allora la corrente originaria è a=x/R mentre quella finale è b=x/(R+r).

La corrente di induzione allora è ½ x (2 R+r)/(R (R+r)) e dura per un tempo 2 L/(R+r). questa corrente è maggiore di quella che può essere mantenuta dalla batteria nei due fili R ed r e può essere sufficiente per bruciare il filo sottile r.

Quando si interrompe il contatto separando i fili in aria, tale resistenza aggiuntiva è fornita dal sottile strato di aria e siccome la forza elettromotrice attraverso la resistenza è molto grande, verrà a manifestarsi una scintilla.

Se la forza elettromotrice è del tipo E sen p t, come nel caso di una bobina ruotante nel campo magnetico, allora:

$$x = E/\varrho \ \text{sen}(p\,t - \alpha)$$

$$\text{in cui } \varrho^2 = R^2 + L^2 p^2 \qquad\qquad e \qquad \tan\alpha = (Lp)/R$$

Caso di due circuiti

37. Sia R il circuito primario ed S quello secondario, allora avremo un caso simile a quello della bobina di induzione. Le equazioni delle correnti sono quelle contrassegnate A e B e possiamo assumere che L, M, N siano costanti in quanto i conduttori non si spostano. Allora le equazioni sono:

$$Rx + L\,dx/dt + M\,d/dt\,y = x \qquad\qquad (13^*)$$
$$Sy + M\,dx/dt + N\,d/dt\,y = 0$$

Per trovare la quantità totale di elettricità che passa occorre solamente integrare queste equazioni rispetto al tempo t. allora se x_0 ed y_0 sono le intensità delle correnti al tempo t e se X e Y sono le quantità di elettricità passate attraverso ciascuno dei circuiti durante il tempo t,

$$X=1/R \left(xt+L \left(x_0 - x_1 \right) + M \left(y_0 - y_1 \right) \right)$$
$$(14^*)$$
$$Y=1/S \left(M \left(x_0 - x_1 \right) + N \left(y_0 - y_1 \right) \right)$$

Quando il circuito R è completato, le correnti totali fino al tempo t (per valori grandi di t) si ricavano ponendo

$$X_0=0 \qquad\qquad x_1=x/R \qquad\qquad y_0=0$$
$$y_1=0$$

Allora

$$X=x_1 \left(t - L/R \right) \qquad\qquad Y=-M/S\, x_1 \qquad\qquad (15^*)$$

Perciò il valore della corrente totale su R sarà indipendente dal circuito secondario e la corrente di induzione nel circuito secondario dipenderà solamente da M, il coefficiente di induzione tra le bobine, S la resistenza della bobina secondaria e x, l'intensità di corrente finale della corrente in R. quando la forza elettromotrice x viene a terminare, si manifesta una extra corrente nel circuito primario e in quello secondario è indotta una corrente positiva di valore uguale ed opposto a quella prodotta all'atto delle chiusura del circuito.

38. Tutti i problemi connessi alla quantità totale di correnti transienti misurate dall'impulso dato al magnete del galvanometro si possono risolvere in questo modo senza bisogno di ricercare la soluzione completa delle equazioni. L'effetto di riscaldamento della corrente e l'impulso che essa da alla bobina sospesa del dinamometro di Weber, dipende dal quadrato della intensità di corrente in ogni istante durante la breve sua durata nel tempo. Perciò dobbiamo ottenere la soluzione delle equazioni e da tali risultati possiamo ricavare sia gli effetti sul galvanometro, che quelli sul dinamometro e possiamo poi fare uso del metodo di Weber per stimare la intensità e la durata di una corrente uniforme che avrebbe potuto produrre pari effetti.

39. Siano n_1 e n_2 le radici dell'equazione:

$$(LN - M^2)\, n^2 + (R\,N + L\,S)\, n + R\,S = 0$$
(16)

e supponiamo che sulla bobina primaria agisca una forza elettromotrice costante R C così che c sia la corrente costante che essa possa mantenere, allora la soluzione completa delle equazioni alla chiusura del circuito sarà:

$$x = c/s(n_1 n_2)/(n_1 - n_2)((S/n_1 + N)e^{n_1 t} - (S/n_2 + N)e^{n_2 t} + S(n_1 - n_2)/(n_1 n_2)$$
(17)

$$y = c\, M/S\, (n_1 n_2)/(n_1 - n_2)\, (e^{n_1 t} - e^{n_2 t})\ (18)$$

da questo otteniamo per il calcolo dell'impulso sul dinamometro le seguenti equazioni :

$$\Phi x^2\, dt = c^2\, (t - 3/2\ L/R - \tfrac{1}{2}\, M^2/(RN + LS))$$
(19)

$$\Phi y^2\, dt = c^2\, \tfrac{1}{2}\, M^2 R/(S(RN + LS))$$
(20)

gli effetti della corrente nella bobina secondaria sul galvanometro e sul dinamometro sono gli stessi di quelli di una corrente uniforme pari a

$$\tfrac{1}{2}\, c\, MR/(RN + LS)$$

che fosse applicata per una durata di tempo pari a

$$2\,(L/R + N/S)$$

40. L'equazione tra lavoro ed energia può essere verificata facilmente. Il lavoro eseguito dalla forza elettromotrice è:

$$x\Phi dt = c^2\, (R\, t - L)$$

il lavoro compiuto per vincere la resistenza e produrre calore invece è:

$$R\Phi x^2\, dt + S\Phi y^2\, dt = c^2\, (R\, t - 3/2\ L)$$

L'energia restante nel sistema è pari a :

$$\tfrac{1}{2}\, c^2\, L$$

41. Se il circuito R viene improvvisamente interrotto mentre fluiscela corrente c allora l'equazione della corrente nella seconda bobina sarebbe pari a:

$$y = c\, M/N\, e - S/N\, t$$

questa corrente inizia ad un'intensità c M/N e svanisce con gradualità.

La quantità di elettricità totale è c M/S e il valore di $\Phi y^2 dt$ è pari a $c^2 M^2/2$ S N

Gli effetti sul galvanometro e sul dinamometro sono uguali a quelli di una corrente ½ c M/N per una durata di tempo pari a 2 N/S. L'effetto di riscaldamento perciò è più grande di quello della corrente all'atto della chiusura del circuito.

42. Se una forza elettromotrice della forma di $x=E \cos pt$ agisce sul circuito R allora quando il circuito S viene rimosso, il valore di x sarà pari a:

$$x=E/A \operatorname{sen}(pt-\alpha)$$

in cui $A^2=R^2+L^2 p^2$

e $\quad \operatorname{tg}\alpha=Lp/R$

l'effetto della presenza del circuito S nelle vicinanze è quello di alterare i valori di A e di α a quelli che sarebbero qualora R diventasse

$$R+p^2 MS/(S^2+p^2 N^2)$$

ed L diventasse

$$L+p^2 MN/(S^2+p^2 N^2)$$

Perciò l'effetto della presenza del circuito S è quello di aumentare la resistenza apparente e diminuire l'autoinduzione apparente del circuito R.

Determinazione dei coefficienti d'induzione col ponte di compensazione elettrica

43. Il ponte di compensazione elettrica consiste in sei conduttori che collegano a coppie quattro punti A, C, D, E. Una coppia AC di quei punti è connessa attraverso il galvanometro G.

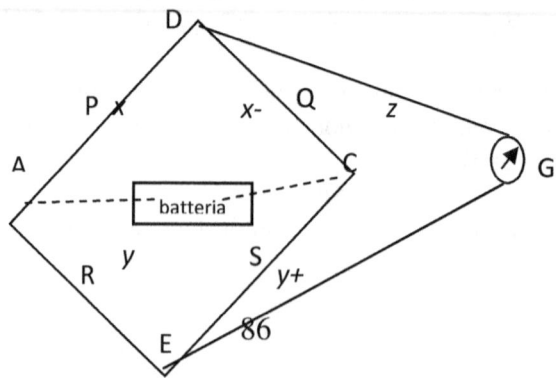

Allora se le resistenze dei quattro conduttori restanti sono rappresentate da P, Q, R, S e se le correnti su di essi da x, x-z, y e y+z la corrente attraverso G sarà z. Se i potenziali dei quattro punti sono A, C, D, E allora le condizioni di corrente di equilibrio si possono ricavare dalle equazioni:

$$Px=A-D \qquad Q(x-z)=D-C \qquad (21)$$
$$Ry=A-E \qquad S(y+z)=E-C$$
$$Gz=D-E \qquad B(x+y)=-A+C+F$$

Risolvendo queste equazioni per z si ricava:
$$z(1/P+1/Q+1/R+1/S+B(1/P+1/R)\ (1/Q+1/S)+G(1/P+1/Q)$$
$$(1/R+1/S)+BG/PQRS\ (P+Q+R+S))=F(1/PS-1/QR$$
$$(22)$$

in questa espressione F è la forza elettromotrice della batteria, z la corrente attraverso il galvanometro quando è stato raggiunto l'equilibrio. P, Q, R, S sono le resistenze dei quattro rami del ponte, B quella interna della batteria e degli elettrodi e G è quella del galvanometro.

44. Se PS=QR allora z=0 e non ci sarà corrente all'equilibrio ma può prodursi tuttavia una corrente transiente attraverso il galvanometro alla chiusura o all'apertura del circuito a causa dell'induzione e le indicazioni del galvanometro possono servire a determinare il valore dei coefficienti di induzione purché si comprendano le azioni che hanno luogo.

Dobbiamo supporre PS=QR così che la corrente z sparisca se si fa passare un tempo sufficiente e

$$X(P+Q)=y(R+S)=(F(P+Q)(R+S))/((P+Q)(R+S)+B(P+Q)(R+S) \qquad (23)$$

Se I coefficienti di induzione tra P,Q,R,S sono dati dalla tavola che segue, il coefficiente di induzione di P su se stesso essendo p, tra P e Q h e così via.

87

	P	Q	R	S
P	P	h	k	l
Q	h	q	m	n
R	k	M	r	o
S	l	N	o	s

Sia g il coefficiente di induzione del galvanometro su se stesso e lo si protegga da influenze induttive di P, Q, R, S (come si deve per evitare azioni dirette di quelli sull'ago). Siano X, Y, Z gli integrali di x, y, z rispetto al tempo t. alla chiusura del circuito x,y, z sono zero. Dopo un certo tempo z scompare ed x e y giungono al loro valore di equilibrio. Le equazioni per ciascuno dei conduttori saranno perciò:

$$PX+(p+h)x+(k+l)y=\Phi A\,dt-\Phi D\,dt$$
$$Q(X-Z)+(h+q)x+(m+n)y=\Phi D\,dt-\Phi C\,dt \quad (24)$$
$$RY+(k+m)x+(r+0)y=\Phi A\,dt-\Phi E\,dt$$
$$S(Y+Z)+(l+n)x+(0+s)y=\Phi E\,dt-\Phi C\,dt$$
$$GZ=\Phi D\,dt-\Phi E\,dt$$

Risolvendo queste equazioni per Z troviamo:

$$Z(1/P+1/Q+1/R+1/S+B(1/P+1/R)(1/Q+1/S)+G(1/P+1/Q)(1/R+1/S)$$
$$+BR/PQRS(P+Q+R+S)=-F1/PS(p/P-q/Q-$$
$$r/R+s/S+h(1/P+1/Q)+k(1/R-1/P)+l(1/R+1/Q)-m(1/P+1/S)+n(1/Q-$$
$$1/S)+o(1/S-1/R) \quad (25)$$

45. Ora assumiamo che la deflessione del galvanometro grazie a una corrente istantanea di intensità Z sia α. Sia invece ϑ la deflessione definitiva prodotta rendendo uguale a ϱ, anziché unitario, il valore del rapporto tra PS e QR.. Assumiamo poi che sia T il tempo impiegato dall'ago vibrante del galvanometro per passare dalla posizione di quiete iniziale a quella finale. Allora, chiamando t la seguente quantità:

$$t = p/P - q/Q - r/R + s/S + h\,(1/P - 1/Q) + k\,(1/R - 1/P) + l\,(1/R + 1/Q) - m\,(1/P + 1/S) + n\,(1/Q - 1/S) + o\,(1/S - 1/R) \quad (26)$$

si può ricavare che:

$$Z/z=2\,sen\,1/2\alpha/tg\vartheta \; T/\pi=t/(1-\varrho) \quad (27)$$

Il modo migliore per determinare sperimentalmente il valore di t è quello di alterare la resistenza di uno dei bracci del ponte con l'assetto descritto dal signor Jenkin nel Rapporto del 1863 alla British Association, grazie al quale si possono misurare con accuratezza tutti i valori di ϱ compresi tra 1 e 1,01. Osserviamo la deflessione massima α provocata dall'impulso di induzione quando il galvanometro è nel circuito, quando sono stabilite le connessioni e quando le resistenze sono regolare in modo tale da non dare una corrente permanente.

Osserviamo poi la deflessione massima β prodotta dalla corrente a regime quando la resistenza di uno dei rami è aumentata nel rapporto $1/\varrho$ e il galvanometro non è inserito nel circuito se non subito dopo sia stato stabilito il collegamento alla batteria.

Per eliminare gli effetti dovuti alla resistenza dell'aria è meglio variare ϱ fino a che $\beta = 2\alpha$, allora:

$$t = T\, 1/\pi\, (1-\varrho)\, 2\, \mathrm{sen}\, 1/2\alpha/\mathrm{tg}\, 1/2\beta \quad (28)$$

se tutti i rami del ponte fatta eccezione per P consistono in bobine con la resistenza di un filo molto sottile di lunghezza non grande e doppio prima di essere avvolto a bobina, i coefficienti di induzione di queste bobine saranno impercettibili e t si ridurrà di p/P.

L'equilibrio elettrico fornisce quindi i mezzi per misurare l'autoinduzione di ogni circuito di cui sia nota la resistenza.

46. Si può anche usare il ponte per determinare il coefficiente di induzione tra due circuiti come quello tra P ed S che abbiamo chiamato m, tuttavia lo si potrebbe più convenientemente misurare tramite una misura diretta di corrente (come nell'equazione 37) senza utilizzare il ponte. Possiamo anche accertare l'uguaglianza tra p/P e q/Q eliminando le correnti d'induzione e quindi, conoscendo il valore di p, si può determinare quello di q con un metodo più perfezionato di quello di confrontare le deflessioni.

Esplorazione del campo elettromagnetico
47. Supponiamo ora che il circuito primario A sia di forma invariabile ed esploriamo il campo elettromagnetico tramite il circuito secondario B che dobbiamo supporre variabile in forma e in posizione. Possiamo

cominciare col supporre che B consista di un breve conduttore con le sue estremità lasciate scorrere su due guide parallele che sono messe in collegamento a una certa distanza dall'oggetto slittante. Allora, se slittare il conduttore mobile in una certa direzione aumenta il valore di M, una forza elettromotrice negativa agirà sul circuito B e tenderà a produrre una corrente negativa in B durante il movimento dell'oggetto slittante. Se invece viene mantenuta in B una corrente allora l'oggetto slittante stesso tenderà a spostarsi in quella direzione che provoca l'aumento di M. In ogni punto del campo ci sarà sempre una certa direzione tale che un conduttore mosso in quella direzione non sperimenterà forze elettromotrici in alcuna direzione vengano ruotate le sue estremità. Un conduttore percorso da corrente non sperimenterà forze meccaniche che lo spingano in quella direzione né in quella opposta. Questa direzione si chiama la direzione della linea del campo elettromagnetico in quel punto. Il moto di un conduttore attraverso una tale linea produce forza elettromotrice in direzione perpendicolare alla linea stessa ed alla direzione del movimento mentre un conduttore percorso da corrente viene spinto in una direzione perpendicolare alla linea ed alla direzione della corrente.
48. Successivamente possiamo supporre che B consista di un piccolissimo circuito piano capace di essere posto in ogni posizione e di avere la possibilità di ruotare il suo piano in ogni direzione. Il valore di M risulterà massimo quando il piano del circuito risulterà perpendicolare alla linea di forza magnetica. Perciò se viene mantenuta una corrente in B, esso tenderà a disporsi in questa posizione e con la sua disposizione indicherà, come un magnete, la direzione della forza magnetica.

Sulle linee di forza magnetica
49. Tracciamo una qualsiasi superficie, tagliando le linee di forza magnetica e su tale superficie tracciamo un sistema di linee distanziate da piccoli intervalli ed affiancate senza che si incrocino. Tracciamo poi sulla superficie una linea che tagli tutte queste linee e tracciamone, accanto ad essa, una seconda ad una distanza dalla prima tale che il valore di M per ognuno dei piccoli spazi racchiusi tra queste due linee

e le linee del primo sistema sia uguale all'unità. In questa maniera tracciamo ancora ulteriori linee che formino un secondo sistema così che il valore di M per ogni reticolazione formata dalle intersezioni tra i due sistemi di linee sia unitario. Infine da ogni punto di intersezione di queste reticolazioni tracciamo una linea attraverso il campo in direzione sempre coincidente con quella della forza magnetica.

50. In questo modo tutto il campo sarà riempito di linee di forza magnetica a intervalli regolari e le proprietà del campo elettromagnetico saranno completamente rappresentate da esse in quanto:

primo: se una curva chiusa viene tracciata nel campo, il valore di M per quella curva sarà espresso dal *numero* di linee di forza che *passano attraverso* tale linea chiusa,

secondo: se quella curva fosse un circuito conduttore e fosse mosso attraverso il campo, su di esso agirebbe una forza elettromotrice rappresentata dal tasso di diminuzione delle linee che vi passano attraverso,

terzo: se viene mantenuta una corrente nel circuito, il conduttore sarà soggetto a forze che tenderanno a spingerlo verso un aumento del numero di linee che lo attraversino e l'ammontare del lavoro compito da tali forze sarà uguale alla corrente che corre nel circuito moltiplicata per il numero di linee aggiuntive,

quarto: se viene collocato nel campo un piccolo circuito piano che fosse libero di ruotare, esso si disporrebbe col suo piano perpendicolare alle linee di forza. Un piccolo magnete si disporrebbe col proprio asse lungo la direzione delle linee di forza,

quinto: se fosse disposta nel campo una barra magnetizzata in modo uniforme, ogni suo polo subirebbe una forza nella direzione delle linee di forza. Il numero di linee di forza che passano attraverso l'area unitaria è uguale alla forza che agisce su un polo unitario moltiplicata per un coefficiente che dipende dalla natura magnetica del mezzo e che viene chiamato il coefficiente di induzione magnetica. Nei fluidi e nei corpi isotropi il valore di questo coefficiente μ è lo stesso in qualsiasi direzione le linee di forza attraversino la sostanza mentre nei solidi cristallini, organizzati o sottoposti a tensioni meccaniche il valore di μ può dipendere dalla direzione delle linee di forza rispetto agli assi di cristallizzazione, di crescita o di tensione. In tutti i corpi μ è influenzato dalla temperatura e, nel ferro, sembra diminuire all'aumentare dell'intensità di magnetizzazione.

Sulle superfici equipotenziali magnetiche

51. Se esploriamo il campo con una barra uniformemente magnetizzata lunga tanto che uno dei poli sia in una parte del campo magnetico molto debole, allora le forze magnetiche eserciteranno sull'altro polo un lavoro mentre esso si muove nel campo. Se partiamo da un punto dato e muoviamo il polo da esso verso un altro qualunque, il lavoro eseguito sarà indipendente dal percorso seguito dal polo per trasferirsi tra i due punti purché non corrano correnti tra i diversi percorsi alternativi seguiti. Perciò se nel campo non ci sono correnti elettriche ma solo magneti, possiamo tracciare una serie di superfici tali che il lavoro compiuto nel passare dall'una all'altra sia costante qualunque sia il percorso seguito da loro. Tali superfici sono chiamate *superfici equipotenziali* e usualmente risultano perpendicolari alle linee di forza magnetica. Se queste superfici sono tracciate in modo tale che venga compiuto un lavoro unitario quando si faccia passare un polo unitario da una qualunque a quella successiva nell'ordine, allora il lavoro compiuto in un qualsiasi spostamento da un polo magnetico, sarà misurato dall'intensità del polo moltiplicata per il numero di superfici che esso ha attraversato nella direzione positiva.

52. Se nel campo esistessero circuiti elettrici percorsi da corrente, esisteranno allora sempre superfici equi-potenziali nelle parti del campo esterno ai conduttori percorsi da corrente ma il lavoro eseguito su un polo unitario nel passaggio dall'una all'altra superficie dipenderà dal numero di volte che il tragitto seguito dal polo circoli attorno a quelle correnti. Perciò il potenziale in ogni superficie avrà una serie di valori in progressione aritmetica differendo dal lavoro eseguito nel passare in modo completo attorno a una delle correnti nel campo. Le superfici equi-potenziali non saranno superfici continue e chiuse ma qualcuna di esse sarà composta da fogli limitati da una frontiera che coincide con la linea del circuito elettrico quale loro margine comune.

Il numero di queste sarà uguale all'ammontare di lavoro eseguito da un polo unitario nel passare attorno alla corrente e questo avrà una misura comune pari a $4\pi\gamma$ in cui γ è il valore della corrente. Queste superfici perciò sono connesse con la corrente elettrica come le bolle di sapone sono connesse ad anello negli esperimenti di M. Plateau.

Ogni corrente γ ha $4\pi\gamma$ superfici ad essa connesse. Queste superfici hanno la corrente come loro bordo comune e lo incontrano ad angoli uguali. La forma delle superfici in altre parti dipende dalla presenza di altre correnti e magneti così come dalla forma del circuito cui appartengono.

Terza parte
Equazioni generali del campo elettromagnetico
53. Assumiamo tre direzioni ortogonali nello spazio come assi x, y, z ed esprimiamo ogni grandezza dotata di direzione tramite le loro tre componenti lungo tali tre direzioni.

Correnti elettriche p, q, r

54. Una corrente elettrica consiste nella trasmissione di elettricità da una parte di un corpo a un'altra. Chiamiamo p la quantità d'elettricità trasmessa nell'unità di tempo attraverso la superficie unitaria perpendicolare all'asse x, allora p è la componente della corrente in quel punto in direzione x. Useremo le lettere p, q, r per denominare le componenti della corrente attraverso l'area unitaria nelle direzioni x, y, z.

Spostamenti elettrici f, g, h

55. Lo *spostamento elettrico* consiste nell'opposta elettrizzazione delle estremità di una molecola o particella di un corpo che può accompagnarsi o meno alla trasmissione fisica lungo il corpo. Se chiamiamo f la quantità di elettricità che apparirebbe sulla faccia dy.dz di una cella elementare di volume dx.dy.dz tagliata dal corpo, allora f è il componente dello *spostamento elettrico* parallelo all'asse x. Useremo f, g, h per indicare gli spostamenti elettrici paralleli rispettivamente a x, y, z. Per ottenere il movimento complessivo di elettricità che chiameremo p', q', r' devono venire aggiunte alle correnti p, q, r anche le variazioni avvenute nello spostamento elettrico, quindi:.

$$p' = p + df/dt$$
$$q' = q + dg/dt \qquad \text{(A)}$$
$$r' = r + dh/dt$$

Forza elettromotrice P, Q, R

56. Se P, Q, R indicano i componenti della forza elettromotrice in ogni punto, allora P rappresenta la differenza di potenziale per unità di lunghezza in un conduttore disposto in direzione x in quel punto. Possiamo supporre di disporre un filo infinitamente sottile parallelamente a x in ogni punto il quale, durante l'azione della forza

P, sia toccatola due piccoli conduttori che vengano poi isolati e sottratti all'influsso della forza elettromotrice. Allora il valore di P può essere valutato misurando la carica accumulata da quei conduttori. Perciò, se l è la lunghezza del filo, la differenza di potenziale alle sue estremità sarà Pl e se C è la capacità di ogni frammento elementare di ogni conduttore, la carica su ciascuno di essi sarà ½ C Pl. Poiché la capacità di conduttori di moderata grandezza nel sistema elettromagnetico ha un valore irrilevante, le comuni forze elettromotrici generate da azioni elettro-magnetiche non potrebbero essere misurate tramite un tale metodo. In pratica tali misurazioni sono sempre eseguite con conduttori lunghi che formano circuiti chiusi o quasi chiusi.

Momento elettromagnetico F, G, H
57. Se F, G, H rappresentano i componenti del momento elettromagnetico in ogni punto del campo prodotto da un qualsiasi sistema di magneti o di correnti, allora F è l'impulso totale della forza elettromotrice in direzione x che sarebbe prodotto eliminando tali magneti o correnti dal campo, cioè se P è la forza elettromotrice in ogni istante durante la rimozione del sistema si avrebbe: $F = \Phi P \, dt$

Perciò la parte della forza elettromotrice che dipende dal movimento dei magneti o delle correnti nel campo (o da una loro variazione di intensità) sarà:

$$P = -dF/dt \qquad Q = -dG/dt \qquad R = -dH/dt \quad (29)$$

Momento elettromagnetico di un circuito
58. Se s è la lunghezza del circuito allora integrando su tutto il circuito:

$$\Phi(F \, dx/ds + G \, dy/ds + H \, dz/ds) \, ds \qquad (30)$$

otteniamo il momento elettromagnetico totale del circuito ossia il numero di linee di forza magnetiche che vi passano attraverso, le variazioni del qual numero misurano la forza elettromotrice totale nel circuito.

Questo momento elettromagnetico è equivalente a ciò che il professor Faraday ha chiamato *stato elettrotonico*. Se il circuito costituisse la frontiera di un'area elementare dy.dz, allora il suo momento elettromagnetico sarebbe:

$$(dH/dy-dG/dz)\,dydz$$

e rappresenta il numero di linee di forza magnetica che attraversano l'areola elementare dy.dz.

Forza magnetica α, β, γ

59. α, β, γ rappresentano la forza agente su di un polo magnetico di valore unitario disposto in un certo punto e scomposto nelle sue componenti secondo le direzioni x, y, z.

Coefficiente di induzione magnetica μ

60. μ rappresenti il rapporto dell'induzione magnetica in un certo mezzo rispetto al valore che esso ha nell'aria sotto l'effetto d'una pari forza magnetizzante, allora il numero di linee di forza nell'area unitaria perpendicolare all'asse x sarà $\mu\alpha$, in cui μ è una grandezza che dipende dalla natura del mezzo, dalla sua temperatura, dall'ammontare di magnetizzazione già prodottasi e varia in direzione nei corpi a struttura cristallina.

61. Esprimendo il momento elettrico di piccoli circuiti perpendicolari ai tre assi x, y, z con questa notazione si ottiene:

Equazioni della *forza magnetica*

$$\mu\alpha = dH/dy - dG/dz$$
$$\mu\beta = dF/dz - dH/dx \qquad \text{(B)}$$
$$\mu\gamma = dG/dx \; dF/dy$$

Equazioni delle correnti

62. è noto sperimentalmente che il moto di un polo magnetico nel campo elettromagnetico in un circuito chiuso non può generare lavoro a meno che il circuito formato dal percorso seguito dal movimento del polo non passi attorno a una corrente elettrica. Perciò, tranne che per lo spazio occupato da correnti elettriche:

$$\alpha dx + \beta dy + \gamma dz = d\Phi \qquad \text{(31)}$$

un differenziale completo di Φ, il potenziale magnetico.

La grandezza Φ può assumere un numero indefinito di valori a seconda del numero di volte che il punto esplorante passa attorno alle correnti elettriche nel suo percorso, la differenza tra i successivi valori di Φ che corrispondono ad un intero giro attorno ad una corrente di intensità c essendo pari a 4πc.

Perciò in assenza di corrente elettrica

$$d\gamma/dy-d\beta/dz=0$$

qualora invece fosse presente una corrente p'

$$d\gamma/dy-d\beta/dz=4\pi p'$$

e similmente

$$d\alpha/dz-d\gamma/dx=4\pi q' \qquad (C)$$

$$d\beta/dx-d\alpha/dy=4\pi r'$$

possiamo chiamare queste espressioni le *equazioni delle correnti*.

Forza elettromotrice in un circuito

63. Se x è la forza elettromotrice che agisce attorno al circuito A, allora:

$$x=\Phi(P\,dx/ds+Q\,dy/ds\ R\,dz/ds)\ ds \qquad (32)$$

in cui ds è il frammento elementare di lunghezza e l'integrazione è sviluppata attorno al circuito.

Se le forze nel campo sono quelle dovute ai circuiti A e B, allora il momento il momento elettromagnetico di A è:

$$\Phi(F\,dx/ds+G\,dy/ds + H\,dz/ds)\ ds=L\ u+M\ v \qquad (33)$$

in cui u e v sono le intensità di corrente di A e di B e

$$x=-d/dt\ (L\ u+M\ v) \qquad (34)$$

perciò, se il circuito A non viene mosso fisicamente si avrà:

$$P=-dF/dt-d\Psi/dx$$

$$Q=-dG/dt-d\Psi/dy \qquad (35)$$

$$R=-dFH/dt-d\Psi/dz$$

Dove, Ψ è una funzione di x, y, z e t che è indeterminata per ciò che concerne la soluzione dell'equazione in quanto i termini che dipendono da essa spariscono nel processo dell'integrazione attorno al circuito.

98

Tuttavia la grandezzaΨ può sempre venire determinata in ogni caso particolare in cui si conoscano le condizioni particolari del problema. L'interpretazione fisica diΨ è che esso rappresenta il *potenziale elettrico* in ogni punto dello spazio.

Forza elettromotrice su un conduttore mobile

64. Se un conduttore lineare e corto di lunghezza a parallelo all'asse x si muove con una velocità le cui componenti sono dx/dt, dy/dt, dz/dt ed i suoi estremi slittano lungo due conduttori paralleli con una velocità ds/dt, vogliamo trovare la variazione del momento elettromagnetico del circuito del quale tale struttura è parte.

Nell'unità di tempo il conduttore mobile ha percorso le distanze dx/dt, dy/dt, dz/dt lungo le direzioni dei tre assi ed allo stesso tempo, le lunghezze dei conduttori paralleli facenti parte del circuito sono aumentate ciascuna di ds/dt.

Perciò la grandezza:

$$\Phi(F \, dx/ds+G \, dy/ds \; H \, dz/ds) \, ds$$

sarà stata incrementata dei seguenti elementi:

$$a \, (dF/dx \, dx/dt+dF/dy \, dy/dt+dF/dz \, dz/dt)$$

a causa del movimento del conduttore e:

$$- a \, ds/dt \, (dF/dx \, dx/ds+dG/dx \, dy/ds+dH/dx \, dz/ds)$$

a causa dell'allungamento del circuito.

L'incremento totale allora sarà stato pari a:

$$a \, (dF/dy- dG/dx) \, dy/dt-a \, (dH/dx-dF/dz) \, dz/dt$$

ovvero, tramite le equazioni della '*forza magnetica*' 8 si può scrivere:

$$-a \, (\mu\gamma dy/dt - \mu\beta dz/dt)$$

Se P è la forza elettromotrice nel conduttore mobile parallelo ad x riferita all'unità di lunghezza, allora la forza elettromotrice totale sarà Pa e, poiché questa è misurata dalle diminuzioni del momento elettromagnetico del circuito, la forza elettromotrice dovuta al movimento sarà:

$$P= \mu\gamma \, dy/dt- \mu\beta dz/dt \qquad (36)$$

65. L'insieme completo di equazioni per la forza elettromotrice su di un conduttore in movimento può ora finalmente essere scritto come segue:

Equazioni della forza elettromotrice

$$P = \mu(\gamma\, dy/dt - \beta\, dz/dt) - dF/dt - d\Psi/dx$$
$$Q = \mu(\alpha\, dz/dt - \gamma\, dx/dt) - dG/dt - d\Psi/dy \quad (D)$$
$$R = \mu(\beta\, dx/dt - \alpha\, dy/dt) - dH/dt - d\Psi/dz$$

Il primo termine sul lato di destra di ogni equazione rappresenta la forza elettromotrice che nasce a causa del movimento del conduttore stesso. La forza elettromotrice è perpendicolare alla direzione del movimento ed alle linee di forza magnetica e, se si traccia un parallelogramma i cui lati rappresentino in direzione e in valore la velocità del conduttore e l'induzione magnetica in quel punto del campo, allora l'area del parallelogramma rappresenterà la forza elettromotrice dovuta al movimento del conduttore e la direzione della forza è perpendicolare al piano del parallelogramma. Il secondo termine di ogni equazione indica l'effetto dei cambiamenti di posizione o di forza dei magneti o delle correnti nel campo.

Il terzo termine mostra l'effetto del potenziale elettrico Ψ, esso non ha effetto nel generare un flusso di corrente in un circuito chiuso. Esso segnala l'esistenza di una forza che spinge l'elettricità verso o da certi punti definiti del campo.

Elasticità elettrica

66. Quando una forza elettromotrice agisce su un dielettrico, essa pone ogni parte del dielettrico in uno stato di polarizzazione in cui le sue opposte estremità sono di opposta elettrificazione. L'aumentare di questa elettrizzazione dipende dalla forza elettromotrice e dalla natura della sostanza e (nei solidi con struttura caratterizzata da assi preferenziali definiti) dalla direzione della forza elettromotrice rispetto a tali assi.

Nelle sostanze isotrope, se k è il rapporto della forza elettromotrice rispetto allo spostamento elettrico, possiamo scrivere le seguenti:

Equazioni dell'elasticità elettrica
$$P=kf$$
$$Q=kg \qquad \text{(E)}$$
$$R=kh$$

Resistenza elettrica

67. Quando una forza elettromotrice agisce su un conduttore, vi genera una corrente elettrica. Questo effetto si addiziona allo spostamento elettrico che abbiamo già esaminato. Nei solidi a struttura complessa, la relazione tra la forza elettromotrice e la corrente dipende dalla loro direzione nel corpo. Nelle sostanze isotrope cui facciamo riferimento in questo documento, se ϱ è la resistenza specifica riferita all'unità di volume, possiamo scrivere la seguente

Equazione della resistenza elettrica:
$$P=\varrho p$$
$$Q=\varrho q \qquad \text{(F)}$$
$$R=\varrho r$$

Quantità di elettricità

68. Se e rappresenta la quantità di elettricità positiva libera presente nel volume unitario in ogni punto del campo, allora, poiché essa nasce dall'elettrizzazione delle diverse parti del campo che non si neutralizzano mutuamente, possiamo scrivere la
Equazione dell'elettricità libera:
$$e+df/dx+dg/dy+dh/dz=0 \qquad \text{(G)}$$
69. se il mezzo è un conduttore elettrico allora avremo un'ulteriore condizione che chiameremo, come in idrodinamica, la

Equazione di continuità
$$de/dt+dp/dx+dq/dy+dr/dz=0 \qquad \text{(H)}$$
70. In queste equazioni del campo elettromagnetico abbiamo assunto le seguenti venti grandezze variabili:

per il *momento magnetico*	F, G, H
per l'*intensità magnetica*	α, β, γ

101

per la *'forza elettromotrice'*   P, Q, R
per la corrente dovuta alla
'conduzione vera'   p, q, r
per lo *'spostamento magnetico'*   f, g, h
per la *'corrente totale'* ivi incluse le variazioni dello
spostamento   p', q', r'
per la *'quantità di elettrcità libera'*   e
per il *'potenziale elettrico'* Ψ
tra queste venti grandezze abbiamo stabilito le seguenti venti
equazioni:

tre per la *'forza elettromotrice'*   B
tre per le *'correnti elettriche'*   C
tre per la *'forza elettromotrice'*   D
tre per la *'elasticità elettrica'*   E
tre per la *'resistenza elettrica'*   F
tre per la *'correnti totali'*   A
una per l'*'elettricità libera'*   G
una di *'continuità'*   H

queste equazioni sono quindi sufficienti per determinare tutte le
grandezze che vi figurano purché si conoscano le condizioni del
problema. Tuttavia in molte situazioni sono necessarie
solamente alcune di queste equazioni.

Energia intrinseca del campo elettromagnetico
71. Abbiamo visto nella 33 che l'energia intrinseca di ogni sistema di
correnti si trova moltiplicando metà corrente in ogni circuito per il suo
momento elettromagnetico. Ciò è equivalente a trovare l'integrale:

$$E = \tfrac{1}{2} \sum (Fp' + Gq' + Hr') \, Dv \qquad (37)$$

Su tutto lo spazio occupato da correnti dove p, q, r sono le
componenti delle correnti e F, G, H sono le componenti del
momento elettromagnetico.
Sostituendo i valori di p', q', r' delle equazioni delle correnti C si
ottiene:

$$\frac{1}{8\pi} \sum (F(d\gamma/dy - d\beta/dz) + G(d\alpha/dz - d\gamma/dx) + H(d\beta/dx - d\alpha/dy)) \, dv$$

integrando per parti e ricordando che α, β, γ spariscono per grandi distanze, l'espressione diviene la seguente:

1/8π $\sum(\alpha$ (dH/dy–dG/dz)+ β (dF/dz–dH/dx)+ γ (dG/dx–dF/dy)) dv

in cui l'integrazione viene estesa a tutto lo spazio. Con riferimento alle equazioni della *forza elettro-motrice* B l'espressione diviene la seguente:

E=1/8π $\sum(\alpha$. $\mu\alpha+\beta$. $\mu\beta+\gamma$. $\mu\gamma$) dv   (38)

In cui α, β, γ sono le componenti dell'intensità magnetica (o la forza su un polo magnetico unitario) e $\mu\alpha$, $\mu\beta$, $\mu\gamma$ sono le componenti della quantità di induzione magnetica (o il numero delle linee di forza nell'area unitaria).

Nei mezzi isotropi il valore di μ è uguale in ogni direzione e possiamo esprimere il risultato in modo più semplice dicendo che l'energia intrinseca di ogni parte del campo magnetico che emerge dalla sua magnetizzazione è:

$\mu/8\pi \ I^2$

per unità di volume, in cui I è l'intensità magnetica.

72.   L'energia può essere immagazzinata nel campo in un modo diverso e cioè tramite l'azione della forza elettromotrice sotto forma di *spostamento elettrico*. Il lavoro compiuto da una forza elettromotrice variabile P per produrre uno *spostamento elettrico* variabile f è valutata integrando:

∫Pdf

tra i valori di P=0 fino al valore finale assegnato a P poiché P=k f (equazione E), tale grandezza diviene:

∫k f df=½ k f^2=½ P f

Perciò l'energia intrinseca di ogni parte del campo che esiste sottoforma di *spostamento elettrico* è pari a:

½ $\sum$(P f+Q g+R h) dV

L'energia totale esistente nel campo perciò è data da:

E=$\sum(1/8\pi \ (\alpha\mu\alpha+\beta\mu\beta+\gamma\mu\gamma) + ½ (P f + Q g + R h))$ dV
(I)

Il primo termine di questa espressione dipende dalla magnetizzazione del campo e, nella nostra teoria, è spiegato da un movimento reale di qualche tipo. Il secondo termine dipende dalla polarizzazione elettrica del campo ed, nella nostra teoria, è spiegato da una tensione di qualche tipo provocata in un mezzo elastico.

73. in uno scritto precedente ho cercato di descrivere un tipo particolare di movimento e un particolare tipo di tensione organizzati in modo tale da poter rendere conto dei fenomeni. Nel presente documento ho evitato di formulare ipotesi di questo tipo e, usando termini come *momento elettrico* ed *elasticità elettrica* riferendomi ai fenomeni dell'induzione di correnti e di polarizzazione del dielettrico, desidero solamente aiutare la mente del lettore a dirigersi su fenomeni meccanici che potrebbero aiutarlo a capire quelli elettrici. Nel presente documento, tutte quelle frasi devono essere considerate puramente illustrative e non esplicative dei fenomeni.

74. parlando dell'energia del campo desidero tuttavia essere inteso alla lettera. Tutta l'energia è la stessa di quella meccanica sia che esista sottoforma di movimento o di elasticità o di qualsiasi altra forma. Nei fenomeni elettro-magnetici, l'energia è energia meccanica. L'unico quesito che ci dobbiamo porre è *'dov'è localizzata?'*. Nelle vecchie teorie essa viene fatta risiedere nei corpi elettrizzati, nei circuiti conduttori e nei magneti sottoforma di una grandezza ignota denominata *energia potenziale* (o anche potenzialità di produrre certi effetti a distanza). Nella nostra teoria invece essa risiede nel campo elettromagnetico, nello spazio tanto quello che circonda i corpi elettrizzati e magnetici quanto quello interno ai corpi stessi ed assume due diverse forme che possiamo descrivere senza assumere ipotesi del tipo *polarizzazione magnetica* e *polarizzazione elettrica* o, secondo una ipotesi altamente probabile, come *movimento* e come *tensione* d'un unico e medesimo *mezzo*.

75. le conclusioni cui si è giunti nel presente documento sono indipendenti da tali ipotesi ma sono invece state ricavate da puri fatti sperimentali dei tre tipi seguenti:

1. l'induzione di correnti elettriche a causa dell'aumento o diminuzione di correnti nelle prossimità e secondo il modificarsi

delle linee di forza che passano attraverso il circuito che subisce l'induzione,

2. la distribuzione dell'intensità magnetica secondo le variazioni di un potenziale magnetico,

3. l'induzione (o *influsso*) d'elettricità statica nel corpo dei dielettrici.

Ora, sulla base di questi principi, possiamo procedere a dimostrare l'esistenza e le leggi delle forze meccaniche che agiscono su correnti elettriche, su magneti e su corpi elettrizzati disposti nel campo elettromagnetico.

Quarta parte
Azioni meccaniche nel campo
Forza meccanica su un conduttore in movimento

76. Abbiamo mostrato (paragrafi 34 e 35) che il lavoro compiuto dalle forze elettromotrici nell'aiutare il movimento di un conduttore, è uguale al prodotto della corrente che lo attraversa moltiplicata per l'aumento del *momento elettromagnetico* dovuto al suo movimento. Muoviamo un conduttore lineare e corto di lunghezza a parallelamente a se stesso in direzione x con le sue estremità su due conduttori paralleli. L'incremento del *momento elettromagnetico* dovuto al moto di a sarà dato da:

$$a \ (dF/dx \ dx/ds + dG/dx \ dy/ds + dH/dx \ dz/ds) \ \delta x$$

quello prodotto invece dall'allungamento del circuito grazie all'aumento della lunghezza dei due conduttori paralleli che ne fanno parte sarà dato da:

$$-a \ (dF/dx \ dx/ds + dF/dy \ dy/ds + dF/dz \ dz/ds) \ \delta x$$

ne deriva che l'incremento totale sarà quindi dato da:

$$a \ \delta x \ (dy/ds \ (dG/dx - dF/dy) - dz/ds \ (dF/dz - dH/dx))$$

che rappresenta l'equazione della *'forza magnetica'* B

$$a \ \delta x \ (dy/ds \ \mu\gamma - dz/ds \ \mu\beta)$$

se X è la forza che agisce lungo la direzione x per unità di lunghezza del conduttore, allora il lavoro compiuto sarà X a δx. Sia C la corrente che scorre nel conduttore e siano p', q', r' le sue componenti secondo gli assi, allora:

$$X \ a \ \delta x = C \ a \ \delta x \ (dy/ds \ \mu\gamma - dz/ds \ \mu\beta)$$

o anche

$$X = \mu\gamma p' - \mu\beta r'$$

ed analogamente:

$$Y = \mu\alpha r' - \mu\gamma p' \qquad (J)$$

$$Z = \mu\beta p' - \mu\alpha q'$$

Queste sono le equazioni che determinano la forza meccanica che agisce su un conduttore percorso da corrente. La forza è perpendicolare alla corrente e alle linee di forza e è misurata dall'area del parallelogramma formato di linee parallele alla corrente e dalle linee di forza e è proporzionale alle loro intensità.

Forza meccanica su un magnete

77. in ogni parte del campo non attraversata da correnti elettriche, la distribuzione dell'intensità magnetica può essere rappresentata dai coefficienti differenziali di una funzione che possiamo chiamare il *potenziale magnetico*. Se nel campo non ci sono correnti questa grandezza ha un unico valore in ogni punto. Quando invece ci sono correnti, il potenziale ha una serie di valori in ogni punto ma i suoi coefficienti differenziali hanno un valore unico e cioè:

$$d\Phi/dx=\alpha \qquad d\Phi/dy=\beta \qquad d\Phi/dz=\gamma$$

Sostituendo questi valori di α, β, γ nell'espressione (equazione 38) per l'energia intrinseca del campo ed integrando poi per parti otteniamo:

$$-\sum(\Phi\ 1/8\pi\ (d\mu\alpha/dx+d\mu\beta/dy+d\mu\gamma/dz))\ dV$$

L'espressione

$$\sum(d\mu\alpha/dx+d\mu\beta/dy+d\mu\gamma/dz))\ dV=\sum m\ dV \quad (39)$$

Indica il numero di linee di forza magnetica che hanno la loro origine all'interno dello spazio V. ora un polo magnetico ci è conosciuto solo come origine o come termine di linee di forza magnetica e un polo unitario è tale da avere $4\pi m$ ed allora l'espressione per l'energia del campo diviene:

$$E=-\sum(1/2\Phi m)\ dV \qquad (40)$$

Se ci sono due poli magnetici m_1 ed m_2 che producono due potenziali Φ_1 e Φ_2 nel campo, allora se m_2 viene spostato di una distanza dx e viene sollecitato verso quella direzione da una forza X, allora il lavoro compiuto sarà X dx e la diminuzione di energia nel campo sarà data da:

$$d(1/2\ (\Phi_1+\Phi_2)\ (m_1+m_2))$$

e queste debbono equivalersi per il principio della conservazione della energia. Poiché la distribuzione Φ_1 è determinata da m_1 e Φ_2 è determinata da m_2, le quantità $\Phi_1 m_1$ e $\Phi_2 m_2$ resteranno costanti.

Si può dimostrare anche (come dimostrato da Green nel suo lavoro *'Sulle applicazioni dell'analisi matematica all'elettricità'*) che

$$m_1\Phi_2 = m_2\Phi_1$$

cosicché otteniamo l'espressione:

$$X\,dx = d(m_2\,\alpha 1)$$

oppure

$$X = m_2\,d\Phi_1/dx = m_2\,\alpha_1$$

In cui α_1 rappresenta l'intensità magnetica dovuta all'asse x
ed analogamente

$$Y = m_2\,\beta_1 \qquad\qquad (K)$$

$$Z = m_2\,\gamma_1$$

Così ché un polo magnetico è spinto nella direzione delle linee di forza magnetica con una forza uguale al prodotto della forza del polo per la intensità magnetica.

78. se un singolo polo magnetico, cioè un polo di un magnete molto lungo, viene posto nel campo, la sola soluzione di Φ è:

$$\Phi_1 = -m_1/\Phi_1/r \qquad (41)$$

In cui m_1 è la forza del polo ed r la distanza da esso.
La repulsione tra due poli di forze m_1 ed m_2 è data da:

$$m_2\,d\Phi_1/dr = m_1\,m_2/\mu r^2 \qquad (42)$$

in aria o in ogni altro mezzo in cui $\mu=1$, questa è semplicemente m_1 m_2/r^2 ma in altri mezzi la forza che agisce tra due poli dati è inversamente proporzionale al coefficiente di induzione magnetica del mezzo. Ciò si può spiegare come magnetizzazione del mezzo indotta dall'azione dei poli.

Forza meccanica su un corpo elettrizzato
79. se non esiste movimento né cambiamento di forza delle correnti o dei magneti collocati nel campo, la forza elettromotrice è interamente dovuta alle variazioni di potenziale elettrico e quindi avremo (vedi al paragrafo 65):

$$P = d\Psi/dx \qquad Q = d\Psi/dy \qquad R = d\Psi/dz$$

Integrando per parti l'espressione I per l'energia dovuta allo spostamento elettrico e ricordando che P, Q, R svaniscono a distanza infinita, si ottiene la seguente espressione:

$$\tfrac{1}{2} \sum(\Psi \,(df/dx+dg/dy+dh/dz)\, dV$$

o, dall'equazione dell'elettricità libera G:

$$\tfrac{1}{2} \sum(\Psi\, e)\, dV$$

Con la stessa dimostrazione usata nel caso dell'azione meccanica su di un magnete, si può dimostrare che la forza meccanica che agisce su un corpo piccolo contenente una quantità di elettricità libera e_2 posto in un campo il cui potenziale dipendente da altri corpi elettrizzati sia Ψ_1 ha come componenti secondo i tre assi:

$$X = e_2 \, d\Psi_1/dx = -P_1\, e_2$$
$$X = e_2 \, d\Psi_1/dy = -Q_1\, e_2 \qquad\qquad (D)$$
$$X = e_2 \, d\Psi_1/dz = -R_1\, e_2$$

Così ché un corpo elettrizzato viene spinto nella direzione della forza elettro-motrice con una forza pari al prodotto della qualità di elettricità libera per la forza elettromotrice.

Se l'elettrizzazione del campo discende dalla presenza di un piccolo corpo elettrizzato che contiene e1 di elettricità libera, l'unica soluzione di Ψ_1 è:

$$\Psi_1 = k/4\pi \; e_1/r^2 \qquad\qquad (43)$$

In cui r è la distanza dal corpo elettrizzato.

La repulsione tra due corpi elettrizzati e_1 ed e_2 perciò sarà data da:

$$\Psi_1 = k/4\pi \; e_1\, e_2/r^2 \qquad\qquad (44)$$

Misurazione degli effetti elettrostatici

80. Le grandezze con cui abbiamo avuto a che fare finora sono espresse in termini di sistema di misure elettromagnetiche che si fonda sull'azione meccanica tra correnti. Il sistema elettrostatico di misure si fonda invece sulle azioni meccaniche tra corpi elettrizzati ed è sia indipendente che incompatibile col sistema elettromagnetico, così ché le unità delle diverse grandezze hanno valori diversi a seconda

del sistema che adottiamo e, per passare da un sistema all'altro, occorrerà eseguire una conversione di tutte le grandezze.
Secondo il sistema elettrostatico, la repulsione tra due corpi piccoli e carichi di quantità η_1 ed η_2 di elettricità è data da:

$$\eta_1 \eta_2 r^2$$

in cui r è la distanza tra loro.
Se la relazione dei due sistemi è tale che un'unità elettromagnetica di elettricità ne contiene v di unità elettrostatiche, allora

$$\eta_1 = v e_1 \text{ ed } \eta_2 = v e_2$$

e la repulsione viene espressa dalla seguente espressione:

$$v_2\, e_1 e_2/r^2 = k/4\pi\, e_1 e_2/r^2 \text{ (dall'equazione 44)} \qquad (45)$$

in cui k è il coefficiente di *elasticità elettrica* del mezzo in cui sono condotti gli esperimenti (cioè l'aria comune) è correlato a v (il numero di unità elettrostatiche contenute in un'unità elettromagnetica) grazie alla seguente equazione:

$$k = 4\pi v^2 \qquad (46)$$

la grandezza v può essere determinata sperimentalmente in diversi modi. Secondo gli esperimenti di M. M. Weber e Kohlrausch il valore misurato è pari a:

$$v = 310.740.000 \text{ m/s}$$

81. da questa ricerca si desume che se assumiamo che il mezzo che costituisce il campo elettromagnetico sia (se dielettrico) capace di ricevere in ogni sua parte una polarizzazione elettrica in cui le estremità opposte di ogni frammento elementare in cui lo possiamo immaginare che il mezzo sia suddiviso, siano elettrizzate di segno opposto e se assumiamo altresì che questa polarizzazione o *spostamento elettrico* sia proporzionale alla forza elettromotrice che lo produce e lo mantiene, allora possiamo dimostrare che i corpi elettrizzati in un mezzo dielettrico agiranno l'uno sull'altro con forze che ubbidiscono alle stesse leggi già evidenziate dalle esperienze. Supponiamo che l'energia (a spese della quale si producono le attrazioni elettriche o magnetiche) sia immagazzinata nel mezzo dielettrico che circonda i corpi elettrizzati e non sulla superficie di quegli stessi corpi che nella nostra teoria sono meramente le superfici

di confine con l'aria o con qualsiasi altro mezzo dielettrico nel cui interno occorre invece ricercare le vere *molle di azione*.

Nota sull'attrazione gravitazionale

82. Dopo avere esaminato l'azione del mezzo circostante sulle attrazioni e repulsioni magnetica ed elettrica ed averne trovata la dipendenza dall'inverso del quadrato della distanza, siamo portati naturalmente ad indagare se la attrazione di gravità (che segue le stesse leggi di distanza) non sia anch'essa riconducibile all'azione di un mezzo circostante.

La gravitazione differisce dal magnetismo e dall'elettricità in questo, che i corpi coinvolti sono dello stesso tipo invece che di segni diversi come sono i poli e i corpi elettrizzati e che la forza tra questi corpi è un'attrazione e non una repulsione, come è invece il caso tra corpi elettrici e magnetici.

Le linee di forza gravitazionale nelle prossimità di due corpi densi, sono esattamente della stessa forma delle linee di forza magnetica nelle vicinanze di due poli dello stesso nome ma laddove i due poli si respingono, i corpi si attraggono.

Sia E l'energia intrinseca del campo che circonda due corpi gravitanti M_1 ed M_2 e sia E' l'energia intrinseca del campo che circonda due poli magnetici m_1 ed m_2 di uguale valore numerico a M_1 ed M_2 e sia X la forza gravitazionale agente durante lo spostamento δx ed X' la forza magnetica, allora:

$$X \, \delta x = \delta E \qquad X' \, \delta x = \delta E'$$

Ora X ed X' hanno uguale valore numerico ma segni opposti così ché

$$\delta E = -\delta E'$$

ovvero

$$E = C - E' = C - \sum 1/8\pi \, (\alpha^2 + \beta^2 + \gamma^2) \, dV$$

In cui α, β, γ sono i componenti dell'intensità magnetica secondo gli assi. Se R è la forza gravitazionale risultante ed R' quella magnetica risultante in una corrispondente parte del campo, allora:

$$R = -R' \qquad e \qquad \alpha^2 + \beta^2 + \gamma^2 = R^2 = R'^2$$

112

Quindi avremo che:
$$E = C - \sum 1/8\pi\, R^2\, dV \qquad (47)$$
L'energia intrinseca del campo gravitazionale perciò deve essere
minore in ogni caso in cui esista una forza gravitazionale risultante.
Poiché l'energia è essenzialmente positiva, è impossibile per
qualunque parte dello spazio avere energia intrinseca negativa.
Perciò quelle parti dello spazio in cui non ci sono forze risultanti
(come i punti di equilibrio nello spazio tra i diversi corpi di un
sistema e nell'ambito della sostanza di ogni corpo), devono avere
un'energia intrinseca per unità di volume più grande di:
$$1/8\pi\, R^2$$
Ove R è il massimo valore possibile di intensità della forza di
gravitazione in qualsiasi parte dell'universo. Perciò, l'assunzione che
la gravitazione emerge dall'azione del mezzo circostante nel modo
suggerito, conduce a concludere che ogni parte di questo mezzo,
quando indisturbata , possiede un'enorme energia intrinseca e che
la presenza di corpi densi influenza il mezzo così da diluirne l'energia
ogniqualvolta ci sia un'attrazione risultante.
Non sono in grado di capire in quale modo un mezzo possa
possedere tali proprietà e non posso procedere oltre in questa
direzione di ricerca delle cause della gravitazione.

Quinta parte
Teoria dei condensatori
Capacità di un condensatore

83. La forma più semplice di condensatore consiste in uno strato uniforme di materiale isolante incapsulato tra due superfici conduttrici e la sua capacità è misurata dalla quantità di elettricità su entrambe le superfici quando la loro differenza di potenziale è unitaria. Se S è l'area di ognuna delle due superfici, a lo spessore del dielettrico e k il suo coefficiente di elasticità elettrica, allora su una faccia del condensatore il potenziale sarà Ψ_1 e sull'altra sarà Ψ_1+1 e, nell'ambito della sua sostanza:

$$d\Psi/dx=1/a=k\,f \qquad (48)$$

siccome $d\Psi/dx$ (e perciò f) è zero all'esterno del condensatore, la quantità di elettricità sulla sua prima superficie sarà = - S f mentre sulla seconda sarà = + S f. la capacità del conduttore nel sistema di misura elettromagnetico, sarà perciò:

$$S\,f=S/ak$$

Capacità specifica di induzione elettrica

84. Se il dielettrico del condensatore è l'aria, allora la sua capacità nel sistema di misura elettrostatico è $S/4\pi a$ (trascurando le correzioni emergenti dalle condizioni imposte ai bordi del condensatore). Se il dielettrico ha una capacità il cui rapporto rispetto a quello dell'aria è D, allora la capacità del condensatore sarà $DS/4\pi a$.

   Perciò $D=k_0/k$ (49)

  In cui k_0 è il valore assunto per k dall'aria, che si assume uguale all'unità.

Assorbimento elettrico

85. quando il dielettrico di cui si compone il condensatore è un isolante perfetto i fenomeni della conduzione si combinano a quelli dello *spostamento elettrico*. Il condensatore che viene lasciato carico perde gradualmente la sua carica e, in qualche caso, dopo essersi scaricato completamente, acquista gradualmente una nuova carica dello stesso segno di quella originaria che infine scompare. Questi

fenomeni sono stati descritti dal professor Faraday ('*Ricerche sperimentali*', serie XI) e dal signor F. Jenkin ('*Relazione al Comitato del Consiglio di Amministrazione sui cavi sottomarini*') e si può classificare sotto il nome di *assorbimento elettrico*.

86. prenderemo il caso di un condensatore composto da un qualunque numero di strati paralleli di diversi materiali. Se viene mantenuta per un tempo sufficiente una differenza di potenziale tra le sue superfici estreme finché non si stabilisca una condizione di flusso elettrico stabile e permanente, allora ogni superficie esterna avrà una carica di elettricità che dipende dalla natura delle sostanze su ciascuna sua superficie. Se si scaricano le superfici estreme, quelle cariche interne verranno disperse gradualmente e una certa carica può riapparire sulle superfici estreme se sono tra loro isolate o (se sono invece connesse con un conduttore) una certa quantità di elettricità può essere spinta attraverso il conduttore durante il processo di ripristino dell'equilibrio.

Siano a_1, a_2, a_3, etc. gli spessori dei diversi strati di cui si compone il condensatore.

Siano k_1, k_2, k_3, etc. i valori della grandezza fisica k per ciascuno di quegli strati e sia

$$a_1 k_2 + a_2 k_2 + \text{etc.} = ak \qquad (50)$$

in cui k è l'*elasticità elettrica* dell'aria ed a lo spessore di un condensatore equivalente in aria.

Siano r_1, r_2, etc. le resistenze degli strati e sia $r_1 + r_2 + \text{etc.} = r$ la resistenza complessiva del condensatore ad una corrente stabile attraverso di esso per unità di superficie.

Siano f_1, f_2, etc. gli spostamenti elettrici in ogni strato.

Siano p_1, p_2, etc. le correnti elettriche in ogni strato.

Sia Ψ_1 il potenziale sulla prima superficie ed e_1 l'elettricità per unità di superficie.

Siano Ψ_2 ed e_2, etc. le corrispondenti quantità al confine della prima e della seconda superficie e così via per gli strati rimanenti, allora le equazioni G ed H ci forniscono i seguenti risultati:

$$e_1 = -f_1 \qquad\qquad de_1/dt = -p_1 \qquad (51)$$

116

$$e_2=f_1-f_2 \qquad de_2/dt=p_1-p_2$$
etc.   etc.

ma dalle equazioni E ed F si ricava d'altronde che:

$$\Psi_1-\Psi_2=a_1 k_1 f_1=-r_1 p_1$$
$$\Psi_2-\Psi_3=a_2 k_2 f_2=-r_2 p_2 \qquad (52)$$
etc.   etc.   etc.

dopo avere mantenuto la forza elettromotrice per una durata di tempo sufficiente, la corrente diviene la stessa in ogni strato del condensatore e

$$p_1=p_2=etc.=p=\Psi/r$$

in cui Ψ è la differenza di potenziale totale tra gli strati estremi. Allora abbiamo:

$$f_1=-\Psi/r \, r_1/a_1k_1 \quad f_2=-\Psi/r \, r_2/a_2k_2 \quad etc.$$

e $e_1=\Psi/r \, r_1/a_1k_1 \quad e_2=\Psi/r \, (r_2/a_2k_2-r_1/a_1k_1) \quad etc.$

$$(53)$$

queste sono le quantità di elettricità delle diverse superfici.

87. ora scarichiamo il condensatore connettendo le sue superfici estreme con un conduttore perfetto affinché i loro potenziali siano resi uguali in modo istantaneo, allora l'elettricità sulle superfici estreme verrà alterata mentre quella sulle superfici interne non avrà il tempo di uscire. La differenza totale dei potenziali sarà:

$$\Psi'=a_1 k_1 e'_1+a_2 k_2 (e'_1+e_2)+a_3 k_3 (e'_1+e_2+e_3)+etc.$$

$$(54)$$

Quindi, se e'_1 è quanto diviene e_1 all'istante della scarica,

$$e'_1=\Psi/r \, r_1/a_1k_1-\Psi/ak=e_1-\Psi/ak \quad (55)$$

perciò la scarica istantanea è Ψ/ak (ovvero la quantità che verrebbe scaricata da un condensatore in aria di spessore equivalente ad a e che non sarebbe affetto dall'esigenza di isolamento perfetto.

88. supponiamo ora che il collegamento tra le due superfici estreme sia interrotto e che il condensatore venga lasciato a sé e consideriamo la dispersione graduale di cariche all'interno. Sia Ψ' la differenza di potenziale delle superfici estreme al tempo t, allora:

$$\Psi'=a_1 k_1 f_1+a_2 k_2 f_2+etc. \qquad (56)$$

ma

117

$$a_1 k_1 f_1 = -r_1 \, df_1/dt$$
$$a_2 k_2 f_2 = -r_2 \, df_2/dt$$

perciò

$$f_1 = A_1 \, e - a_1 \, k_1/r_1 \, t \qquad f_2 = A_2 \, e_2 - a_2 \, k_2/r_2 \text{ etc.}$$

e, con riferimento ai valori e_1', e_2, etc., troveremo che:

$$A_1 = \Psi/r \, r_1/a_1 k_1 - \Psi/ak$$
$$A_2 = \Psi/r \, r_2/a_2 k_2 - \Psi/ak \qquad\qquad (57)$$
etc.

così ché, per la differenza di potenziale in ogni istante, avremo:

$$\Psi' = \Psi \, ((r_1/r \, a_1 \, k_1/a \, k \, e - a_1 \, k_1/r_1 \, t + (r_2/r \, a_2 \, k_2/a \, k) \, e - a_2 \, k_2/r_2 \, t + \text{ etc.}$$
$$(58)$$

89. Da questo risultato emerge che se tutti gli strati sono composti dalla medesima sostanza, Ψ' sarà sempre zero. Se invece si tratta di sostanze diverse, è indifferente l'ordine in cui essi sono disposti e l'effetto sarà il medesimo se ogni sostanza consiste di uno strato o se essa è divisa tra un qualsiasi numero di strati sottili ed organizzata in qualunque ordine tra strati sottili delle altre sostanze. Ogni sostanza pertanto le cui parti non siano matematicamente omogenee benché lo possano sembrare, può esibire fenomeni di assorbimento. Allora, poiché l'ordine di grandezza dei coefficienti è lo stesso di quello degli indici, il valore di Ψ' non può mai cambiare di segno ma deve ripartire dal valore zero, diventare positivo e, finalmente, sparire.

90. Consideriamo poi l'ammontare di elettricità che passerebbe dalla prima alla seconda superficie se il condensatore (dopo essere stato pienamente saturato dalla corrente e poi scaricato) ha collegate le sue superfici estreme con un conduttore di resistenza R.

Sia p la corrente che corre in questo conduttore, allora durante la scarica si avrà:

$$\Psi' = p_1 \, r_1 + p_2 \, r_2 + \text{etc.} = p \, R \qquad\qquad (59)$$

integrando rispetto al tempo e chiamando Q_1, Q_2, Q_3 le quantità di elettricità che attraversano i diversi conduttori:

$$q_1 \, r_1 + q_2 \, r_2 + \text{etc.} = q \, R \qquad\qquad (60)$$

ma la quantità di elettrricità sulle varie superfici sarà data da:

$$e'_1 - q - q_1$$

118

e_2+q-q_2

etc.

e, poiché alla fine tutte queste quantità svaniscono, troviamo le relazioni:

$q_1=e'_1-q$

$q_2=e'_1+e_2-q$

perciò anche

$q R=\Psi/r (r_1^2/a_1 k_1+r_2^2/a_2 k_2+etc.)- \Psi r/a k$

ovvero

$q=\Psi/(akrR) (a_1k_1a_2k_2 (r_1/a_1k_1-r_2/a_2k_2)^2+a_2k_2a_3k_3 (r_2/a_2k_2-r_3/a_3k_3)^3+etc.$ (61)

una quantità essenzialmente positiva, così ché quando l'elettrizzazione primaria è in una direzione, la scarica secondaria è sempre nella stessa direzione di quella primaria.

Sesta parte
Teoria elettromagnetica della luce

91. All'inizio del presente documento abbiamo fatto uso delle ipotesi ottica di un mezzo elastico attraverso il quale si propaghino le vibrazioni luminose onde mostrare di avere fondate ragioni per ricercare nel medesimo mezzo la causa di altri fenomeni, oltre a quelli luminosi. Abbiamo poi preso in esame i fenomeni elettromagnetici ricercando la loro spiegazione nelle proprietà del campo che circonda i corpi magnetizzati o elettrizzati. In tal modo siamo giunti a formulare certe equazioni che esprimono talune proprietà del campo elettromagnetico. Ora procederemo ad indagare se queste proprietà relative alla costituzione del campo elettromagnetico dedotte sulla base dei soli fenomeni elettromagnetici non siano sufficienti per spiegare anche la propagazione della luce attraverso la stessa sostanza.

92. Supponiamo che, un'onda piana la direzione dei cui valori trigonometrici siano l, m, n venga trasmessa attraverso il campo ad una velocità V. allora tutte le funzioni elettromagnetiche saranno funzione di

$$W = lx + my + nz - Vt$$

Le equazioni della forza magnetica B diverrebbero:

$$\mu\alpha = m \, dH/dw - n \, dG/dw$$

$$\mu\beta = n \, dF/dw - l \, dH/dw$$

$$\mu\gamma = l \, dG/dw - m \, dF/dw$$

moltiplicando queste equazioni rispettivamente per l, m, n e sommandole, otteniamo:

$$l \, \mu\alpha + \mu\beta m + n \, \mu\gamma = 0 \qquad (62)$$

che dimostra che la direzione della magnetizzazione deve giacere sul piano dell'onda.

93. Se combiniamo le equazioni B della forza magnetica con quelle C delle correnti elettriche e, per brevità, scriviamo

$$dF/dx + dG/dy + dH/dz = J \quad e \quad d^2/dx^2 + d^2/dy^2 + d^2/dz^2 = \nabla^2$$
$$(63)$$

otteniamo le seguenti espressioni:

121

$4\pi\mu\ p'=dJ/dx-\nabla^2F$

$4\pi\mu\ q'=dJ/dy-\nabla^2G$ (64)

$4\pi\mu\ r'=dJ/dz-\nabla^2H$

se il mezzo nel campo è un dielettrico perfetto non esiste conduzione reale e le correnti p', q', r' sono solo date dalle variazioni nello spostamento elettrico o dalle equazioni della corrente totale A

$p'=df/dt$ $q'=dg/dt$ $r'=dh/dt$ (65)

ma questi spostamenti elettrici sono provocati dalle forze elettromotrici ed alle equazioni E della elasticità elettrica

$P=kf$ $Q=kg$ $R=kh$ (66)

Queste forze elettromotrici sono dovute a variazioni delle funzioni elettro-magnetiche o elettrostatiche poiché non esiste movimento di conduttori nel campo così chè le equazioni della forza elettromotrice saranno le seguenti:

$P=-dF/dt-d\Psi/dx$

$Q=-dG/dt-d\Psi/dy$ (67)

$R=-dH/dt-d\Psi/dz$

94. combinando tra loro queste equazioni otteniamo le seguenti espressioni:

$k\ (dJ/dx-\nabla^2F)+4\pi\mu\ (d^2F/dt^2+d^2\Psi/dxdt)=0$

$k\ (dJ/dy-\nabla^2G)+4\pi\mu\ (d^2G/dt^2+d^2\Psi/dydt)=0$ (68)

$k\ (dJ/dz-\nabla^2H)+4\pi\mu\ (d^2H/dt^2+d^2\Psi/dzdt)=0$

se differenziamo la terza equazione rispetto a y e la seconda rispetto a z e le sottraiamo, allora J e Ψ svaniscono e, ricordando le equazioni della forza magnetica B si potrà scrivere il seguente risultato:

$k\nabla^2\mu\alpha=4\pi\mu\ d^2/dt^2\mu\alpha$

$k\nabla^2\mu\beta=4\pi\mu\ d^2/dt^2\mu\beta$ (69)

$k\nabla^2\mu\gamma=4\pi\mu\ d^2/dt^2\mu\gamma$

95. se assumiamo che α, β, γ siano funzioni di lx+my+nz−Vt=w, la prima delle equazioni 68 diviene:

$k\mu\ d^2\alpha/dw^2=4\pi\mu^2\ V^2\ d^2\alpha/dw^2$ (70)

ovverosia

122

$$V = ^+/_. (k/4\pi\mu)^{-1/2} \qquad (71)$$

Le altre equazioni danno lo stesso valore per V così ché l'onda si propaga in ogni direzione alla velocità V.

Quest'onda consiste interamente di perturbazioni magnetiche in cui la direzione di magnetizzazione giace sul piano dell'onda. Nessuna perturbazione magnetica la cui direzione di magnetizzazione non giaccia sul piano dell'onda può propagarsi come onda piana.

Perciò le perturbazioni magnetiche che si propagano attraverso il campo elettromagnetico concordano con la luce in questo, che le perturbazioni in ogni punto sono trasversali rispetto alla direzione di propagazione e tali onde possono avere ogni proprietà proprie della luce polarizzata.

96. L'unico mezzo in cui si sono sviluppate esperienze mirate a determinare il valore di k è l'aria in cui $\mu=1$ e perciò, dall'equazione 46,

$$V = v \qquad (72)$$

Con gli esperimenti elettromagnetici di M. M. Weber e Kohlrausch

$$V = 310.740.000 \text{ m/s}$$

È il numero di unità elettrostatiche in un'unità elettromagnetica di elettricità e ciò, secondo i nostri risultati, dovrebbe essere uguale alla velocità della luce nel vuoto o nell'aria.

La velocità della luce nell'aria secondo gli esperimenti condotti da Michael Fizeau è pari a:

$$V = 314.858.000 \text{ m/s}$$

secondo gli esperimenti più accurati condotti invece da Michael Foucault sarebbe pari a:

$$V = 308.000.000 \text{ m/s}$$

97. Pertanto, la velocità della luce dedotta sperimentalmente è in sufficiente accordo col valore di v dedotto dal solo insieme di esperimenti di cui disponiamo finora. Il valore di v è stato determinato misurando la forza elettromotrici con cui è caricato un condensatore di capacità nota per poi scaricarlo attraverso un galvanometro onde misurare la quantità di elettricità in esso contenuta secondo il sistema di misura elettromagnetico. L'unico uso della luce nel esperimenti è

stato quello necessario per leggere le deflessioni segnate sugli strumenti. Il valore trovato da Michael Foucault per v è stato ottenuto determinando l'angolo attraverso il quale ruotava uno specchio oscillante mentre la luce da esso riflessa andava e tornava lungo un percorso di lunghezza nota. Non si è fatto alcun uso di elettricità né di magnetismo. L'accordo riscontrato tra i risultati sembra mostrare che la luce ed il magnetismo siano affezioni della stessa sostanza e che la luce sia una perturbazione elettromagnetica che si propaga attraverso il campo secondo le leggi dell'elettromagnetismo.

98. Torniamo alle equazioni 94 in cui figurano le grandezze J e Ψ per vedere se possa venir propagato qualunque altro tipo di perturbazione attraverso il mezzo che dipenda da queste grandezze che sparirono dalle equazioni finali.

Se determiniamo A dall'equazione

$$\nabla^2 A = d^2A/dx^2 + d^2A/dy^2 + d^2A/dz^2 = J \tag{73}$$

e F', G', H' dalle equazioni:

$$F'=F-dA/dx \qquad G'=G-dA/dy \qquad H'=H-dA/dz \tag{74}$$

Allora avremo:

$$dF'/dx + dG'/dy + dH'/dz = 0 \tag{75}$$

e l'equazione al punto 94 assume la seguente forma:

$$k\nabla^2 F' = 4\pi\mu\,(d^2F'/dt^2 + d(\Psi + dA/dt)) \tag{76}$$

differenziando le tre equazioni rispetto a x, y, z e sommandole troviamo che:

$$\Psi = -dA/dt + \Phi(x,y,z) \tag{77}$$

e che:

$$k\nabla^2 F' = 4\pi\mu\ d^2F'/dt^2$$
$$k\nabla^2 G' = 4\pi\mu\ d^2G'/dt^2 \tag{78}$$
$$k\nabla^2 H' = 4\pi\mu\ d^2H'/dt^2$$

quindi le perturbazioni indicate da F', G', H' si propagano alla velocità V=(k/4πμ) attraverso il campo, e poiché

$$dF'/dx + dG'/dy + dH'/dz = 0$$

la risultante di tali perturbazioni giace sul piano dell'onda.

99. La parte rimanente delle perturbazioni totali F, G, H essendo la parte dipendente da A non è soggetta ad altre condizioni tranne quelle espresse dall'equazione:

$$d\Psi/dt + d^2A/dt^2 = 0$$

se trasferiamo l'operazione ∇^2 in quest'equazione essa si trasforma nella seguente:

$$ke = dJ/dt - k\, d^2\Phi(x, y, z) \qquad (79)$$

siccome il mezzo è un isolante perfetto e l'elettricità libera non può venire spostata e perciò dJ/dt è una funzione di x, y, z e il valore di J è costante oppure nullo oppure cresce o diminuisce nel tempo in modo uniforme così ché nessuna perturbazione dipendente da J si può propagare come onda.

100. Le equazioni del campo elettromagnetico dedotte da puri dati sperimentali mostrano che solo vibrazioni trasversali possono venir propagate. Se dovessimo andare oltre le conoscenze sperimentali ed assegnare una densità definita ad una sostanza che dovremmo chiamare *fluido elettrico* e scegliere una elettricità vetrosa o resinosa come rappresentativa di un tale fluido, allora potremmo avere anche vibrazioni perpendicolari propagate con velocità dipendente da tale densità. Tuttavia non abbiamo prova della densità dell'elettricità poiché non sappiamo neanche se considerare l'elettricità vetrosa come sostanza o invece assenza d'una sostanza. Perciò la scienza elettro-magnetica conduce esattamente alle stesse conclusioni della scienza ottica rispetto alla direzione delle perturbazioni che possono venire propagate attraverso il campo; entrambe affermano la propagazione di vibrazioni trasversali e entrambe determinano la stessa velocità di propagazione. D'altro lato, entrambe le scienze sono sconfitte quando debbono negare o confermare l'esistenza di vibrazioni perpendicolari.

Relazione tra indice di rifrazione e carattere elettromagnetico della sostanza

101. La velocità della luce in un mezzo secondo la teoria ondulatoria è

$$1/i\, V_0$$

125

in cui i è l'indice di rifrazione e V_0 è la velocità nel vuoto.
La velocità secondo la teoria elettromagnetica è:

$(k/4\pi\mu)\text{-}1/2$

in cui per le equazioni 49 e 71

$k=1/D\ k_0$ e $k_0=4\pi\ V_0^2$

perciò

$D=i^2/\mu$ (80)

ovvero le specifiche capacità induttiva è uguale al quadrato dell'indice di rifrazione diviso per il coefficiente di induzione magnetica.

Propagazione delle perturbazioni elettromagnetiche in un mezzo cristallino

102. Calcoliamo ora le condizioni di propagazione di un'onda piana in un mezzo per il quale i valori di k e di μ sono diversi in direzioni diverse. Siccome non proponiamo di dare un'analisi completa del problema nel presente stato imperfetto della teoria se estesa a perturbazioni di breve periodo, assumeremo che gli assi dell'induzione magnetica coincidono in direzione con quelli dell'elasticità elettrica.

103. Siano λ, μ, 8 i valori del coefficiente magnetico sui tre assi, allora le equazioni della forza magnetica B divengono:

$\lambda\alpha=dH/dy-dG/dz$

$\mu\beta=dF/dz-dH/dx$ (81)

$8\gamma=dG/dx-dF/dy$

Le equazioni delle correnti elettriche C restano come prima.
Le equazioni dell'elasticità elettrica E saranno così le seguenti:

$P=4\pi\ a^2\ f$

$Q=4\pi\ b^2\ g$ (82)

$R=4\pi\ c^2\ h$

in cui $4\pi a^2$, $4\pi b^2$, $4\pi c^2$ sono i valori di k sugli assi x,y,z.
Combinando queste equazioni con le A e D, otteniamo espressioni della forma che segue:

$$1/\mu8 \ (\lambda \ d^2F/dx^2 + \mu \ d^2F/dy^2 + 8 \ d^2F/dz^2) - 1/\mu8 \ (\lambda \ dF/dx$$
$$+ \mu \ dG/dy + 8 \ dH/dz) = = 1/a^2 \ (d^2F/dt^2 + d^2\Psi/dx \ dt)$$
$$(83)$$

104. Se l, m, n sono le direzioni trigonometriche dell'onda e V la sua velocità e se:

$$lx+my+Vt=w \qquad (84)$$

allora F, G, H e Ψ saranno funzione di w e, se chiamiamo F', G', H' e Ψ' i differenziali secondi di quelle grandezze rispetto a w, le equazioni si trasformeranno nelle seguenti:

$$(V^2-a^2(m^2/8+n^2/\mu))F'+a^2lm/8 \ G'+a^2ln/\mu \ H'-lV\Psi'=0$$
$$(V^2-b^2(n^2/\lambda+l^2/8))G'+b^2mn/\lambda \ H'+b^2ml/8 \ F'-mV\Psi'=0$$
$$(85)$$
$$(V^2-c^2(l^2/\mu+m^2/\lambda)) \ H'+c^2nl/\mu \ F'+c^2nm/\lambda \ G'-nV\Psi'=0$$

Se ora poniamo:

$$V^4-V^2 \ 1/\lambda \ \mu8 \ (l^2\lambda(b^2\mu+c^28)+m^2\mu \ (c^28+a^2\lambda)+n^28$$
$$(a^2\lambda+b^2\mu)) + a^2b^2c^2/\lambda\mu8 \ (l^2/a^2+m^2/b^2+n^2/c^2)$$
$$(l^2\lambda+m^2\mu+n^28)=U \ (86)$$

Troveremo la seguente espressione $F'V^2U-l\Psi'VU=0$ (87)

Con due equazioni analoghe per le grandezze G' e H', perciò avremo le seguenti situazioni, che o:

$$V=0 \qquad (88)$$
$$U=0 \qquad (89)$$

Oppure che:

$$VF'=l\Psi' \quad VG'=m\Psi' \qquad VH'=n\Psi' \qquad (90)$$

La terza ipotesi possibile indica che il risultante di F', G', H' è nella direzione perpendicolare al piano dell'onda ma le equazioni non indicano che una tale perturbazione se possibile potrebbe venire propagata in quanto non abbiamo altre relazioni tra Ψ' e F', G', H'. La soluzione V = 0 si riferisce al caso in cui non ci sia propagazione. La soluzione U = 0 fornisce due valori per V^2 corrispondenti ai valori di F', G', H' che sono dati dalle equazioni:

$$l/a^2 \ F'+m/b^2 \ G'+n/c^2 \ H'=0 \qquad (91)$$

127

$$a^2 l\lambda/F' \ (b^2\mu - c^2 8) + b^2 m\mu/G' \ (c^2 8 - a^2\lambda) + c^2 n8/H' \ (a^2\lambda - b^2\mu) = 0$$
$$(92)$$

105. le velocità lungo gli assi sono fornite dalla tabella seguente:

direzione di propagazione		x	y	z
	x		$a^2/8$	a^2/μ
direzione degli *spostamenti* elettrici	y	$b^2/8$		b^2/λ
	z	c^2/μ	c^2/λ	

Ora sappiamo che in ogni piano principale del cristallo i raggi polarizzati in quel piano obbediscono alla ordinaria legge di rifrazione e perciò la sua velocità è la stessa in qualsiasi direzione si propaghi in quel piano.

Se la luce polarizzata consiste di perturbazioni elettromagnetiche in cui lo spostamento elettrico è nel piano della polarizzazione, allora:
$$a^2 = b^2 = c^2 \qquad (93)$$
se, al contrario, gli spostamenti elettrici sono perpendicolari al piano di polarizzazione, allora:
$$\lambda = \mu = 8 \qquad (94)$$
Sappiamo dagli esperimenti sul magnetismo di Faraday, Plücker, et. al. Che in molti cristalli λ, μ, 8 sono diversi.

Gli esperimenti di Knoblauch sull'induzione elettrica attraverso i cristalli sembra mostrare che a, b, e c possono essere diversi.

La disuguaglianza di λ, μ e 8 tuttavia è così piccola che sono necessarie forze magnetiche molto forti per evidenziare la loro differenza e le diversità non sembrano di grandezza sufficiente per rendere conto della rifrazione doppia nei cristalli.

D'altro lato gli esperimenti sull'induzione elettrica sono soggetti ad errore sulla base di minute imperfezioni o di frammenti di materia conduttrice nel cristallo.
Ulteriori esperimenti sulle proprietà magnetiche e dielettriche dei cristalli saranno necessarie prima di poter decidere se la relazione di questi corpi con le forze magnetiche ed elettriche sia la stessa quando queste forze sono permanenti rispetto a quando esse siano invece alternate alla velocità delle vibrazioni della luce.

Relazione tra resistenza elettrica e trasparenza

106. Se il mezzo invece di essere un isolante perfetto, è un conduttore la cui resistenza per unità di volume sia ϱ, allora non si manifesteranno solo spostamenti elettrici ma anche correnti reali di conduzione in cui l'energia elettrica si trasforma in calore causando l'attenuazione delle vibrazioni. Per determinare il coefficiente di assorbimento, esaminiamo la propagazione lungo gli assi x, y della perturbazione trasversale G.

Dalle equazioni precedenti:

$$d^2G/dx^2 = -4\pi\mu \, (q') = -4\pi\mu \, (df/dt+q)$$ secondo l'espressione A

$$d^2G/dx^2 = +4\pi\mu \, (1/k \, d^2G/dt^2 - 1/\varrho \, dG/dt)$$ secondo le espressioni E e F (95)

se G è del tipo

$$G = e^{-px} \cos(qx + nt) \qquad (96)$$

Troviamo che

$$p = 2\pi\mu/\varrho \, n/q = 2\pi\mu/\varrho \, V/i \qquad (97)$$

in cui V è la velocità della luce nell'aria ed i è l'indice di rifrazione. La proporzione di luce incidente trasmessa attraverso lo spessore x è

$$e^{-2px} \qquad (98)$$

se R è la resistenza in misurazione elettromagnetica di una piastra di sostanza di spessore x, larghezza b e lunghezza l allora

$$R = l\varrho/bx$$
$$2px = 4\pi\mu \, V/i \, l/bR \qquad (99)$$

107. la maggioranza dei corpi solidi trasparenti sono buoni isolanti mentre tutti i buoni conduttori risultano molto opachi. Gli elettroliti permettono l'agevole passaggio di corrente ma spesso sono molto trasparenti. Possiamo supporre tuttavia che nelle vibrazioni rapide della luce, le forze elettromotrici agiscano per periodi così brevi da non essere in grado di effettuare la separazione completa tra le particelle in combinazione chimica così ché, quando la forza viene invertita, le particelle oscillano nella loro posizione originaria senza perdite di energia.

L'oro, l'argento e il platino sono buoni conduttori e tuttavia, se ridotti a lamine sufficientemente sottili, p3ermettono alla luce di passare. Se la resistenza dell'oro è la stessa tanto per le forze elettromotrici di breve periodo quanto per quelle con cui sono state condotte le esperienze, l'ammontare di luce che passa attraverso una fogliolina d'oro di cui è stata determinata la resistenza da signor C. Hockin, sarebbe solamente 10-50 volte l'intensità della luce incidente. Una quantità assolutamente impercettibile. Ho rilevato che tra 1/500 ed 1/1000 della luce verde viene trasmesso attraverso una tale foglia. Molto di essa viene trasmessa attraverso i piccoli fori e fratture, tuttavia ce n'è abbastanza che si trasmette attraverso l'oro da dare alla luce trasmessa una tonalità fortemente verde. Questo risultato non può essere armonizzato con la teoria elettromagnetica della luce a meno di non supporre, come nei nostri esperimenti, che ci sia minore perdita d'energia quando le forze elettromotrici vengono invertite con la rapidità delle oscillazioni della luce rispetto a quando esse agiscono per durate di tempo maggiori.

Valori assoluti delle forze elettromotrici e magnetiche chiamate in gioco nella propagazione della luce
108. se l'equazione della propagazione della luce è

$$F = A \cos 2\pi/\lambda \ (z-Vt)$$

La forza elettromotrice sarà

$$P = -A \ 2\pi/\lambda \ V \ \text{sen} \ 2\pi/\lambda \ (z-Vt)$$

E l'energia per volume unitario sarà

$$P^2/8\pi\mu V^2$$

In cui P rappresenta il valore massimo della forza elettromotrice metà della quale consiste di energia magnetica e metà elettrica. L'energia che passa attraverso l'areola unitaria è:

$$W=P^2/8\pi\mu V \qquad \text{così ché} \qquad P=(8\pi\mu VW)^{-1/2}$$

In cui V è la velocità della luce e W è l'energia comunicata all'areola unitaria dalla luce nell'unità di tempo.

Secondo i dati rilevati da Pouillet e calcolati dal professor W. Thomson, il valore meccanico della luce solare diretta sulla terra è pari a:

83,4 piedi-libbra per secondo per piede quadrato

Ciò fornisce il valore massimo di P nella luce solare alla distanza dalla terra pari a:

P=60.000.000

Ossia circa 600 celle di Daniell per metro

Alla terra, la forza magnetica massima sarebbe di circa 0,193 mentre alla superficie del sole il valore di P sarebbe di circa 4,13. Le forze elettromotrice e magnetica devono essere concepite con un'inversione di circa due volte ogni oscillazione della luce e cioè oltre mille milioni di milioni di volte ogni secondo.

Settima parte
Calcolo dei coefficienti di induzione elettromagnetica
Metodi generali

109. Le relazioni elettromagnetiche tra due circuiti conduttori A e B dipendono da una funzione M della loro forma e posizione relativa, come abbiamo già potuto vedere.

M può essere calcolato in diversi modi che naturalmente debbono condurre al medesimo risultato.

Primo metodo – M è il momento elettromagnetico del circuito B quando A conduce una corrente unitaria e cioè:

$$M=\int(F\ dx/ds'+G\ dy/ds'+H\ dz/ds')\ ds'$$

In cui F, G, H sono le componenti del momento elettromagnetico dovuto a una corrente che fluisce in A e ds' è l'elemento di lunghezza di B e l'integrazione viene eseguita attorno al circuito B.

Per trovare F, G, H osserviamo che dalle espressioni B e C

$$d^2F/dx^2+d^2F/dy^2+d^2F/dz^2=-4\pi\mu p'$$

Con corrispondenti equazioni per G ed H con p', q' ed r' pari alle componenti della corrente che fluisce in A.

Ora se consideriamo un singolo elemento ds di A, avremo che:

$$p'=dx/ds\ ds \qquad q'=dy/ds\ ds \qquad r'=dz/ds\ ds$$

e la soluzione dell'equazione ci conduce a:

$$F=\mu/\varrho\ dx/ds\ ds \quad G=\mu/\varrho\ dy/ds\ ds \quad H=\mu/\varrho\ dz/ds\ ds$$

In cui ϱ è la distanza del generico punto da ds, perciò:

$$M=\int\!\int\mu/\varrho(dx/ds\ dx/ds'+dy/ds\ dy/ds'+dz/ds\ dz/ds')\ ds\ ds'=\int\!\int\mu/\varrho\ \cos\vartheta\ ds\ ds'$$

In cui ϑ è l'angolo tra le direzioni dei due elementi ds, ds' e ϱ è la distanza tra essi e l'integrazione viene effettuata attorno ad entrambi i circuiti. In questo metodo abbiamo confinato l'attenzione solo sull'integrazione dei due circuiti lineari.

110. *secondo metodo* – M è il numero delle linee di forza magnetica che passano attraverso il circuito B quando A conduce una corrente unitaria ovvero:

$$M=\sum(\mu\alpha l+\mu\beta m+\mu\gamma n)\ dS'$$

In cui $\mu\alpha$, $\mu\beta$ e $\mu\gamma$ sono le componenti dell'induzione magnetica dovute alla corrente unitaria in A, S' è una superficie delimitata dalla corrente B e l, m, n sono le direzioni trigonometriche della normale alla superficie con l'integrazione estesa sulla superficie. Possiamo esprimere ciò nella forma che segue:

$$M = \mu\Sigma 1/\varrho^2 \; \text{sen}\vartheta \; \text{sen}\vartheta' \; \text{sen}\Phi \; dS' \; ds$$

In cui dS' è un elemento della superficie delimitata da B, ds è un elemento del circuito A, ϱ è la distanza tra loro, ϑ e ϑ' sono gli angoli tra ϱ e ds e tra ϱ e la normale a dS' rispettivamente e Φ è l'angolo tra i piani in cui sono misurati ϑ ϑ'. L'integrazione è condotta attorno al circuito A e sulla superficie delimitata da B.

111. *terzo metodo* – M è quella parte dell'energia intrinseca dell'intero campo che dipende dal prodotto delle correnti nei due circuiti entrambi percorsi da una corrente unitaria.

Se α, β, γ sono le componenti dell'intensità magnetica in ogni punto dovute al primo circuito, α', β', γ' i corrispondenti per il secondo circuito allora l'energia intrinseca dell'elemento di volume dV del campo è data da:

$$\mu/8\pi \left((\alpha+\alpha')^2 + (\beta+\beta')^2 + (\gamma+\gamma')^2 \right) dV$$

la porzione che dipende dal prodotto delle correnti sarà data da:

$$\mu/4\pi \left((\alpha\alpha' + \beta\beta' + \gamma\gamma') \right) dV$$

perciò, se conosciamo le intensità magnetiche I ed I' dovute alla corrente unitaria di ogni circuito, possiamo ricavare M integrando:

$$\mu/4\pi \; \Sigma I \; I' \; \text{cos}\vartheta \; dV$$

su tutto lo spazio, in cui ϑ è l'angolo tra le direzioni di I ed I'.

Applicazioni a una bobina

112. Per calcolare il coefficiente M di mutua induzione tra due circuiti conduttori lineari e circolari su piani paralleli, la distanza tra le curve essendo quindi nota ovunque, la stessa e piccola rispetto al raggio di entrambi. Se r è la distanza tra le curve ed a il raggio di entrambe, allora se r è molto piccolo rispetto ad a dal secondo metodo troviamo che, in una prima approssimazione:

$M=4\pi\, a\,(\ln 8a/r-2)$

Per approssimare meglio il valore di M, siano a ed a1 i raggi dei cerchi e b la distanza tra i loro piani, allora

$r^2=(a-a_1)^2+b^2$

Otteniamo M considerando le seguenti condizioni:

1 –   M deve soddisfare l'equazione differenziale:

$d^2M/da^2+d^2M/db^2+1/a\,dM/da=0$

quest'azione essendo vera per ogni campo magnetico simmetrico rispetto all'asse comune dei due circuiti non può condurre da sé alla determinazione di M in funzione di a, a_1 e b perciò useremo la seguente seconda condizione:

2 -   il valore di M deve restare invariato scambiando a ed a1

3 -   i primi due termini di M devono essere gli stessi di quelli precedenti.

M perciò può essere espanso nella serie che segue:

$M=4\pi a\,\log 8a/r\,(1+1/2\,(a-a_1)/a+1/16\,(3b^2+(a_1-a))/a^2-1/32\,((3\,b^2+(a-a_1)^2)/a^3 + etc.)$

$-4\pi a\,(2+\tfrac{1}{2}\,(a-a_1)/a+1/16\,((b^2-3\,(a-a_1)^2/a^2-1/48\,(((6\,b^2-(a-a_1)^2)\,(a-a_1))/a^3+etc.)$

113. possiamo applicare questo risultato per trovare il coefficiente di auto-induzione L di una bobina circolare di filo con una sezione piccola rispetto al raggio del cerchio. Se la sezione della bobina è un rettangolo c la larghezza del piano del cerchio e b la profondità perpendicolare al piano del cerchio. Sia a il raggio medio della bobina ed n il numero dei suoi avvolgimenti, allora integrando troviamo:

$L=n^2/b^2c^2\iiiint M\,(xyx'y')\,dx\,dy\,dx'\,dy'$

In cui M (xyx'y') significa il valore di M per i due avvolgimenti le cui coordinate siano rispettivamente xy e x'y' e l'integrazione è sviluppata prima rispetto a x e y sulla sezione rettangolare e poi rispetto ad x' ed y' sul medesimo spazio.

$L=4\pi n^2 a\,(\log e\,8a/r+1/12-4/3\,(\vartheta-\pi/4)\cot 2\vartheta-\pi/3\,\cos 2\vartheta-1/6\,\cot^2\vartheta\,\log\cos\vartheta-1/6\,\tan^2\vartheta\,\log\cos\vartheta-1/6\,\tan^2\vartheta\,\log\sin\vartheta)+\pi n^2 r^2/24a\,(\log 8a/r\,(2\,\sin^2\vartheta+1)+3,45+27,475\,\cos^2\vartheta-3.2\,(\pi/2-\vartheta)$

$\operatorname{sen}^3\vartheta/\cos\vartheta + 1/5 \cos^4\vartheta/5\operatorname{sen}^2\vartheta \log\cos\vartheta + 13/3 \operatorname{sen}^4\vartheta/\cos^2\vartheta \log \operatorname{sen}\vartheta) + $ etc.

In cui

> a=raggio medio della bobina
> r=diagonale della sezione rettangolare$=(b^2+c^2)^{-1/2}$
> ϑ angolo tra r e il piano del cerchio
> n=numero di avvolgimenti

I logaritmi sono quelli di Nepero e gli angoli sono in misure circolari nelle esperienze condotte dal Comitato dell'Associazione Britannica per determinare uno standard di resistenza elettrica venne usata una bobina doppia consistente in due bobine quasi uguali di sezione rettangolare disposte reciprocamente parallele con una piccola distanza tra loro.

Il valore di L per questa bobina è stato determinato come segue, il valore di L è stato calcolato dalla formula precedente per sei casi diversi in cui la sezione rettangolare considerata ha sempre la stessa larghezza mentre la profondità è stata cambiata in:

> A, B, C   A+B   B+C   A+B+C

Con n=1 in tutte le situazioni.

Chiamando i risultati:

> L(A)   L(B)   L(C)   etc.

Calcoliamo il coefficiente di mutua induzione M(AC) delle due bobine al modo seguente:

$$2ACM(AC)=(A+B+C)^2 L(A+B+C)-(A+B)^2 L(A+B)-(B+C)^2$$
$L(B+C) +B^2 L(B)$

allora se n1 è il numero degli avvolgimenti della bobina A ed n2 quelli di C, il coefficiente di auto-induzione delle due bobine insieme sarà:

$$L=n_1^2 L(A)+2n_1n_2 M(AC)+n_2^2 L(C)$$

114. questi valori di L sono calcolati supponendo che gli avvolgimenti del filo siano distribuiti in modo uniforme onde riempire completamente la sezione. Ciò tuttavia non è il caso in quanto in genere il filo è circolare e ricoperto di materiale isolante. Perciò la corrente sul filo è più concentrata di ciò che non sarebbe se fosse

stato distribuito uniformemente su tutta la sezione e le correnti nei fili più prossimi non agiscono su di esso in modo esattamente uguale a quanto farebbe una corrente uniforme.

Le correzioni emergenti da tali considerazioni si possono esprimere come valori numerici per i quali occorre moltiplicare la lunghezza del filo ed essi sono gli stessi qualsiasi sia la forma della bobina.

Se D è la distanza tra due fili adiacenti supponendoli organizzati in una disposizione quadrata e se d è il diametro del filo, allora la correzione per il diametro del filo sarà:

$$+2 \, (logD/d+4/£ \; log2+\pi/3-11/6)$$

e la correzione causata dai primi otto fili più vicini sarà:

$$+0,0236$$

mentre quella causata dai primi sedici fili adiacenti sarà:

$$+0,00083$$

queste correzioni moltiplicate per la lunghezza del filo ed assommate al risultato precedente forniscono il vero valore di L considerato come misura del potenziale della bobina su sé stessa per una corrente unitaria che vi scorra quando tale corrente abbia scorso per un tempo adeguato e sia distribuita uniformemente attraverso la sezione del filo.

115. tuttavia all'inizio di una corrente e durante la sua variazione, essa non sarà uniforme attraverso la sezione del filo in quanto l'azione induttiva tra porzioni diverse della corrente tende a rinforzarla in una parte della sezione rispetto ad altre. Quando una forza elettromotrice P generata da qualsiasi evento agisce su un filo cilindrico di resistenza specifica ϱ, abbiamo:

$$p\varrho=P-dF/dt$$

in cui F è ricavato dall'equazione:

$$d^2F/dr^2+1/r \; dF/dr=-4\pi\mu\varrho$$

in cui r è la distanza dall'asse del cilindro.

Se poniamo un termine della grandezza F del tipo Tr^n in cui T è una funzione del tempo, allora il termine di p che l'ha prodotta assume la forma:

$$- \quad 1/4\pi\mu \; n^2 \, T \, r^{n-2}$$

137

perciò se scriviamo:

- $F=T+\mu\pi/\varrho \ (-P+dT/dt) \ r^2+(\mu\pi/\varrho)^2 \ 1/1^2 \ 2^2 \ d^2T/dt^2 \ r^4+$etc.
- $p\varrho=(P-dT/dt)- \mu\pi/\varrho \ d^2T/dt^2 \ r^2-\mu\pi/\varrho)^2 \ 1/1^2 \ 2^2 \ d^3T/dt^3 \ r^4-$etc.

la corrente totale di autoinduzione in ogni punto sarà :

$\int(P/\varrho-p)dt=1/\varrho \ T+\mu\pi/\varrho^2 \ dT/dt \ r^2+\mu^2\pi^2/\varrho^3 \ 1/1^2 \ 2^2 \ d^2T/dt^2 \ r^4+$ etc.

tra i valori t=0 e t=∞

quando t = 0, p = 0

$\qquad\qquad (dT/dt)=P \qquad\qquad\qquad (d^2T/dt^2)_0 = 0 \qquad$ etc.

quando t=∞, p=P/ϱ

$\qquad\qquad (dT/dt)_\infty=0 \qquad\qquad\qquad (d^2T/dt^2)_\infty=0$

$\qquad$ etc.

$\int_0^\infty \int_0^r 2\pi \ (P/\varrho \ -p) \ r \ dr \ dt=1/\varrho \ T\pi r^2+\frac{1}{2} \ \mu\pi^2/\varrho^2 \ dT/dt \ r^4+\mu^2\pi^3/\varrho^3 \ 1/1^2 \ 2^2 \ 3^2 \ d^2T/dt^2 \ r^6+$etc.

tra t=0 e t=∞

quando t=0, p=0 attraverso la sezione

$\qquad\qquad (dT/dt)=P, \qquad\qquad (d^2T/dt^2)=0, \qquad\qquad$ etc.

quando t=∞, p=0 attraverso la sezione

$\qquad\qquad (dT/dt)_\infty=0, \qquad (d^2T/dt^2)_\infty=0, \qquad\qquad$ etc.

se l è la lunghezza del filo ed R la sua resistenza

$\qquad\qquad R=\varrho l/\pi r^2$

E se C è la corrente stabilizzata nel filo C=Pl/R

La corrente totale allora può essere scritta come segue:

$\qquad\qquad l/R \ (T_\infty - T_0)-\frac{1}{2} \ \mu \ l/R \ C=-LC/R \qquad\qquad$ dall'equazione

35

ora se la corrente invece di essere variabile dal centro alla circonferenza della sezione del filo, fosse stata la stessa ovunque, il valore di F sarebbe stato:

$\qquad\qquad F=T+\mu\gamma \ (1-r^2/r_0^2)$

In cui γ è la corrente nel filo ad ogni istante e la corrente totale sarebbe risultata essere:

$\qquad\qquad \int_0^\infty \int_0^r 1/\varrho \ dF/dt \ 2\pi r \ dr=l/R \ (T_\infty-T_0)-\frac{3}{4} \ \mu l/RC=-L' \ C/R$

quindi

138

$L=L'-\frac{1}{4}\mu l$

Ovvero, il valore di L che occorre usare nel calcolo dl coefficiente di auto-induzione di un filo per correnti variabili è inferiore a quello che si ricava nell'ipotesi di una corrente costante attraverso la sezione del filo per un ammontare pari a ¼ μ l in cui l è la lunghezza del filo e μ è il coefficiente di induzione magnetica per la sostanza di cui è composto il filo.

116. le dimensioni della bobina usata dal Comitato della Associazione Britannica nelle loro esperienze condotte al King's College nel 1864 erano le seguenti:

in metri

raggio medio	a=0,158194
profondità di ogni bobina	b=0,01608
larghezza di ogni bobina	c=0,01841
distanza tra le bobine	=0,02010
numero di avvolgimenti	n=313
diametro del filo	=0,00126

il valore di L calcolato dal primo termine dell'espressione è di 437.440 metri.

La correzione dipendente dal raggio non infinitamente grande rispetto alla sezione della bobina ricavato dal secondo termine è di – 7.345 metri.

La correzione dipendente dal diametro del filo

per unità di lunghezza è	+0,44997
dovuta a otto fili adiacenti	+0,0236
dovuta a sedici fili adiacenti	+0,0008
per la variazione della corrente nelle diverse parti della sezione del filo	$^+/.0,2500$
correzione totale per unità di lunghezza	0,22437
lunghezza	311.236 metri

somma delle correzioni di questo tipo 70 metri
valore finale calcolato di L   430.165 metri

Questo valore di L è stato impiegato per ridurre le entità misurate secondo il metodo illustrato nella relazione della Commissione. La correzione dipendente da L varia col quadrato della velocità. I risultati di sedici esperimenti cui è stata applicata tale correzione e nelle quali la velocità è stata variata da 100 cicli in sedici secondi a 100 cicli in settantasette secondi, sono stati confrontati col metodo dei minimi quadrati per determinare quale sia l'ulteriore correzione dipendente dal quadrato della velocità da apportare per minimizzare gli errori principali.

Il risultato di tale analisi ha mostrato che il valore calcolato di L andrebbe moltiplicato per 1,0618 per ottenere il valore di L che fornirebbe i risultati più consistenti.

Maxwell e connessi sviluppi tecnologici di Tesla
cenni divulgativi per liceali

propositi del documento
Abbiamo voluto descrivere la storia delle costanti *soppressioni* di informazione nella scienza cogliendo lo spunto emblematico delle vicissitudini subite dalla teoria elettro-magnetica di Maxwell e dalle connesse ricerche di Tesla di darne applicazioni pratiche e rivoluzionarie. Iniziamo questo documento con un riepilogo che illustri quindi in breve i concetti e i contenuti rivoluzionari sia della teoria elettromagnetica del primo sia del filo logico che ha illuminato lo sviluppo del programma di ricerca applicata che ha assorbito tutta la vita del secondo. Attorno a queste due descrizioni s'è cercato di riferire anche gli episodi storici che hanno caratterizzato la *soppressione* subita dalle ricerche *teorica e applicata* di due scienziati che avrebbero potuto accelerare, se compresi appieno, il progresso in vari campi nella fisica e nella ingegneria elettrotecnica. Un fatto di attuale importanza.

riepilogo del dramma
Identificare le 'simmetrie' è utile in fisica per individuare nuove descrizioni della struttura unitaria del campo primordiale della energia in Natura. Le asimmetrie locali di quel campo invece sono utili per gestire quali siano i possibili 'travasi' di energia da una forma a altre forme alternative evitando la propensione naturale del campo unitario a conservare i suoi assetti ed a ripristinare la propria condizione di quasi-stabilità locale. Sia l'elettrostatica che l'elettro-magnetica sono aspetti del campo elettromagnetico che presentano distribuzioni simmetriche e asimmetriche. Mentre si è potuta concentrare l'attenzione dell'ingegneria sulle sole prime a causa dell'arbitraria 'riduzione' apportata da Lorentz alla più completa teoria originaria di Maxwell, è sulle seconde che oggi merita concentrare le ricerche per sviluppare processi controllati e innovativi che siano capaci di catturare energia dalle disponibilità potenziale in Natura per convogliarla su meccanismi gratuiti di impiego pratico in tempo e luogo. L'attuale chiusura dei circuiti

elettro-statici (batterie) ed elettro-magnetici (generatori), tutti simmetrici, crea un'aggiuntiva produzione di campo elettro-magnetico rispetto alla già esistente dotazione naturale alle spese di un consumo forzato di energia chimica o meccanica. Un vero e proprio 'gioco a perdere'. Maxwell permette di sviluppare, invece, processi innovativi e gratuiti capaci letteralmente di 'spostare' enormi dosi di energia elettro-magnetica dal campo erogato nell'universo dalle stelle colla semplice, destabilizzante azione esercitata sulla distribuzione naturale da meccanismi artificiali 'passivi' e asimmetrici (come una sorta di transistor o triodo che in elettronica controlla con minime perturbazioni il rilascio di enormi quantità d'energia dall'alimentatore sul carico attraverso l'anodo). Tesla tentò di concepire diversi tipi di meccanismi miranti a 'dislocare' dosi d'energia elettrostatica (come un processo di carica-scarica pilotato dei 'condensatori' esistenti in Natura e già da sempre carichi dell'energia irradiata sulla Terra) o elettro-magnetica (colla 'perturbazione' dei treni d'onda propagantisi nel fondo di radiazione primordiale che pervade costantemente tutto l'Universo).

James Clerk Maxwell
Breve rassegna di incongruenze scientifiche
Scienze umane e scienze esatte
Maxwell-Tesla

- Maxwell aveva riepilogato tutti i fenomeni elettrici e magnetici noti alla sua epoca nell'ambito di un insieme di 20 equazioni in 20 incognite (cfr. traduzione del libro originario di Torrance),
- Le 20 equazioni in 20 incognite riepilogavano i fenomeni elettrici e magnetici che erano stati descritti empiricamente fino allora dalle osservazioni sperimentali (cfr. elenco in Torrance)
- L'insieme di 20 equazioni in 20 incognite era quello minimo sufficiente e necessario per descrivere tutte le leggi empiriche e costituiscono una teoria che le riassume in modo sintetico. Come ogni teoria unitaria essa spiega i tanti fenomeni come manifestazioni settoriali di un numero più ridotto di enti fisici progenitori che Maxwell propose in 2 'campi elettromagnetici'

uno vettoriale e l'altro scalare riassumendo quindi tutte le 20 equazioni in 20 incognite in un insieme ristretto di 4 equazioni ove figuravano 2 componenti *vettoriale e scalare* (cfr. equazioni:

$$\nabla x E = -B$$
$$\nabla x H = J + D$$
$$\nabla . B = 0$$
$$\nabla . D = \varrho$$

in cui

E=intensità del campo elettrico;
H=intensità del campo magnetico;
B=induzione magnetica;
D=spostamento elettrico;
J=densità di conduzione di corrente;
ϱ=densità di carica elettrica.

• Tale insieme ristretto di equazioni inoltre può essere ancora ridotto in 2 sole equazioni in cui i campi vettoriale e scalare sono spiegati come aspetti osservabili di 2 campi, *vettoriale* e *scalare*, che descrivono la distribuzione del campo di energia potenziale del campo elettromagnetico unitario nello spazio (cfr. equazioni:

$$\text{I)} \quad (-c^2 \nabla^2 A + c^2 \nabla(\nabla x A) + \delta(\nabla \Phi)/\delta t + \delta^2 A/\delta t^2 = j/\varepsilon_0) \, e,$$
$$\text{II)} \quad -\nabla^2 \Phi - 1/c^2 \delta/\delta \Phi^2 = \varrho/\varepsilon_0.)$$

• Maxwell a quel punto doveva scendere a formalizzare in un linguaggio matematico rigoroso le relazioni quantitative tra specifici fenomeni che quella sua sintesi organica e unitaria fosse in grado di prevedere in valori che rispondessero a quelli osservati nella realtà sperimentale
• Le equazioni proposte da Maxwell vennero da lui descritte con un formalismo matematico alquanto inusuale e molto complesso per la sua epoca affascinata dalla semplicità e potenza del calcolo infinitesimale adottato da Newton e Leibnitz

143

per descrivere il movimento dei gravi sotto azione di campi di forza vettoriali in uno spazio euclideo a metrica commutativa:
A.B=B.A)

- Maxwell adottò invece i quaternioni (quadrivettori operanti in spazio curvo con metrica non commutativa:

A.B≠B.A)

- Per Maxwell sarebbe stato totalmente legittimo e possibile scegliere la metrica vettoriale allora popolare nella dinamica dei corpi e la conseguente estrazione dalla sua teoria delle deduzioni formali ricavate dalle regole di trasformazione coerenti con tale diversa scelta che avrebbe obbligato al rispetto della diversa sintassi. Questa libertà, ed obbligo di coerenza, è permessa in fisica e si chiama 'libertà di gauge' (libertà di scegliersi il sistema di riferimento topologico)

- La rappresentazione matematica condusse a riepilogare le 20 equazioni in 20 incognite nella forma di 4 equazioni in cui sono presenti, e tra loro interdipendenti, i campi magnetico e elettrico in forma vettoriale e scalare ma lasciando liberi di scegliere quali tipi di vettori adottare e, con essi, la coerente metrica e il tipo di spazio di esistenza (cfr. equazioni:

$$\nabla x E = -B; \quad \nabla x H = J + D; \quad \nabla.B = 0; \quad \nabla.D = \varrho),$$

- Un'ulteriore riduzione delle equazioni in forma più sintetica è, come detto, la seguente che descrive le relazioni tra i campi elettrico e magnetico come aspetti di due potenziali elettromagnetici uno *vettoriale* e l'altro *scalare* (cfr. equazioni:

I) $\quad (-c^2\nabla^2 A + c^2 \, \nabla(\nabla x A) + \delta(\nabla\Phi)/\delta t + \delta^2 A/\delta t^2 = j/\varepsilon_0)$ e,

II) $\quad -\nabla^2\Phi - 1/c^2 \, \delta/\delta\Phi^2 = \varrho/\varepsilon_0.)),$

- Maxwell ebbe un'ulteriore intuizione, e cioè che quei due campi di potenziale avessero un significato fisico e non un semplice formalismo matematico. Essi in altri termini costituiscono una struttura realmente esistente in Natura, un duplice aspetto che assume il campo di energia elettromagnetica.

- Se due sono i campi di energia potenziale elettromagnetica in natura, uno *scalare* e l'altro *vettoriale*, rappresentati dalle due equazioni del punto precedente, essi hanno valori quantitativi propri e diversi in relazione alla loro rappresentazione della distribuzione d'energia irradiata dai corpi stellari nello spazio-tempo,
- Le due equazioni sono tra loro autonome pertanto le deduzioni quantitative che ciascuna di esse permette non sono tra loro in un rapporto fisso. Mentre ciascuna delle due permette il calcolo della distribuzione delle intensità di ciascuno dei due campi esse danno quelle due distribuzioni sfasate tra loro in valore a meno di un ammontare costante dato da:

$$c^2 \nabla(\nabla x A) + \delta(\nabla \Phi)/\delta t$$

se si scegliesse un particolare 'punto di riferimento' dello spazio-tempo nel quale il valore di

$$(\nabla x A = -1/c^2 \delta \Phi/\delta t),$$

quell'elemento si azzererebbe e stabilirebbe una piena fasatura tra i due campi,
- La relazione tra i valori assunti dalle 2 equazioni sintetiche del potenziale vettoriale e scalare elettromagnetico descrittive del loro comportamento, è insomma relazione tra valori relativi e differisce per un ammontare costante che dipende solo dalle condizioni del punto spaziale in cui viene scelto di misurarli (cfr. il fattore di diversità:

$$(\nabla x A = -1/c^2 \delta \Phi/\delta t),$$

- Pur di scegliere un opportuno riferimento spaziale (gauge), il fattore di diversità può quindi essere ridotto a zero. Questo è infatti uno dei possibili valori assunti da quella costante in un seppure specifico riferimento (la scelta di un *gauge* particolare attribuì allora una forma simmetrica alle due espressioni:

vettoriale $(\nabla^2 A - 1/c^2 \delta^2 A/\delta t^2 = -j/\varepsilon_0 c^2)$ e

scalare $(\nabla^2 \Phi - 1/c^2 \delta^2 \Phi/t^2 = -\rho/\varepsilon_0))$,

La scelta di un sistema di riferimento in cui quella costante assume valore nullo conduce le due equazioni del potenziale vettoriale e scalare a presentare forma matematica simmetrica le cui soluzioni (funzioni d'onda) sono funzioni di tipo sinusoidale (cfr. l'equazione:

I) $(\nabla^2 A - 1/c^2 \delta^2 A / \delta t^2 = -j/\varepsilon_0 c^2)$ e

II) $(\nabla^2 \Phi - 1/c^2 \delta^2 \Phi // t^2 = -\rho/\varepsilon_0))$,

- Lorentz impose queste, seppur riduttive, doppie semplificazioni in modo legittimo

   III)   il *gauge* – lo spazio euclideo e commutativo – e

   IV)   l'*azzeramento del valore relativo* tra i 2 potenziali)

solo al fine di facilitare l'insegnamento della teoria elettromagnetica

- Tuttavia quella scelta di Lorentz comportò di abbandonare la metrica dei quadrivettori in spazio curvo non commutativo e di trascrivere in metrica vettoriale in spazio piano euclideo le equazioni da lui ridotte nella difficoltà,

- Grazie alla rappresentazione in 4 equazioni riepilogativa del comportamento organico dei 2 potenziali vettoriale e scalare del campo d'energia elettromagnetica che esiste in Natura in un carattere pervasivo e 'gratuito' che Maxwell ci ha fornito si possono ricavare, come 'casi particolari', tutte le 20 'leggi' descritte su base empirica dietro l'osservazione dei fenomeni da cui egli era partito,

- Tuttavia se si deducono le 20 'leggi empiriche' dalla sua teoria originaria (quaternioni a metrica non commutativa) esse contengono aspetti di soluzioni teoriche (funzioni d'onda) ben più ricchi di quelli che possono essere contenuti invece nella versione 'ridotta' di Lorentz (trivettori, metrica commutativa),

- Infatti il risultato della duplice pur legittima semplificazione fu quello di ridurre, per ogni uso pratico e teorico, il numero delle possibili previsioni che invece la sintetica e più potente forma di Maxwell consentiva di dedurre dalle sue 20 leggi originarie. Ciò ha comportato una corrispondente perdita del potenziale di quella teoria di dare 'informazione scientifica' e di promuovere l'innovazione tecnologica fino ad oggi,

- Infatti da allora tutte le applicazioni tecnologiche della teoria elettromagnetica si sono sviluppate trascurando il potenziale di possibili applicazioni che venne smarrito a causa della pur legittima, riduzione semplificativa di Lorentz-Heaviside,
- Lo sviluppo delle conoscenze scientifiche successive alla teoria originaria di Maxwell hanno potuto dare conferma della correttezza delle deduzioni teoriche della teoria di Maxwell non solo sul fatto che la luce fosse un aspetto 'locale' dello stesso campo elettromagnetico ma sulla sua originaria intuizione circa la struttura non commutativa e curva dello spazio-tempo (cfr. compatibilità tra le teorie di Maxwell e di Einstein) e anche dell'esistenza fisica di onde elettromagnetiche a propagazione inversa nel tempo con trasmissione di energia virtuale (la scomposizione in somme di 'treni d'onda' bidirezionali venne proposta formalmente da Whittaker),
- Tra gli studiosi dell'epoca che riuscirono a percepire il pieno valore della originaria teoria elettromagnetica di Maxwell figurò Nikola Tesla, un ricercatore che applicò dapprima le previsioni della stessa allo sviluppo di brevetti per generare potenza elettrica in corrente alternata (sostituendo le vecchie centrali in corrente continua con impianti a rendimento più alto) per poi concentrarsi sulla ricerca di trasmissione d'onde di potenza elettrica a distanza via etere (eliminazione delle costose e dispersive linee di potenza e produzione di sistemi d'arma a radiazione), infine sulla ricerca di raccolta gratuita dell'energia elettro-magnetica irradiata dagli oggetti stellari e disponibile sotto forma di campo di energia onnipresente e pervasivo in ogni tempo e punto fisico dello spazio-tempo la struttura di quale fosse quella ipotizzata dallo spazio d'esistenza dei quaternioni scelti da Maxwell
- Si può riepilogare quanto esposto affermando che esiste in Natura un campo di energia elettromagnetica che pervade tutto lo spazio-tempo dalla sua origine per tutta la sua 'durata'. Tale campo energetico è rinnovato costantemente dai fenomeni stellari ed è quindi 'disponibile gratuitamente' in ogni punto del

cosmo purché si riuscissero a identificare i fenomeni elementari grazie ai quali l'energia è emessa e resa disponibile. Un impegno in teoria elettromagnetica e in quella quanto-elettro-dinamica potrebbe fornire nella pratica quei successi che Nikola Tesla ricercò per tutta la sua vita seguendo geniali intuizioni ma frustrato dalle carenze della sua epoca in tema sia di componentistica tecnologica (elettronica) che fisico-matematica

• Il problema dell'energia non è un problema industriale ma di equilibri geo-politici in cui l'innovazione tecnologica gioca da sempre un ruolo egemone di traino.

Nikola Tesla

L'*intuito applicativo* dei fenomeni elettromagnetici di Tesla abbinato alla sua comprensione della *rivoluzione storica* che Maxwell suggeriva con la sua teoria originaria, lo condussero a studiare soluzioni che fossero capaci di impiegare a *livelli sempre più elevati di rendimento* il *campo di energia elettro-magnetica primordiale*; che è *gratuito* in quanto irradiato da sempre dalle stelle e che ci pervade e circonda ovunque ci troviamo.

Tesla era cosciente dell'ipotesi di Faraday-Maxwell sulla esistenza di un *campo primordiale d'energia elettro-magnetica* unico le cui manifestazioni fossero ondulatorie sotto due forme tra loro pienamente integrate: *magnetismo* ed *elettro-statica*. Gli aspetti *magnetici* essendo legati al fluire di correnti (che, nei circuiti che le conducono, dissipano energia termica) e quelli *elettrostatici* che sono legati a *spostamenti di cariche libere elettriche* sotto l'azione dei *potenziali elettrici* nell'ambito dei dielettrici (*spostamenti elastici* che non dissipano energia e stabiliscono *cariche stabili* nel corpo dei *condensatori* che in natura son rappresentati da ogni corpo fisico). Tesla era anche pienamente consapevole che l'unica *legge termodinamica* (e non semplice *principio*) è la *conservazione della energia* e che essa non impedisca di *trasferire* dall'ambiente a noi circostante (che egli chiamava il *surrounding environment*) porzioni di energia già ivi disponibili verso *strutture artificiali* da attrezzare in modo apposito per renderla disponibile all'uomo e finalizzata a *compiere lavoro utile* in tempi e luoghi decisi liberamente.

Il primo passo applicativo lungo la logica delle ricerche di Tesla fu di *concentrare la sua creatività* a ridurre le inefficienze nella trasmissione di energia elettrica; che allora era a *corrente continua*. L'uso originario di *dinamo industriali* obbligava infatti a condurre quel tipo di corrente dalle centrali di produzione ai siti di utenza finali; perdendo sui cavi *in riscaldamento* notevoli dosi d'*energia elettrica*. Tesla brevettò efficienti alternatori e trasformatori per ridurre l'intensità delle correnti sui cavi per la trasmissione a distanza. Consentendo così di sostituire la fornitura di energia elettrica da *corrente continua* a *corrente alternata* e consentendo *livelli di rendimento complessivo* immediati e assolutamente superiori. Vendette a Edison quei brevetti per cifre irrisorie in quanto era ancora insoddisfatto dei suoi risultati rispetto agli obiettivi suggestivi che si era proposto. Quando la *commissione di valutazione delle candidature* al *premio Nobel* invitò Tesla a condividerne l'attribuzione con Edison; per ragioni logiche, egli rifiutò in quanto era Edison a avere *acquistato da lui* quei brevetti che lo avevano reso famoso in quel settore industriale.

Il secondo passo compiuto da Tesla fu di concepire soluzioni per la trasmissione a distanza di *onde d'energia elettromagnetica* che potessero eliminare totalmente i cavi e le perdite dovute alla relativa trasmissione di correnti; oltre che liberare in modo totale l'industria dalla onerosa stesura e manutenzione delle reti di cavi. Queste sue esperienze destarono interesse del *tycoon* J. Pierpont Morgan; in modo particolare per la possibilità di impiegare quei brevetti di Tesla in sistemi che sostituissero alla *rete telegrafica e telefonica* allora esistente la *trasmissione senza cavi di piccole energie* a distanza. Tesla produsse a tale scopo brevetti e dimostrazioni della loro funzionalità ma concentrò le sue energie sugli obiettivi più ambiziosi nella direzione della trasmissione di alte energie a distanza piuttosto che non nella pratica impiegabilità dei brevetti già conseguiti per soddisfare gli scopi di trasmissione di bassi

livelli d'energia su cui potesse viaggiare l'informazione.
J.P.Morgan si rifiutò di finanziare ulteriormente quindi le finalità
di Tesla che non appagava i suoi obiettivi di creare; ben prima che
Marconi realizzasse i suoi collegamenti dalla sua nave Elettra, una
vera e propria *rete di tele-comunicazioni multi-mediali*. Di nuovo,
quando la *commissione di candidature al premio Nobel* offrì a Tesla
di voler condividerne l'attribuzione con Marconi, egli rifiutò
ancora in quanto i suoi brevetti per la *trasmissione senza fili di
energia elettro-magnetica* datavano di alcuni lustri prima di quelli
di Marconi.

Le fasi successive delle sue ricerche lo videro sempre più isolato e
depresso sul piano psichico nella convinzione profonda di avere le
giuste abilità scientifiche e *intuizioni* per raggiungere il suo *scopo
finale* (trasmettere energia elettro-magnetica a distanza *senza
doverla produrre* in centrali ma solo *carpendola dal campo elettromagnetico* già pervaso in modo *gratuito* nello spazio circostante
dalle stelle e soprattutto dal Sole, la più prossima, con processi di
produzione naturali). Uno scopo che aveva maturato a partire da
quello originario (di trasmettere a distanza quantità industriali di
energia senza cavi per evitare le perdite dovute ai flussi di corrente
su essi) grazie alla fattibilità dimostrata fornendo brevetti già
realizzati. Evitare di consumare combustibili o costruire dighe e
centrali avrebbe risparmiato i costi, liberato dai vincoli fisici e
avrebbe portato a valore teorico addirittura infinito il rendimento
di sistemi costruiti coi suoi brevetti. E i suoi brevetti e ricerche
precedenti avevano dato a Tesla conforto sulla correttezza delle
intuizioni e la fattibilità pratica d'un tale progresso. Ciò bastò per
assorbire ogni sua energia facendogli apparire trascurabili i
successi già raggiunti rispetto al nuovo obiettivo finale. Per
catturare energia dallo spazio che ci circonda Tesla orientò le ricerche
su meccanismi che gli permettessero di farla convergere in un
istante prescelto e in ubicazioni geografiche designate senza
doversi curare di catturarla in un sito per poi trasmetterla a
distanza da quella località di cattura verso le località di impiego
finale. Tesla cercò invece semplicemente di esercitare sul *campo*

elettro-magnetico che già esiste nell'ambiente che ci circonda, stimoli per provocare il convergere di dosi già esistenti d'energia dai luoghi in cui si trovano già accumulate verso sistemi tecnici in tempi e luoghi designati. Le esperienze sviluppate per lunghi anni condussero Tesla a concepire le più diverse soluzioni disomogenee sotto il profilo applicativo ma tutte convergenti a risolvere i suoi dubbi circa la realizzabilità della *finalità di rendimenti infiniti* (cioè di *estrazione gratuita di energia* dallo spazio). Le esperienze gli permisero di familiarizzare sempre più col comportamento del campo di energia elettromagnetica che pervade gratuitamente tutto l'universo sotto sollecitazioni da esercitare con specifici apparati di sua concezione. La filosofia a base delle sue ricerche era quella di provocare *reazioni del campo elettro-magnetico* con l'avvalersi dello stato instabile di equilibrio in cui l'energia risulta già contenuta nell'ambito dei corpi dislocati fisicamente in natura. Le enormi quantità d'energia accumulate in quella sorta di *condensatori elettrici* naturali, si sarebbero potute trasferire dai loro assetti originari a quelli finali desiderati pur di sapere esercitare piccoli ma opportuni stimoli elettrici in specifici punti del globo che risultassero idonei a definire il desiderato evento energetico sia nel tempo che nello spazio. Si sarebbero potute provocare insomma vere e proprie *valanghe d'energia* sparando piccole ma mirate cariche evocatrici di conseguenze prevedibili secondo la teoria di Maxwell. Si trattava insomma di acquisire l'abilità di far detonare conseguenze mirate a distanza, da una cabina di regia predisposta. Ciò avrebbe evitato di *trasmettere onde* di energia elettro-magnetica nello spazio (evitando le associate *attenuazioni* per i naturali allargamenti del fascio e *assorbimenti* nell'ambiente di transito) e addirittura di *produrre la stessa energia* primaria (da doversi successivamente trasmettere altrove tramite *fascio di onde*). La capacità che ha il globo di *accumulare energia proveniente dallo spazio* (compreso la sua atmosfera come enorme *condensatore elettrostatico*) e di *condurre scariche elettriche* (sia in superficie che nell'atmosfera), integrava le sue prime intuizioni di *buon senso fisico* con ulteriori intuizioni di attuabilità applicativa. I passi

151

intermedi portarono Tesla, ben prima di Marconi, a realizzare brevetti e meccanismi atti a *trasmettere onde elettro-magnetiche di potenza a grandi distanze* senza tuttavia che tali *soluzioni tecnologiche* rivestissero per lui come detto interesse tale da giustificarne la motivazione a cercarne usi industriali. Molte delle *applicazioni pratiche* intuite e attuate da Tesla per l'*estrazione gratuita* d'*energia elettrostatica* dall'ambiente che ci circonda, sono oggi in uso; come quella usata nei *satelliti con cavo tethered.*

Maxwell oltre Tesla

Le intuizioni di Tesla in merito all'uso del campo di energia elettro-magnetica esercitando *provocazioni elettro-statiche* che amplificassero *fenomeni elettromagnetici a distanza*, volevano giungere a impieghi produttivi dell'energia già disponibile nello spazio che ci circonda senza doverne produrre di aggiuntiva (con consumo di ulteriori fonti energetiche intermedie carbone, legna, idrica, eolica, nucleare). In definitiva si trattava di fare *scaricare* energia gratuita da zone dello spazio (ove già si trova accumulata nei corpi fisici sia per la loro collocazione che per caratteristiche elettrostatiche) verso altre in cui si desidererebbe di consumarle (tramite processi e sistemi tecnici caratterizzati da *rendimenti prossimi all'infinito*). Pur nel pieno rispetto delle *leggi di conservazione della energia* e della *entropia* del sistema globale (unione di sistema ambientale che accumula energia e sistema tecnologico che ne stimola la redistribuzione in tempi e luoghi voluti). Quelle ricerche tuttavia prescindevano da una ulteriore ricchezza intrinseca alla *teoria elettro-magnetica* di Maxwell. Infatti i fenomeni elettromagnetici studiati da Maxwell erano aspetti macroscopici che oggi noi sappiamo essere dovuti ad accumuli di sequenze di aventi microscopici che seguono le *leggi della quanto-elettro-dinamica*. L'unitario campo energetico si manifesta anche nelle *forze nucleari e atomiche* e si sviluppa di continuo *scambiando particelle virtuali* che saturano, in modo graduale, gli *stati energetici permessi* fino a valori dai quali si possono manifestare *transizioni osservabili* sperimentalmente.

I più recenti sviluppi della fisica matematica hanno finalmente
aperto la strada per descrivere le leggi seguite dalla evoluzione
delle dinamiche discrete che si sviluppano nel vuoto turbolento
che ci pervade a livello microscopico e che si organizzano, con
gradualità e in autonomia, da un tale *caos* in *strutture quasi-stabili
di ordine critico*. Il fisico danese Per Bak ha costruito la base
strumentale matematica con la teoria S.O.C. (*Self Organized
Criticality*) dopo che la teoria dei frattali di Benois Mandelbrot
aveva dato evidenza di una universale struttura elementare di base
come componente matematica capace di comporre le molte forme
ordinate in natura. La *teoria delle catastrofi* di Renè Thom l'aveva
già supposta descrivendo le trasformazioni di *superfici topologiche*
che in natura si possono riscontrare in diversissimi campi dalla
fisica alla biologia. La costanza delle *leggi di trasformazione* nella
evoluzione dei *sistemi dinamici complessi* era già stata oggetto di
considerazioni matematiche da parte di D'Arcy Thompson (*On
Growth and Form*) mentre Ilya Prigogine ha formalizzato la sua
teoria dei sistemi termo-dinamici lontani dall'equilibrio che descrive
come le strutture dissipative abbiano la capacità di
autoorganizzarsi in strutture ordinate *localmente*. Tutto ciò ha
creato le basi di collegamento unitario tra le scienze esatte e quelle
umane (dalla biologia alla sociologia all'economia alla psicologia).
Oggi quelle teorie hanno spinto David Yurth e Donald Ayres di
applicarle per formulare una teoria unitaria d'universo (*Y-Bias &
Angularity*). Le intuizioni di Faraday-Tesla stanno a confermare la
potenza ancora rivoluzionaria di Maxwell. Taluni fenomeni
quantistici sono stati rilevati dopo la morte di Maxwell e si sono
tradotti in meccanismi atti a un *impiego pratico e gratuito* della
energia proveniente dalle stelle. Uno di questi fenomeni è quello
foto-elettrico col quale si alimentano le batterie. La *cattura gratuita
d'energia dalle stelle* è permessa come fosse una *scarica del
condensatore terra+atmosfera*; impiegandone secondo volontà ed
esigenze l'energia accumulatavi affidando poi alle stelle il compito
di ricaricarlo a *differenze di potenziale elettro-statico* grazie a

spostamenti delle cariche elettriche nell'ambito dei corpi che lo costituiscono.

una rassegna di concetti

A rigore il *lavoro* è il cambiamento di *forma* (non di *grandezza*) d'una quantità d'energia. L'energia è l'indifferenziato *ente primario* il cui campo di distribuzione genera la *curvatura* dello *spazio-tempo* e si manifesta con fenomeni osservabili nel contesto dei 4 distinti campi di forza che finora ci sono noti attraverso il lavoro esercitato dal *campo di potenziale energetico* su *specifiche sonde* che sono sensibili in modo selettivo a *4 forme* singolari *di forza* assunte dal campo (*gravitazionale, elettro-magnetica, nucleare debole, nucleare forte*). Ogni processo utilizzabile a produrre lavoro modifica quindi quel *campo di energia primaria* attribuendogli una forma che risulti fruibile dallo specifico *meccanismo tecnologico* progettato per la ricerca o per l'industria.

Ogni energia EM deriva da un flusso continuo di *cariche fonte*. I potenziali e i campi EM sono composti da *treni di flussi di energia EM* che si propagano come onde nello spazio-tempo alla velocità della luce e nelle due direzioni di tutti gli *assi dello spazio-tempo* (cioè treni d'onde *a fase positiva - eventi reali -* o *negativa - eventi immaginari*). Sul piano della *microfisica quantistica* questi ultimi sono illustrati dai *diagrammi di Feynman* con le associate *reazioni di causa-effetto* ribaltate nell'asse dei tempi.

Se l'energia primaria può venire *potenzializzata* (o *eccitata* e cioè incrementata nel valore potenziale) senza farle mutare il *tipo di forma*, non viene compiuto alcun *lavoro*.

Qualche sistema si riesce a *potenzializzare* usando direttamente la *stessa forma d'energia primaria* e quindi *senza spesa di lavoro*. È il caso dei circuiti ricevitori *alimentati da tensione* con circuiti separati e in assenza di flusso di corrente tra i due circuiti. Se, successivamente alla sua *potenzializzazione* (aumento dei *volt di alimentazione*), una corrente viene spinta *asimmetricamente* (o in modo separato) sul carico utile e sulle perdite interne del sistema senza però spingerla a contrastare la *forza contro-elettro-motrice* della *fonte originaria* di potenzializzazione, allora questa risulta essere stata realizzata in modo gratuito (cioè *senza costi di lavoro*) e può compiere un *lavoro gratuito* sul *carico utile* connesso al suo circuito esterno. Questi tipi di sistemi sono chiamati *asimmetrici*. Invece si compie un lavoro di *potenzializzazione* qualora occorra cambiare *forma all'energia primaria*. Infatti, prima di poter usare porzioni di *energia primaria*, qualche sistema deve *cambiarne la forma*; ciò costa *lavoro* che viene speso per convertire la *forma dell'energia* perché possa *potenzializzare* il *sistema tecnologico*, ad esempio ruotare meccanicamente l'asse di trascinamento d'un magnete per convertire *energia meccanica* in *energia EM*. È il caso di tutti i sistemi di Maxwell *simmetrici* in cui si usa metà dell'energia (raccolta in modo continuo da processi *quantistici d'emissione* che hanno luogo nel *vuoto dinamico* in cui è immerso il *sistema*) per distruggere il *dipolo-fonte* del processo stesso che raccoglie la energia. Creando così, in modo insensato, *ripetizioni cicliche e sterili di costi interni* di lavoro per *creare il dipolo-fonte* (necessario per raccogliere nuove dosi d'energia gratuita dallo spazio-tempo) e per la sua, inutile, *successiva distruzione* (per contrastare la forza *contro-elettro-motrice* interna con una fase dettata solo dal tipo di *progettazione simmetrica* imposto al circuito). Questa scelta progettuale è dettata dal tipo di *riduzione semplificatrice* che Lorentz impose al set originario delle equazioni di Maxwell espresso in *algebra dei quaternioni* (un *tipo di algebra* che è caratterizzato da un livello di rappresentazione delle *simmetrie esistenti in natura* ben superiore sia all'*algebra vettoriale* scelta da Lorentz che al *calcolo tensoriale* scelto poi da Einstein per descrivere il *carattere gravitazionale unitario* della natura). La *riduzione semplificativa* avvenne imponendo che tra i potenziali *vettoriale* e *scalare* del campo EM intercorresse una relazione tale da renderne *simmetriche* le due *espressioni matematiche*. Un *assioma di base*, denominato *libertà di gauge*, permette tale *arbitrarietà* nella scelta del riferimento tra i valori relativi dei due *componenti del potenziale EM*. I criteri connessi alla *libera scelta del gauge* (o del sistema di misurazione) scelto per descrivere le equazioni di ogni teoria fisica

155

in termini matematici, sono dettati dalla graduale scoperta che esistono particolari nuovi *tipi di simmetria* tra gli elementi che animano le dinamiche stesse della teoria. La scelta del *gauge di Lorentz* avvenne dietro una duplice spinta: rendere più semplici le equazioni per l'insegnamento accademico *imponendo la simmetria* al fine di eliminare quelle parti che erano allora ritenute *pure astrazioni matematiche* (prive quindi di *significato fisico*) solo in quanto il *senso comune* vigente non s'era ancora potuto affinare alla luce delle *manifestazioni fisiche* di *fenomeni misurabili* ma che si sarebbero scoperti solo con la teoria di *gravitazione generale* di Einstein (equivalenza tra *energia EM* e *gravitazionale* e della azione della gravitazione sulla *curvatura* dello *spazio-tempo*) e in seguito con la teoria *relativistica elettro-quanto-dinamica* di Dirac.

sulla 'libertà di gauge'

Il "Gauge" è il sistema di riferimento che ogni studioso sceglie per formulare la sua teoria filosofica in un linguaggio privo di ambiguità.

Ogni sistema di riferimento si presta a una rappresentazione di tipo spaziale che ne caratterizza le peculiari forme e trasformazioni topologiche.

Nell'ambito di ogni sistema di riferimento (e del connesso spazio topologico) sono possibili diversi algoritmi metrici per dare localizzazione e descrivere gli oggetti in studio e le loro interdipendenze. Si tratta di metriche tra loro alternative ma tutte capaci di tradurre in equazioni la specifica teoria filosofica. Questi sistemi di equazioni tuttavia si prestano con maggiore o minore semplicità a dare evidenza delle simmetrie che caratterizzano ogni specifica teoria filosofica.

Quei sistemi metrici inoltre possono ridurre o aumentare la complessità di trattamento delle equazioni secondo gli algoritmi necessari per tradurre ogni teoria in conseguenze ultime e misurabili che ne permetta la "falsificazione".

In filosofia esiste una totale libertà di espressione delle teorie e di darne la formalizzazione nel riferimento e nella metrica più arbitrariamente prescelta. Pur di rispettare le coerenze di forma e di linguaggio metrico conseguenti alla scelta.

Una volta scelto un sistema di riferimento per descrivere una teoria è possibile darne una alternativa descrizione in un sistema di riferimento diverso. Si conserverà la totale corrispondenza tra le conseguenze ultime derivate usando l'uno e quelle ricavate usando il secondo.

Tuttavia non è detto che i due sistemi di riferimento presentino la medesima ricchezza strutturale. Né, quindi, che tutti gli algoritmi della teoria in questione possano evidenziare la stessa ricchezza di deduzioni ultime se trattati con le metriche compatibili con l'uno dei due riferimenti rispetto alle deduzioni ricavabili dal trattamento con le metriche compatibili con l'altro riferimento.

Una teoria può evidenziare solo parziali conseguenze se applicate ad uno spazio topologico più semplice rispetto a quanto emergerebbe applicandone la formulazione ad uno spazio più complesso.

Ogni sistema di riferimento e relativo spazio topologico presentano intrinseche "simmetrie" una volta formulati gli algoritmi di una teoria con una delle metriche possibili per il sistema di riferimento prescelto, permettono di ipotizzare che la natura debba nascondere in sé fenomeni altrettanto rispettosi delle "simmetrie" imposte dal sistema di riferimento e dalle metriche scelte arbitrariamente come linguaggio per la formulazione scientifica della teoria.

In generale si è sempre potuto riscontrare l'esistenza di questa biunivoca corrispondenza tra "simmetrie" proposte dai sistemi di riferimento e quelle dei fenomeni naturali. Simmetrie spesso non ancora palesatesi all'osservazione sperimentale. Le previsioni sulla esistenza di particelle subnucleari in Natura sono state spesso confermate dalle osservazioni concentrate sui parametri

157

topologici che erano stati suggeriti dallo specifico sistema di riferimento e dalla coerente, anche se arbitraria, metrica prescelta per rappresentare gli algoritmi di una teoria filosofica.

In fisica la *libertà di gauge* è l'assioma fondamentale che rafforza la potenza del *linguaggio matematico* al servizio della ricerca fisica consentendo di *astrarre la rappresentazione* della natura dal vincolo che pesa su essa a causa della limitata oggettività delle *osservazioni sperimentali*. Se infatti proprio le osservazioni permettono di scoprire l'inadeguatezza delle vecchie concezioni e *modelli della natura*, il loro essere vincolate alla sfera delle *percezioni sensibili* (seppur estese in modo costante da nuovi *apparati tecnologici*), rischia di suggerire visioni connesse in modo *riduttivo* alle limitate *dimensioni logiche e spazio-temporali* degli osservatori umani. Invece il *linguaggio matematico* consente e *obbliga* l'uomo a *trasporre i dati* sperimentali nel contesto di *spazi multidimensionali astratti* che (pur essendo correlabili con *corrispondenze biunivoche* allo *spazio-tempo* delle osservazioni a lui familiari) lo costringono a eseguire le *trasposizioni* secondo *criteri logici* liberi dal *senso comune bio-logico*, ristretti solo dalla *capacità di astrazione* immaginifica capace di *trascendere* i vincoli materiali e di suggerire *forme irrituali* per la interpretazione dei fenomeni osservati e delle relazioni tra essi. La *libertà di gauge* si riconduce quindi a *due esigenze: misurare* in modo unitario l'*insieme dei dati* sperimentali (la prima) e *valutarne* il *tipo di contestualizzazione* meno *riduttivo* (la seconda) al fine di *liberare la scienza fisica* dai *limiti di percezione umani*. Ciò è imposto non solo dalla necessità di scegliere il tipo di rappresentazione che meglio s'attagli all'ambito specifico dei fenomeni fisici indagati (meccanici, elettrici, termo-dinamici, etc.), ma soprattutto dal fatto che essi si presentano su diversi livelli di *scala dimensionale* (micro-scopici o macro-scopici) all'osservazione, pur facendo parte di un'unica realtà fisica che è, solo per convenienza, parcellizzata in discipline settoriali ognuna delle quali deve essere autorizzata a sceglersi *in piena libertà* il tipo di linguaggio matematico che ritiene possa meglio tradurre in formule le *conoscenze teoriche* proposte relativamente ai singoli temi. Queste forme di linguaggio hanno collaudato un prezioso meccanismo per liberare la conoscenza della natura dai limiti della percezione sensoriale e per consentire all'uomo di *trascendere* i puri dati sensoriali elaborandole entro forme di rappresentazioni astratte e sempre più adatte a dare spazio ad ulteriori tipi di percezione rispetto a quelli ristretti ai cinque sensi che hanno finora guidato il percorso verso una conoscenza sempre più *inclusiva del creato*. La *psicologia* si è ormai inserita a pieno titolo tra le altre *scienze naturali* ed ha suggerito una graduale *revisione epistemologica* del concetto di *scienza*. È solamente l'inizio di una vera e propria *rivoluzione scientifica* che trova nel *linguaggio matematico* lo strumento migliore per liberare la immaginazione astratta nell'impegno di *trascendere i limiti riduzionisti* propri delle tradizionali discipline che hanno creato il *mito della scienza* contro quello dell'*intuizione artistica* ed hanno fatto smarrire la *centralità umanistica* della conoscenza. Tutto si riduce alla citata *libertà di gauging* (*scelta del sistema di misurazione*) composto quindi da: un *contesto spaziale astratto* (in cui lo *studioso* proietta i *parametri propri dei fenomeni* rilevati su base sperimentale per darne una collocazione a misura del grado suggestivo di possibili nuove relazioni tra di essi) e di una *metrica algebrica* (che, compatibile con quello *spazio topologico*, consenta di procedere alle *verifiche dimensionali* delle relazioni tra gli stessi parametri per accertare la compatibilità tra la nuova *contestualizzazione* proposta e le *misure rilevate sul campo*). Proporre un nuovo *contesto spaziale astratto* è essenzialmente come suggerire l'esistenza di *nuove relazioni* tra i *parametri sperimentali* che permettano di vederli come aspetti parziali di una unica realtà capace di trovare ospitalità in teorie sempre più *unitarie ed inclusive* delle apparenti diversità che l'*uomo percepisce* (si rilevano tipi sempre maggiori di *simmetrie* che caratterizzano *l'unitarietà della natura* e che è possibile disporre in *gerarchia* in un corpo di *visioni matematiche astratte* ma tutte compatibili con *teorie fisiche unitarie*). È il tema delle *simmetrie rilevabili* in natura e delle *osservazioni sperimentali* come *rottura delle simmetrie.* Invece la scelta della *metrica algebrica* compatibile con quello *spazio astratto* obbliga a *trasporre* le equazioni descrittive di una teoria fisica (la sua *funzione d'onda*) seguendo *regole di trasformazione* rette da *rigidi criteri logici* per giungere a darne una nuova versione finale che risulti *rispettosa di tutte le relazioni* tra i fenomeni osservati. Concluso il *regauging* della *funzione d'onda* nella nuova *metrica algebrica* si è raggiunto lo scopo di poter *valutare le vecchie leggi* come aspetti parziali (aspetti di *simmetrie* di *livelli gerarchici* inferiori) di *contesti spaziali* più *suggestivi* di relazioni, in precedenza non esplicite, tra parametri solo apparentemente disomogenei. Questa *azione è suggestiva* sulle capacità speculative dell'osservatore umano e guida alla costante *liberazione* dell'uomo dai suoi *limiti bio-percettivi* e ne accresce invece il *potenziale bio-logico* di critica e di estendere la capacità di *trascendere* le sue conoscenze scientifiche. L'esistenza di relazioni molto strette tra lo *spazio topologico astratto* e lo *spazio-tempo in natura* è illustrata da formalismi *metrico algebrici* che ne collegano i parametri e consentono sia le operazioni di *trasformazione* delle *equazioni teoriche* (o *funzioni d'onda*) scegliendo idonei *gruppi di simmetria* sia quelle di *calcolo delle corrispondenze* tra i *valori sperimentali* e quelli *topologici* (alla ricerca di dare conferma o di *falsificare* ogni nuova teoria proposta).

Le teorie di gauge o teorie di scala, sono dette anche teorie G-invarianti e sono una classe di teorie fisiche di campo basate sull'idea che alcune trasformazioni che lasciano invariata la lagrangiana del sistema (simmetrie) siano possibili anche localmente e non solo globalmente.
Esistono particolari simmetrie globali, che non dipendono dal punto, e che sono ancora simmetrie se agiscono localmente, ossia in un punto qualsiasi del sistema, a patto che siano indipendenti le azioni da un punto all'altro.
La maggior parte delle teorie della fisica sono descritte da lagrangiane che sono invarianti sotto certe trasformazioni del sistema di coordinate che sono eseguite identicamente in ogni

punto dello spazio-tempo (si dice quindi che presentano *simmetrie globali*).

Il concetto alla base delle teorie di gauge è di postulare che le lagrangiane debbano possedere anche *simmetrie locali*, cioè che debba essere possibile effettuare queste trasformazioni di simmetria solo in una particolare e limitata regione dello spazio-tempo senza interessare il resto dell'universo. Questo requisito può essere visto, in senso filosofico, come una versione generalizzata del principio di equivalenza della relatività generale. L'importanza delle teorie di gauge per la fisica nasce dall'enorme successo di questo formalismo matematico nel descrivere, in un solo quadro teorico unificato, le teorie di campo quantistico dell'elettro-magnetismo, dell'interazione nucleare debole e dell'interazione nucleare forte.

Questo quadro teorico è noto come Modello Standard e che è una teoria di gauge con gruppo di gauge SU(3) × SU(2) × U(1), descrive in modo accurato coi risultati dei suoi calcollo le rilevazioni sperimentali di tre su quattro delle forze fondamentali della natura.

Anche altre teorie moderne, come la teoria delle stringhe e certe formulazioni della teoria della relatività generale sono tutte, in un modo o nell'altro, teorie di gauge.

sistemi EM macroscopici ed inferenze quantistiche

La natura progettuale (quindi ineliminabile con semplici correttivi surrettizi) dei *sistemi EM simmetrici* che la *riduzione di Lorentz* delle equazioni di Maxwell ha indotto i tecnologi a sviluppare, rende inevitabile nel loro funzionamento *sterili ripetizioni* di *cicli di erogazione di lavoro* successivi al primo (che dà vita a un *dipolo stabile* separando le *cariche opposte* all'interno del sistema). Dipolo che è un'*antenna vera e propria* che riceve e ordina *pacchetti caotici di energia virtuale* che fluiscono nel vuoto ed avvia il *processo di raccolta* di energia gratuita dallo *spazio-tempo quantisticamente attivo*. Quei cicli successivi richiedono di ripetere la erogazione di lavoro per ricostruire il *dipolo antenna-fonte* che, dopo la sua *prima formazione per avviare* il processo che genera *potenza EM utile,* viene distrutto inutilmente (opponendo le simmetriche forze *elettro-motrice* e *contro-elettro-motrice*).

La *fisica quantistica* prevede, oltre a quelli che utilizzano *energia EM positiva* per convertire dosi di energia nella forma idonea a produrre lavoro utile, anche sistemi che utilizzano *energia EM negativa*. L'energia, ente primario, unitario e universale venne prodotto all'atto del *big bang* e durerà per tutta la durata dell'universo con la peculiarità che *non si crea né si distrugge ma si trasforma tra forme diverse*. Questo è il *primo principio della termo-dinamica* che porge una postilla: poiché all'atto del *big bang* il *livello di disordine* era al suo massimo mentre oggi possiamo osservare un *elevato grado di ordine in natura* e poiché al livello dei *macro-sistemi fisici* le *osservazioni* condotte ci segnalano che le trasformazioni avvengono sempre con un *aumento di disordine* tra stato finale e quello iniziale, occorre assumere che al livello della *micro-fisica* si sviluppino invece costantemente *processi capaci di creare ordine a partire da stati iniziali più caotici*. I *fenomeni virtuali* (onde d'energia a *fase negativa*) *quantistici* debbono *caricare* ordine nei *livelli quantistici* da cui poi possano essere *emessi quanti reali*, e cioè utili alla produzione di lavoro. L'insieme di fenomeni *micro-* e *macro-fisici* già noti deve poter *conservare* (perfino elevare) il *livello di ordine* dell'energia naturale conservandone comunque il totale ammontare.

Si intravede una *giustificazione* della *teoria del disegno intelligente* per l'evoluzione in natura.

Come detto infatti tale *energia primordiale*, e in costante divenire, presenta oggi uno stato meno caotico di quello che caratterizzò il *big bang* dando inizio allo *spazio-tempo*. Ciò significa che esistono fenomeni capaci di *creare ordine dal disordine* e altri opposti che *distruggono ordine per generare disordine*. In altri termini non è vero che l'universo evolva in senso uni-direzionale di *caos crescente*. Aspetti di caos si convertono invece in assetti di ordine e viceversa l'ordine viene convertito in nuovi assetti di disordine. Si tratta di una natura che è intrinsecamente dotata di *processi reversibili*,

162

anche se l'uomo riesce ancora a osservare principalmente, sul *piano macroscopico*, i processi di *aumento del disordine*. La *fisica dei quanti*, a livello *microscopico*, ci segnala la realtà di *creazione di ordine dal disordine* grazie a *meccanismi virtuali* capaci di *caricare con intelligenza* livelli energetici ordinati (o reali) tramite cattura occasionale di opportuni *pacchetti d'energia* tra quelli utili al fine di costruire *strutture ordinate* partendo dai *pacchetti energetici caotici* presenti nello *spazio-tempo*. Il *caos* in fisica è *pieno di simmetrie* che non rendono *osservabile* alcun fenomeno tranne che alla *rottura* del *loro continuum*. Non esiste alcun modo o criterio per distinguere differenze in una miscela totale di: bianco-nero, destra-sinistra, sopra-sotto, nord-sud, orario-antiorario, materia-antimateria, alto-basso, positivo-negativo, etc.. Solo a *rottura del bilanciamento* si evidenziano le diversità.

L'energia universale e primordiale era un insieme *indifferenziato e caotico* in cui non avrebbe potuto esercitarsi alcuna osservazione. Durante il *big bang* il campo energetico universale *è esploso* e ha avviato il *meccanismo responsabile* della *crescita di disomogeneità nella sua distribuzione* (che ha generato crescenti e simmetriche trasformazioni d'energia da *stati di ordine a altri di disordine* fino all'attuale, osservabile assetto di *aggregati ordinati* su uno *sfondo* di *energia caotica e onnipresente non osservabile*). Le disomogeneità di *densità nell'energia* (più o meno osservabile che sia) *distorcono localmente* lo spazio-tempo generato nel *big bang* e ne definiscono le metriche cui obbediscono quelle *leggi fisiche* che siamo riusciti a dedurre grazie alle osservazioni sperimentali che abbiamo potuto condurre e dai loro raggruppamenti logici che abbiamo saputo imporvi. La *rottura delle simmetrie* permette alle nostre *capacità biologiche* di *osservare i fenomeni naturali* e alle nostre capacità di sviluppare su essi nostre *astrazioni logiche*. Le simmetrie che caratterizzano il *campo energetico primordiale* sono molte e solo la loro *rottura* consente quindi all'uomo di rilevare *classi di fenomeni distinti*. Le *classi di fenomeni* finora osservati sono relative a 4 tipi di forza (di *gravitazione, elettro-magnetica, nucleare debole, nucleare forte*). Ogni *campo di forza* è osservato grazie ad *atti di conversione*

163

dell'energia dal suo stato potenziale e in-differenziato a sue forme diverse *esercitando lavoro* su *sonde* (*cariche e masse*) che sono *specifiche* di ogni *campo di forza*. Le *sonde* sono portatrici di caratteri che ne condizionano il comportamento quando siano esposte all'azione del *campo di potenziale energetico*. Tra *carica-massa* o *energia elettro-magnetica* e *gravitazionale* c'è equivalenza. I *caratteri* che condizionano i *comportamenti delle sonde* sono i loro *parametri quantistici* che seguono le *leggi della gravitazione* di Einstein e quelle della *fisica quantistica* di Dirac.

I *fenomeni osservabili* derivano in realtà da *salti energetici* che ne permettono il *decadimento* con *emissione di quanti reali*. Quei livelli energetici vengono *caricati* d'energia coerente (*ordinata*) con graduale accumulo di *pacchetti ordinati* (processo di *entropia negativa* o di ordine crescente) raccolti con *coerenza* dal fondo di *quanti virtuali e disordinati* che popolano lo *spazio-tempo* ripieno di *pacchetti caotici d'energia* grazie a un processo che procede *in modo irreversibile* e per *passi discreti* (di *ordinamento unidirezionale*) fino a giungere alla *saturazione energetica* dei livelli particolari da cui sia consentita l'*emissione di quanti reali e osservabili*.

Si tratta di un *processo di accumulo* di eventi *micro-quantistici virtuali* (il *ratchet* di Feynman) analogo al *meccanismo di ruota libera* nelle biciclette. Il *campo di energia potenziale primordiale* da cui *emergono i fenomeni reali* è costantemente rinnovato dalle stelle che ne *riempiono lo spazio-tempo* in quantità enormemente superiori a quanto sia solo parzialmente rilevabile sul piano delle *osservazioni biologiche*. In definitiva è possibile *progettare meccanismi* atti a generare a volontà la *rottura* di *qualche simmetria nota* per avviare così un *processo aperto e indefinito* di *cattura* a volontà d'*energia reale* dallo *spazio-tempo caotico*. Esso prosegue fin a ché la *rottura di simmetria* viene *tenuta in vita*. Infatti una volta innescata essa diviene una sorta di *finestra aperta* al passaggio di *scambi energetici* (dal sempre attivo stato *caotico e virtuale* dello *spazio-tempo*) che non prende parte attiva ma agevola solo il processo di *raccolta di pacchetti discreti d'energia disordinata* e la loro *graduale accumulazione ordinata* e coerente a raggiungere la

saturazione di quei *livelli quanto-energetici* da cui può avvenire l'*emissione di pacchetti d'energia reale osservabili*. La *rottura di simmetria non si avvelena* durante lo sviluppo del processo descritto, ma si comporta come un *catalizzatore* (o una *antenna*) che viene *costantemente rinnovato* come elemento del nuovo equilibrio che è stato indotto in natura dalla *rottura di simmetria* manifestatasi. Infatti si evince dalla *teoria dei gruppi* (che descrive in *linguaggio matematico* le *leggi di natura*) che la *rottura di simmetria* che si manifesta a un certo livello tra i parametri descrittivi delle *leggi di natura,* è consentita solo in quanto essa *innesca (a livelli gerarchici superiori)* una nuova *simmetria.*
Riportando le considerazioni al problema dell'*arbitraria riduzione* condotta da Lorentz sull'originario set di equazioni di Maxwell, una volta che una macchina costruita sulla *simmetricità imposta* da Lorentz in modo arbitrario abbia *separato cariche opposte* per formare il *dipolo,* la *forza contro-elettro-motrice* imposta dalla chiusura del ciclo sul *circuito chiuso* simmetrico conduce all'*annientamento del dipolo* stesso e ciò obbliga a ripetere la spesa inutile di *cicli di lavoro* necessari per *rotare l'asse di trascinamento,* generare il *campo magnetico rotante* e ripetere il processo di *separazione delle cariche opposte* e di generazione del *dipolo-fonte* della *rottura di simmetria*. Cicli inutili e processi ripetitivi, *dissipativi di lavoro* ma non necessari una volta che la *rottura di simmetria* del campo energetico sia stata avviata nello spazio-tempo.

effetti delle inferenze quantistiche sulla teoria EM classica - macroscopica - di Maxwell

Comunque sia le equazioni di Maxwell illustrano l'esistenza di *due componenti distinti* del *flusso energetico del campo EM*: il **flusso di Poynting** (che è piccolo ma che è naturalmente *deviato a tagliare le spire* dei conduttori nelle macchine e che quindi genera *forze misurabili sugli elettroni liberi* di muoversi al loro interno - il *gas di elettroni di Drude*) e un secondo **flusso di Heaviside** (che è enorme rispetto al primo ma *fluisce all'esterno e in parallelo rispetto alle* *spire* (non viene *deviato a tagliarle*), e quindi non genera forze misurabili e quindi fu ritenuto da Lorentz *privo di significato fisico* e solo rappresentativo d'una *astrazione matematica*). Si può insomma affermare che non sia la originaria *rotazione meccanica* dell'asse di rotazione del campo EM a generare il *flusso d'energia EM* che esce dal generatore di potenza e che viene da esso *immesso sui cavi* esterni (come *componente deviata* di Poynting) o viene *disperso nello spazio-tempo* (come *componente* generalmente *non deviata* di Heaviside). Il *lavoro meccanico* erogato dall'uomo per avviare il *processo di estrazione di energia dal campo EM dello spazio-tempo* è solo necessario per *cambiare forma* all'energia da *meccanica* a *campo EM rotante* che a sua volta serve solo a *separare le cariche opposte* onde formare il *dipolo-fonte* necessario per *rompere la simmetria* quantistica e innescare un auto-sostentato processo di scambi energetici con lo spazio-tempo. Scambi di pacchetti discreti (*fotoni*) di *energia virtuale e disordinata* che, con un meccanismo mono-direzionale (una sorta di *diavoletto di Maxwell* o meccanismo di *ruota libera ratchet* di Feynman) è in grado di trascurare ogni *fotone virtuale* che non risulti di caratteristiche congrue per la *ordinata accumulazione* coi precedenti nell'ambito di *livelli quantistici* che, una volta *saturati di energia*, siano autorizzati dalle leggi della *quanto-elettro-dinamica*, a diseccitarsi con l'emissione di *fotoni reali*, osservabili e utili. Il flusso di *fotoni virtuali* che provengono dallo *spazio-tempo* come *fotoni virtuali* e che il *dipolo-fonte* è in grado di scegliere e accumulare in modo ordinato, è mantenuto spontaneamente in vita finché non se ne distrutta la *finestra d'accesso* (il *dipolo-fonte*). Infatti la *rottura di simmetria* obbliga gli *scambi energetici* tra *spazio-tempo* e *dipolo* a proseguire per ricomporre in tal modo la *rottura* (l'avere *aperto la finestra*). Infatti è stato dimostrato *in teoria* da Lee negli anni 1960' (e riconosciutogli con l'attribuzione del Premio Nobel) che *non esiste simmetria* al *solo livello di cariche-masse* bensì al livello di *integrazione dinamica e interattiva* **tra** *le cariche-masse* **e** *lo spazio-tempo* in cui esse sono immerse.

166

Insomma non è vero (come pensava la scienza al tempo di Maxwell-Heaviside) che lo *spazio-tempo sia piatto e inerte*, esso interagisce in modo continuativo coi dipoli attivando scambi gratuiti (*spontanei*) di pacchetti quantizzati osservabili di *energia EM-gravitazionale*. Quindi le *macchine simmetriche*, dovute alla arbitraria imposizione del *gauge di Lorentz* alle equazioni su cui sono progettate (e che rese *simmetriche* le equazioni dei due componenti *scalare e vettoriale* del *potenziale EM*), si caratterizzano per due fatti deleteri e non necessari sotto il profilo pratico: il *bilanciamento contrapposto* tra forze elettro-motrice e contro-elettro-motrice e la *fonte energetica primaria connessa, in modo stabile ma inutile*, alla forza *contro-elettro-motrice* durante la fase di alimentazione di energia EM raccolta sul carico esterno.

La *rottura della simmetria* tra spazio-tempo caotico e attivo e sistemi generatori di potenza è prodotta dal dipolo che avvia un processo continuo di conversione d'*energia virtuale* (fotoni virtuali e disordinati) in *energia osservabile* emessa come fotoni reali. Le *cariche del dipolo-fonte* assorbono in modo ordinato singoli *fotoni virtuali* dallo *spazio-tempo* e li integrano secondo le compatibilità dei *parametri quantistici* (orientamento, intensità, etc.) sulle singole cariche che costituiscono il dipolo (*cariche di massa-energia unitarie*). Si tratta di *incrementi di massa-energia* additivi e coerenti che aumentano la *potenzializzazione* dei singoli *stati virtuali* di ogni *singola massa-energia del dipolo* in modo graduale finché venga raggiunta la *saturazione* di specifici *livelli di eccitazione quantistici* da cui sono *diseccitati* dalla *zitterbewegung* con una *emissione di fotoni reali*. Questo processo non *logora il dipolo-fonte* ma produce un'indefinita raccolta d'*energia virtuale* dallo *spazio-tempo* per ordinarla e integrarla in modo *quantisticamente ordinato e coerente* coll'emissione d'*energia reale*. Ne deriva perciò un *flusso EM a totale spesa dello spazio-tempo* mirante a bilanciare la *rottura di simmetria* che crea una sorta di *catalizzatore non avvelenabile* e composto da 2 componenti distinte: **flusso di Poynting** (*minimo* ma *agevolmente deviato sui cavi del generatore*) e **flusso di Heaviside** (*enorme* ma che, *generalmente non deviato sui conduttori*, è perciò

167

lasciato disperdere nello *spazio-tempo* alla velocità della luce in modo non utile).

I *sistemi asimmetrici* riescono a essere progettati in modo tale che la *forza contro-elettro-motrice* risulti minore della *elettro-motrice* permettendo di raggiungere valori di **COP>1**. Al limite si può progettare un sistema che, *rotta la simmetria*, si conservi indefinitamente *estraendo senza lavoro* e *in modo continuo energia virtuale* dallo spazio-tempo, rendendola disponibile alla generazione di lavoro utile. Si tratta dell'*integrazione tra energia virtuale* emessa dalle stelle (lo *spazio-tempo*) e un *processo non dissipativo* locale su cui essa è fatta transitare utilmente. Non si tratta di *moto perpetuo* ma solo dell'*armonizzazione tra un processo reale* e il *fluire dell'energia* resa possibile nello *spazio-tempo* come ente primario e omni-pervasivo la cui durata potrà essere legata alla durata stessa dello *spazio-tempo*. Si tratta di potere innescare processi che raccolgano *energia potenziale EM dallo spazio-tempo* (senza cambiarne la forma) grazie a meccanismi di *regauging asimmetrico* della funzione *potenziale EM*, senza *dissipazione di lavoro* quindi.

Una volta che si potesse impiegare utilmente anche l'enorme *componente di Heaviside*, che in genere non viene *deviato* a tagliare i conduttori delle macchine, ogni sistema generatore di potenza EM, sia *in alternata* che *in continua* o *a batterie*, potrebbe emettere flussi di energia EM enormemente superiori rispetto a quelli *simmetrici* attuali che si limitano invece a *sfruttare l'energia di rotazione meccanica* dell'asse (oppure l'*energia chimica*) usata per l'*iniziale separare le cariche opposte* e formare il *dipolo-fonte* della *rottura di simmetria*.

Come non esiste *simmetria di sistemi di sola materia* ma di *materia-E-spazio-tempo attivo* che la circonda, non esiste neanche *conservazione di energia EM nella sola materia-carica* ma in sistemi che *integrano la materia carica* **CON** lo *spazio-tempo attivo* in cui essa è immersa.

Se si considera il *flusso d'energia complessivo* relativo a sistema e suo ambiente, un processo può risultare in *equilibrio termo-*

dinamico. Uno stato in cui la *immissione macroscopica* - così come l'*emissione complessiva* – di energia è nulla, quindi, non dispone di *dosi eccedenti d'energia potenziale* raccolta da poter usare per compiere *lavoro utile* netto. Ciò anche se al suo interno (a *livello micro-scopico*) le singole parti componenti il sistema possono uscire e rientrare in equilibrio *localmente* e produrre fasi d'*entropia positiva* seguite da fasi di *entropia negativa*. Ogni *sistema termo-dinamico* complesso presenta al suo interno processi locali di *entropia positiva* e altri di *entropia negativa* che, solo al *livello statistico*, seguono il *secondo principio* della termo-dinamica. È dimostrato che sono permessi processi che manifestino una continua produzione di *entropia negativa*. Uno di tali processi è dato dalla *separazione delle cariche opposte* con *formazione di dipoli* e *rottura di simmetria* a un livello, coinvolgervi appropriati *flussi di energia dallo spazio-tempo* e ristabilire al livello superiore la *simmetria rotta* a quello inferiore.

La *separazione delle cariche* è un *processo di entropia negativa* che *potenzializza* (o *eccita*) il sistema grazie alla raccolta ordinata *dallo spazio-tempo* di *pacchetti di energia* in cui essi fluiscono in modo caotico. Ciò produce una uscita del sistema dal precedente stato di equilibrio. Ogni sistema fuori equilibrio ha ricevuto quindi aggiunte d'energia potenziale e ha *diminuito la sua entropia*. Ogni volta che un sistema perde parte della *energia potenziale* che possiede, sposta il suo stato dalla *condizione di fuori equilibrio* a una di *maggiore equilibrio* (è *dis-eccitato* o *de-potenzializzato*) fino al manifestarsi d'una nuova fase di *entropia negativa* (o di maggiore *potenzializzazione*). In altri termini l'*entropia negativa* è solo la raccolta da parte d'un sistema di dosi aggiuntive d'*energia potenziale utilizzabile*. *Potenzializzare* (o *eccitare*) un sistema EM grazie al semplice aumento della sua tensione (V), causa la raccolta sul sistema di aggiuntiva energia potenziale (E) sulle sue cariche interne (q) pari a un ammontare di $E=Vq$. Si tratta di una operazione di *entropia negativa* in quanto costituisce un *regauging asimmetrico* del valore del suo potenziale. Il solo *aumento del voltaggio* d'un circuito EM con una amplificazione della tensione è un'operazione di entropia negativa.

L'*equilibrio* è lo *stato di massima entropia* per un sistema in quanto esso ha dissipato ogni esubero d'energia potenziale utilizzabile finché non riceva una nuova *potenzializzazione* (o *eccitazione*) che lo sposti dallo stato di equilibrio. Qualunque sistema EM col ricevere dosi utilizzabili d'energia potenziale che ne *abbassano l'entropia*, esce dallo stato di equilibrio termo-dinamico. Perciò ogni sistema che, originariamente *in equilibrio*, venga *rimosso dallo stato d'equilibrio* e *potenzializzato* subisce un'operazione a *entropia negativa*. Questo è un evento generale e frequente che in genere è trascurato. Operazioni a *entropia negativa* sono comuni in tutti i *sistemi energeticamente utili* se un sistema si sposta dall'equilibrio, grazie a una *potenzializzazione* (o *eccitazione*) per ricezione di aggiunte utilizzabili di energia potenziale, esso subisce una *transizione a energia negativa*; indipendentemente dal tipo di *fonte d' energia* di *potenzializzazione* o dal fatto che tale aggiunta d'energia sia stata *gratuita o onerosa*.

Eccitare o *potenzializzare* un sistema non lo sposta in modo significativo dal suo precedente *stato di equilibrio*, esso resta in uno *stato di quasi-equilibrio*. La *termo-dinamica* che descrive il *rientro in stato di equilibrio* di questi sistemi è la *termo-dinamica di quasi-equilibrio*. Ogni *fenomeno osservabile* costituisce una *transizione* da uno stato iniziale di *non-equilibrio* a uno finale *d'equilibrio*. Implicitamente occorre che esistano passaggi da stati *di equilibrio* a stati *potenzializzati* che sono generalmente ignorati. Si nega il fatto che in natura si possano manifestare passaggi di *entropia negativa* per spostare i sistemi EM a livelli *potenzializzati* (o eccitati). Se tuttavia l'universo è partito da un *istante di caos massimo* (*massima entropia*) e ha raggiunto lo *stato di considerevole ordine* attuale, occorre accettare che vi si svolgano costantemente processi a *entropia sia positiva* che *negativa*. La bi-direzionalità dei fenomeni è consentita dal *primo principio della termo-dinamica* (*l'energia si conserva* e cambia solo di forma – si *trasforma*) se si accetta che la *rottura di simmetria* a ogni livello (*carica, materia*)

170

avvii uno scambio tra *quel livello* e lo *spazio-tempo circostante* nell'ambito d'una *forma di simmetria* più ampia e inclusiva (una simmetria *gerarchicamente superiore*). La teoria matematica di Per Bak offre il mezzo per giungere a descrivere la capacità dei sistemi critici complessi di auto-organizzarsi in strutture ordinate. L'entropia non si può esprimere in generale in termini di enti osservabili (*temperatura, densità*) ma solo di *stati di quasi-equilibrio* con cui si può attribuire un *significato macroscopico all'entropia* e alla sua produzione come dice Prigogine. La *termo-dinamica di quasi-equilibrio* è inadeguata a descrivere quei *sistemi lontani dall'equilibrio* che presentano scambi interni di energia diffusi tra le loro diverse parti e verso il loro *ambiente esterno attivo*, nel loro *funzionamento stazionario* si parla di *sistemi in non-equilibrio stabile* (NESS). Sistemi in grado di auto-ordinarsi, auto oscillare (o auto ruotare), emettere più energia o lavoro di quanta ne venga immessa dall'operatore (prelevandone la differenza dallo spazio-tempo attivo), *potenzializzare se stessi* e i loro carichi e così produrre *entropia negativa*.

La *termodinamica di non equilibrio* assume sia possibile concepire anche *processi ad energia negativa*.

La *rottura di simmetria* di Lee del 1957 (dimostrata da Wu negli anni 1960 sul piano *sperimentale*) ha condotto a rappresentare meglio gli scambi tra *cariche e masse* e l'ambiente attivo (*spazio-tempo curvo*) in cui esse sono immerse (flussi di *particelle virtuali* delle *vibrazioni virtuali del vuoto*). Non c'è *simmetria tra masse e cariche* bensì tra *esse e il vuoto attivo*. Tale rappresentazione delle simmetrie vigenti in natura (e delle loro possibili rotture secondo i *4 campi di forza* conosciuti), ha spinto a descrivere le interazioni come soluzioni di *funzioni d'onda* matematiche di *gruppi non-Abeliani* sempre più articolati per riuscire a dare una *descrizione unitaria delle 4 forze*.

A rigore un *lavoro* è un *cambiamento di forma* (e non *cambiamento di grandezza*) di una quantità di energia. Cioè ogni processo utile a *produrre lavoro* modifica un'*energia primaria* attribuendole una

171

forma diversa da quella originaria e *idonea a essere impiegata* dal suo operatore.

Ogni energia EM deriva da un *flusso continuo* proveniente da *cariche fonte*. I *campi e i potenziali EM* possono scomporsi in *treni di flussi d'energia EM* che viaggiano in *direzioni opposte* alla *velocità della luce*. Ciò non è solo una *descrizione matematica astratta* ma è riscontrabile nella realtà delle osservazioni sperimentali.

Se l'energia primaria può *potenzializzarsi* senza doverne mutare la forma, non viene compiuto alcun lavoro.

Qualche sistema si può *potenzializzare* usando direttamente la stessa *forma di energia primaria* (quindi senza *spesa di lavoro*). È il caso di un circuito ricevitore alimentato da tensione con un circuito che risulti separato e in assenza di *flussi di corrente* che lo leghino al primo. Se (*asimmetricamente*), in tempi successivi e in fasi separate, dalla *fonte originaria* viene spinta una corrente sul carico e sulle perdite interne senza venire respinta contro la *forza contro–elettro–motrice*, allora la *potenzializzazione* gratuita (cioè senza aver richiesto *erogazione di lavoro*) avrà eseguito un *lavoro gratuito* sul carico del circuito.

Questi sistemi vengono denominati *asimmetrici*.

Viene invece compiuto un lavoro se per *potenzializzare* occorre cambiare forma all'energia primaria. Infatti, prima di usare l'energia primaria disponibile, qualche sistema deve cambiarne la forma imponendo così una *erogazione di lavoro* per la conversione che avviene prima che l'energia attui la *potenzializzazione*. È il caso dei sistemi *Maxwelliani simmetrici* che usano metà della energia di *potenzializzazione* raccolta per *distruggere il dipolo-fonte* del processo di raccolta dell'energia, per una intrinseca scelta di *progetto matematico*. Occorre che questi *sistemi simmetrici* a ogni ciclo ripristinino il *dipolo* erogando per la sua ricostruzione *dosi di lavoro* ripetitive e sterilmente auto-distruttive.

Qui conviene trattare solo i sistemi che convertono la forma della energia per produrre lavoro su un carico e che utilizzano *energia EM positiva*. Trascurando invece quei sistemi che evocano *energia EM negativa*.

teoria EM classica di Maxwell, leggi della termodinamica e le inferenze quantistiche

L'energia è *l'ente unitario* universale che *non si crea né si distrugge ma si trasforma* per manifestarsi nei 4 distinti *campi di forza* a noi noti (*gravitazionale, elettro-magnetica, nucleare debole, nucleare forte*). Se l'energia entrante si traduce in energia uscente, tranne le perdite interne, l'efficienza del sistema in questione non può che essere $\varepsilon < 1$. Un sistema può invece avere rendimento $COP > 1$ qualora riesca, oltre all'energia immessa dall'operatore, a raccogliere energia anche dall'ambiente per fornire in uscita dosi ulteriori e presentare così *valori di rendimento* $1 < COP < \infty$ (benché l'efficienza risulterà sempre $\varepsilon < 1$). Il valore di $COP = \infty$ quando, dopo l'avvio del processo, si riesce ad eliminare la necessità di un'immissione d'energia da parte dell'operatore.

I processi che nell'ambito di uno specifico sistema costituiscono la fonte dell'avvento di flussi d'energia EM da un generatore sono molti, distinti e in una cascata sequenziale di ruoli:

1. un'energia meccanica che mette in rotazione l'asse che genera il campo magnetico rotante internamente al generatore,

2. il campo magnetico agisce sulle cariche di segno opposto all'interno del generatore e le separa formando il dipolo,

3. il dipolo-fonte costituisce una *rottura di simmetria* nello scambio d'energia virtuale tra il *vuoto* (cioè lo spazio-tempo) e le cariche del dipolo stesso,

4. la *rottura di simmetria* attiva la raccolta ininterrotta di *fotoni di energia virtuale* dallo *spazio-tempo* e li riemette come *fotoni reali* ed osservabili dopo averne ordinato l'accumulo entro *permessi livelli quantici*,

5. tale flusso di energia EM uscente dalle terminazioni del generatore è enorme e suddiviso in due distinte componenti:

   a. un *flusso di Poynting* minoritario e trasversale alle spire degli avvolgimenti del generatore che taglia le spire e sollecita il *gas di elettroni di Drude* a comporsi in una corrente elettrica misurabile e

b. un *flusso di Heaviside* di gran lunga maggiore del primo
    che risulta parallelo alle spire, non le taglia, e deve essere
    artificiosamente deviato a tagliare le stesse affinché possa
    sollecitare il *gas di Drude* a formare una corrente elettrica.

Il campo di *energia potenziale* nello spazio-tempo è spiegato dalla
relatività generale essere la curvatura dello stesso e equivale,
secondo la *quanto-elettro-dinamica*, alle variazioni esistenti nel
flusso di particelle virtuali. La regione di *spazio-tempo* ove ha luogo
il cambiamento costituisce un *campo di energia* potenziale.

Tale *campo di energia* è solamente un *precursore* del *campo di forze*
nella materia. Non esiste alcuna *forza* fino a quando il *campo
precursore* non interagisce con *masse-cariche* che divengono
componenti del *campo di forza*.

La variazione e la *struttura dello spazio-tempo* in assenza di masse
per generare un *campo precursore* è un *regauging asimmetrico* e non
comporta *erogazione di lavoro* in base all'*assioma della libertà di
gauge* in fisica. Infatti non venendo modificata la *forma dell'energia*
non viene richiesta alcuna spesa di lavoro. Il *potenziale* e l'*energia
potenziale* delle *equazioni di Maxwell* possono essere variati
liberamente (Jackson 1975 - *Classical Electrodynamics*) senza
chiedere di *erogare lavoro*. Insomma tra le *macchine di Maxwell* si
possono concepire meccanismi capaci di provocare grandi
variazioni di stato del *campo precursore* senza quasi dover *erogare
lavoro*. Tale *precursore*, quasi *gratuito e grande*, può essere portato a
interagire con *masse-cariche* per generare corrispondenti *grandi
campi di forza* con le loro associate dinamiche.

Lo *spazio-tempo è energia* e la *sua curvatura* è un *campo d'energia*
disponibile a interagire con le masse per produrre forza. Il *flusso di
particelle virtuali* nello *spazio-tempo*, similmente, è *energia* e una
variazione nella densità del flusso è un *campo di energia* disponibile a
interagire con le masse per costituire *forze*.

I motori non sono altro che meccanismi adatti a *produrre
precursori di grande dimensione* per portarli, in un secondo tempo, a
interagire con *masse-cariche* per produrre altrettanto grandi *campi
di forza* e le dinamiche utilizzabili ad essi associate.

174

L'*ingegneria dei campi precursori* è un processo a *entropia negativa* che eroga forza a spese del *campo precursore di energia* dello spazio-tempo.

Fu Hamilton a sviluppare l'*algebra dei quaternioni* (una sorta di *quadri-vettori nello spazio immaginario* che seguono una *metrica non-commutativa* nei prodotti tra operatori - A.B≠BA) metrica che Maxwell adottò originariamente per sintetizzare la sua teoria EM in **20-equazioni-in-20-incognite**. L'assunzione da parte di Lorentz, in modo *arbitrariamente riduttivo* pur se *pienamente legittimo*, di imporre un *rapporto di valore* tra i *potenziali scalare e vettoriale EM* (*gauge di Lorentz*) condusse a riformulare la teoria di Maxwell riducendola a un complesso di **4-equazioni-in-4-incognite** con algebra vettoriale. La conseguente *riduzione* cancellò una vasta *famiglia di simmetrie* e di *associati fenomeni fisici* (variazioni del *potenziale scalare* nella dimensione del tempo) connessa con la adozione di quel peculiare *gruppo matematico* (l'*algebra vettoriale*) che è caratterizzato da un *numero di simmetrie* inferiore rispetto a quelle proprie del *gruppo matematico* che era stato prescelto in origine (*algebra dei quaternioni*). Il cui *gruppo di simmetrie* è perfino più ampio di quello *tensoriale* che Einstein scelse per formulare la *teoria generale della relatività gravitazionale*.

In fisica s'è accertato che non esiste *conservazione di simmetrie solo nell'ambito di massa e di cariche*. Essa esiste solo se si estende l'*insieme delle simmetrie* al complesso di *masse/spazio-tempo* o di *cariche/spazio-tempo*. Uno *spazio-tempo* che è costantemente attivo sul *piano dei micro-fenomeni* e in costante *interazione con le masse-cariche*. Il manifestarsi d'una *rottura di simmetrie* a un *basso livello gerarchico* impone la sua collocazione nel più vasto contesto di una simmetria al *livello gerarchico superiore*, ciò impone di applicare *nuovi gauge* per riformulare le equazioni matematiche che descrivono in fisica le simmetrie e le loro dinamiche di equilibrio. Si richiede insomma il *re-gauging* della *funzione d'onda* atto a descrivere il *campo di energia* complessivo.

Ogni fenomeno *reale* è osservabile grazie al fatto che si sia manifestata una *rottura di simmetria* nel campo unitario di energia. Occorre che esistano e che si possano predisporre quei meccanismi o processi che siano capaci di generare a volontà tale *rottura di simmetria*. Si tratta di processi che creano ordine (*entropia negativa*) a partire da un disordinato insieme di eventi quantistici che formano lo *sfondo energetico* che è responsabile della *struttura dello spazio-tempo*. Al contrario di ciò che si riteneva sino al 1800, lo *spazio-tempo* non è un passivo *contenitore d'energia* (*masse-cariche*), ma ha invece la struttura delle sue *curvature locali* dovuta alla *distribuzione disomogenea di densità* dell'energia *primordiale*; l'unico ente generatore della realtà e delle sue *leggi quanto-relativistiche*.

In definitiva non esiste un *etere* che riempie un *contenitore vuoto* che sia sede dei fenomeni fisici, esiste invece un *campo energetico quantizzato* e caratterizzato da *forti diversità locali di densità* il quale genera uno *spazio-tempo curvo* di *eventi virtuali* che, grazie a processi capaci di raccogliere in modo ordinato quelli tra loro compatibili, ne accumulino con gradualità i *quanti d'energia* entro *livelli energetici permessi* che, una volta *giunti a saturazione*, possano diseccitarsi *emettendo quanti reali d'energia osservabile*. I *campi di energia* non sono quindi *campi di forza*. Essi pre-esistono alle misurabili *manifestazioni di forza* che diventano rilevabili solo nel momento in cui *una massa-carica viene immersa nel campo d'energia* subendo *sollecitazioni misurabili*.

Il *campo energetico* costituisce un campo *potenzialmente* capace di esercitare forze su specifici *sensori* reali una volta che essi vi vengano immersi. Si tratta d'un *campo precursore* su cui si può operare *senza spendere lavoro* ma solo variandone il *livello di potenzialità* a esercitare lavoro. Il *re-gauging* ne varia infatti il *livello di potenziale* prima che esso possa *esercitare un effetto* su *masse-cariche* ancora non collocate nel suo ambito. Si tratta di passare dalla *tradizionale ingegneria* che progetta *sistemi che esercitano forze* e quindi processi dissipativi di energia (a *entropia positiva*) a una *ingegneria che progetti sistemi precursori* e non dissipativi (a *entropia negativa*) che sono *permessi dalla teoria di Maxwell* e dalla sua più inclusiva e originaria formulazione che, nel tempo, è risultata consistente tanto cogli sviluppi della *teoria gravitazionale di relatività* quanto con quelli della *teoria quanto-elettro-dinamica*. Lavorare con lo *sfondo di energia quantistica virtuale* e sollecitarla con opportuni meccanismi a generare flussi di energia reale *grazie alla rottura delle simmetrie* nei modi e nelle tempificazioni idonee a *estrarre* in modo gratuito dallo spazio-tempo *pacchetti d'energia reale* utilizzabili in concreto per eseguire *lavoro utile* (*dissipativo d'energia*) da la garanzia complessiva di eseguirlo a spese di estrazione ordinata d'energia *virtuale* (*entropia negativa*).

Insomma i *sistemi dinamici* non debbono necessariamente essere visti come una sorta di *diodi dispersivi* e capaci di erogare in uscita solo *dosi marginali e residuali* dell'energia immessavi. Il *secondo principio della termodinamica* obbliga *sul piano macroscopico* a progettare *sistemi a entropia positiva* solo se si tratti di *sistemi isolati*. Invece non esistono *sistemi isolati* perché lo *spazio-tempo* costituisce un *ineludibile componente* di ogni *sistema reale*. La realtà è di *processi caotici d'energia quantistica* capace di apportare ai sistemi reali *processi a entropia negativa*. Con un salto globale *tra stati iniziali e finali* caratterizzati da trasformazioni *a complessiva entropia nulla*. Solamente concependo particolari processi capaci di *escludere artificiosamente* il *vuoto attivo* dai processi reali si ottengono sistemi caratterizzati da *evoluzione sempre positiva di entropia*. Si tratta dei *sistemi EM* che la imposizione (legittima ma arbitraria e riduttiva) del *gauge di Lorentz* ha *simmetrizzato*.

L'ingegneria dei campi precursori converte le vecchie soluzioni a *diodo dissipativo* in opportunità nuove capaci di *sollecitare il vuoto attivo* a riversare su richiesta le sue enormi *quantità di energia virtuale e disordinata* entro *meccanismi quantistici reali*. Si tratta d'una sorta di *transizione da diodi a triodi* le cui griglie servono per *innescare e per regolare* processi di funzionamento capaci d'*auto-conservarsi a spese* di un'energia proveniente gratuitamente dalle stelle e da esse costantemente rinnovata per tutta la *durata dello spazio-tempo*. *Ingegnerizzazione dei processi parassiti* per l'*estrazione gratuita di energia* in ogni punto dello *spazio-tempo*. È l'ingegneria

dei *processi a entropia negativa* che è stata dimostrata praticabile
sul piano teorico per ciò che concerne i sistemi in *stato stazionario
di non-equilbrio* (**NESS**). La formulazione delle leggi di natura con
le *geometrie dei gruppi simmetrici* attuali rivela una *struttura
gerarchica delle simmetrie* che governano i *processi di transizioni
fisiche*. Ogni *rottura di simmetria* a un certo livello non conduce
più a *perdita di informazione* come avveniva nei *vecchi gruppi*
caratterizzati da *livelli inferiori di simmetria*. Ogni *rottura di
simmetria* conserva invece l'informazione e *genera
automaticamente*, a livello *gerarchico superiore, una nuova simmetria*.
L'assunzione del *gauge di Lorentz* per le equazioni EM ne impose la
riscrittura *molto peculiare e riduttiva* in cui tutta l'*energia evocata
dallo spazio-tempo* si converte in *puro stress interno e dissipativo* tra
forze elettro-motrici e *forze contro-elettromotrici* di direzioni opposte
e pari entità. Tali energie non possono contribuire a *spostare il gas
di elettroni di Drude* e fornire una corrente sul carico utile esterno.
Ovviamente per liberare questa nuova branca di *applicazioni
asimmetriche dell'EM* occorre concepire *circuiti non simmetrici* (privi
dei *vincoli di progetto* basati su *circuiti chiusi* con comune valore del
potenziale di massa).
I *campi di forza* sono enti osservabili prodotti da *variazioni nel
tempo* (**d/dt**) dei loro *campi precursori*. Una tale osservazione
elimina temporaneamente la *dimensione temporale* per fornire
istantanee spaziali. La nostra percezione del *variare nel tempo dei
processi* è avvertita solo come *sequenza rapida* di tali *istantanee
spaziali*. Non siamo mai in grado di *osservare le cause-precursori*
ma solo gli *effetti del precursore sulle masse*. Noi *estrapoliamo i
precursori*, non osservabili dall'*osservazione degli effetti*. La
formulazione estesa della teoria EM di Maxwell richiede di
prendere in considerazione *tre componenti* sempre presenti e attivi
in qualsiasi sistema fisico: lo *specifico sistema* in esame, le
dinamiche relazionali con lo spazio-tempo attivo, la *curvatura
locale* dello *spazio-tempo*. È *il loro insieme* che condiziona le
complessive *dinamiche funzionali* osservabili in *fisica quanto-
relativistica*. Fino a oggi i *sistemi EM* sono considerati prescindendo

178

dalle contemporanee, e a essi connesse, dinamiche del *vuoto attivo* (dinamiche eliminate dal *gauge di Lorentz* perchè ritenute *prive di senso fisico*) e dello *spazio-tempo curvo* (che Lorentz indirettamente, con la sua scelta, ha *ipotizzato piatto*).

Sull'unitarietà del campo energetico primordiale in natura
Riepilogo sugli sviluppi dei concetti e delle teorie

1.   *la realtà osservabile* è l'insieme di manifestazioni di un'unica *realtà energetica* onnipervasiva primordiale che mostra i suoi effetti nell'ambito di *diversi tipi di forza* grazie ai quali se ne possono misurare i *modi di azione* per poi cercare di descriverli come *leggi di natura* con un *linguaggio matematico* che sia adeguato, tra i tanti alternativi, ad illustrarne compiutamente tutte le manifestazioni pratiche

2.   *le diverse forze* sinora note sono quattro: *gravitazionale, elettromagnetica, nucleare forte, nucleare debole*. Esse sono tutte soggette a medesime *leggi fondamentali* della struttura *discreta e curva* dello *spazio-tempo* alla *epistemologia della scienza* modificata dalle teorie della *relatività generale* e *quantistica,*

3.   *la struttura e la consistenza* stessa dello *spazio-tempo* nel cui ambito possono svilupparsi le osservazioni sperimentali, sono prodotti dinamicamente *mutevoli e locali* della distribuzione *caotica* e fortemente *disomogenea* del *campo energetico di fondo*: unico e *immanente ente primordiale. Energia unitaria* che *non si crea* né si *distrugge* ma si *trasforma costantemente* e impone una *epistemologia unitaria* a ogni disciplina scientifica, anche quelle relative alle manifestazioni naturali più settoriali: *animate e inanimate*

4.   *le misurazioni degli effetti osservabili*, generati dalle distribuzioni dei *campi di forza* nello *spazio-tempo*, selettive in quanto sono reazioni di *specifici sensori* sensibili a singole forze perchè dotati di particolari caratteristiche: *massa, spin, carica, stranezza*, etc.. Tutte ottemperano a stessi *canoni epistemologici* modificati dalla *relatività generale* e dalla *quantistica*

5.   *i campi di forza* sono solo *manifestazioni reali* delle forme più diverse in cui il *campo energetico unitario* struttura gli *elementi*

179

osservabili che quindi non sono *enti primari* i quali risiedono invece nell'ambito del *campo energetico caotico e primordiale di fondo*. Gli *effetti potenziali* del campo divengono misurabili su *base locale* e *temporaneamente stabile* solo qualora in tale *campo energetico potenziale* vengano introdotte *specifiche sonde* sensibili alle diverse relazioni e intensità di *causa-effetto*: le *leggi di forza* in questione

6.   **i fenomeni reali** sono osservati nel contesto di una *gerarchia di sottosistemi macroscopici* composti da numerosi elementi di gerarchia inferiore e sono quindi misurazioni di *fenomeni statistici* mentre i loro *precursori virtuali* restano sempre a un *livello microscopico* e *gerarchicamente superiore* come *processi fondamentali* sempre nel rispetto dei principi epistemologici modificati dalle teorie di *relatività generale* e della *quantistica*. Le *leggi fisiche* dedotte da quelle *misurazioni settoriali* descrivono quindi *forme di regolarità* individuate nell'ambito dei sottoinsiemi osservati. *Regolarità e simmetrie* distinte tra i diversi *tipi di forza* studiati ma che tra loro sono solo apparentemente indipendenti mentre fanno parte di tipologie di fenomeni di *livello gerarchico superiore* che sottostanno a *leggi di maggiore generalità* che le contengono e le armonizzano a *livelli superiori di regolarità* verso un apice gerarchico: la *teoria unitaria dell'universo*. Che potrà descrivere in modo organico le manifestazioni *animate* e *inanimate* dell'*ente comune e unitario* in continua trasformazione: il *campo primordiale d'energia potenziale*.

7.   **la gerarchia delle leggi naturali** consente la ricerca graduale di questa *teoria unitaria dell'universo* grazie alla struttura del *sistema energetico primordiale* in una piramide di *gerarchie* di sottoinsiemi *inferiori* e in costante divenire grazie a continui scambi energetici interni. Una *struttura caotica e dinamica* che tuttavia è dotata di caratteristiche di *quasi-stabilità locali* e di *meccanismi intrinseci* che consentono agli scambi caotici di manifestarsi secondo criteri pienamente *stocastici* e tuttavia guidati da *processi* dotati di *autonoma ricerca* di successivi *stati di quasi-stabilità*. Una sorta di percorso *auto-pilotato* al raggiungimento di *stati di ordine maggiore* attraverso costanti *stati di crisi* in una sequenza di accumuli di *eventi elementari stocastici*

ma capaci di crescente, *mutua integrazione* grazie al *rinforzo privilegiato* di integrazione di quegli eventi i cui esiti riescano ad accumulare le *probabilità di accadimento* solo di *cambiamenti di forma* macro-scopici capaci di dare luogo a *sottosistemi osservabili e quasi-stabili*. Il graduale e costante divenire *per-catastrofi*, sul *piano reale*, si osserva come unidirezionale *evoluzione nel tempo* verso *stati termodinamici* di disordine entropico crescente mentre il loro formarsi con l'accumulo di *eventi virtuali e auto-costruttori* di stati di ordine, non viene osservato sul *piano reale* ma può essere solo percepito dai *paradossi* ed *inadeguatezze* delle *leggi fisiche* già consolidate ma *inadeguate costantemente* a descrivere la *totalità dei fenomeni*. Manifestazioni *settoriali* ma *organicamente integrate* di un unitario *campo di potenziale energetico* naturale: *primordiale e immutabile ma in costante divenire caotico*

8.   *i diversi campi di potenziale delle forze* secondo cui l'energia si presenta alle *osservazioni sperimentali* son tutti riconducibili a *gradienti o differenziali parziali* nello spazio e nel tempo di *funzioni di potenziale*. Essi si possono quindi tutti descrivere in *linguaggio matematico* tramite *funzioni d'onda* le cui *soluzioni armoniche* riescono a descrivere le popolazioni di *fenomeni settoriali* osservati. Si tratta di *funzioni d'onda*, come illustrato Whittaker, composte da *treni d'onda* di molte frequenze che viaggiano in entrambe le direzioni, *positiva* e *negativa*, dello spazio-tempo. Le *intensità dei campi* sono riconducibili alle *intensità dei gradienti spaziali o temporali* delle funzioni di *distribuzione del potenziale energetico* in esame. Un *potenziale* caratterizzato da due componenti, *vettoriale* e *scalare* che, entrambe, danno contributo con le loro *distribuzioni spazio-temporale*, alle variazioni misurabili con *specifici sensori*: *masse* e *cariche* che, subendo *effetti di forza*, riescono a evidenziare i *fenomeni sperimentali* osservabili

9.   *l'energia primordiale* che si può osservare sperimentalmente, in tal modo *indiretto e settoriale*, è *unitaria* e come descrive la prima *legge della termodinamica* la sua consistenza complessiva non varia nello spazio-tempo: *non viene creata né distrutta* ma *cambia di forma* continuamente secondo

181

leggi settoriali valide per le diverse forme in cui si manifesta l'*unico campo unitario*. Devono allora ricercarsi *leggi unitarie* che ne descrivano in modo più inclusivo anche le *trasformazioni* che sembrano più aliene escludendo, nel *campo unitario primordiale*, l'esistenza di ogni forma di *singolarità locale*, né nel dominio del *tempo* né in quello dello *spazio* realtà cui proprio quel *campo energetico* attribuisce *origine e struttura*

10.   **le leggi base della relatività generale e della quantistica** ci aiutano a formulare condizioni epistemologiche di base cui deve ottemperare la *teoria unitaria dello universo* e la relativa *metrica matematica* compatibile con la sua formulazione in linguaggio matematico. Deve esistere una dimensione minima non nulla per le *unità elementari* di *tempo* e di *spazio* di dimensioni della *costante di Planck (1,616.10^{-35}metri)* mentre la struttura geometrica dello *spazio-tempo* deve essere *curva*, in generale *non-euclidea* e di metrica *non-Abeliana* (ove cioè non valga la *commutatività dei prodotti*) consentendo la sua approssimazione di *spazio piano e euclideo* solo *locale* ove trovino equivalenza le *leggi fisiche tradizionali* (a *metrica commutativa*). La *struttura fine* dello spazio-tempo deve quindi essere di *micro-maglie multi-dimensionali* nel rispetto delle regole *quantistiche* e *relativistiche*

11.   *l'universo quindi consiste di un continuum discreto in cui si svolgono caoticamente micro-eventi energetici* che si trasformano con *fasi di micro-accumulazione* continue di *aggregati virtuali* dai quali, raggiunti livelli opportuni, possano avvenire *decadimenti catastrofici* in fenomeni *reali, quantizzati* e *osservabili* che permettono d'effettuare *misure* e di formulare *leggi fisiche* valide nell'ambito dei settoriali *campi di forza* cui sono soggetti i *sensori* appositamente collocati dal ricercatore. Questo tipo di trasformazioni permanenti del *campo energetico potenziale primordiale in fenomeni osservabili* a partire da *eventi virtuali* impone di accettare che la natura in ogni sua manifestazione abbia un *carattere caotico* generale ma che essa organizzi *stati di equilibrio* dotati di *stabilità locali* nel tempo e nello spazio per consentire la *sperimentabilità reale* stessa delle sue leggi

12.   *i fenomeni di trasformazione del campo energetico primordiale* sono osservabili quindi a *diversi e settoriali livelli gerarchici* nei quali si manifestano fenomeni di *aggregazioni statistiche* tendenti a raggiungere *stati solo localmente stabili* ma in *costante divenire*. La *termodinamica dei sistemi lontani dall'equilibrio* (i NESS della *teoria delle strutture dissipative* di Ilya Prigogine) è lo strumento matematico e epistemologico più idoneo per descrivere quindi in modo unitario sia il *sistema globale* nel suo insieme (*teoria unitaria*) che i suoi *sottosistemi* gerarchici e le loro mutue interazioni. Le *manifestazioni osservabili* ci consentono di affermare che tale *caotico sistema termodinamico* sia dotato di proprietà di comportamento intrinseco tali da consentire alle successioni di *catastrofi interne* di raggiungere *stati di equilibrio locale* (teoria SOC - *self-organizing criticality* di Per Bak) tramite graduali aumenti delle probabilità (*sezioni d'urto*) che le pur caotiche interazioni tra eventi di *livelli gerarchici inferiori* consolidino mutue convergenze verso *stati finali d'ordine maggiore* e riducano le probabilità che si accumulino le interazioni che ne contrasterebbero invece il raggiungimento

13.   *sotto il profilo matematico* sono abbastanza chiare le condizioni secondo cui sia quindi concepibile proporre una *teoria unitaria dell'universo* in cui a ogni livello della *gerarchia dei sottosistemi* si possano descrivere *leggi settoriali* tutte animate dalle medesime dinamiche ma tutte organizzate nell'ambito di aggregati in struttura gerarchica. Dinamiche che si sviluppano tramite *forme d'interazione* che seguano le *leggi quantistiche* nel rispetto della *casualità delle interazioni elementari* e della loro *tendenziale e auto-regolata convergenza* verso *stati stabili temporaneamente* (teoria *Y-Criticality & Angularity* di Ayres). La sequenza d'*eventi locali catastrofali* ha luogo nel rispetto della casualità secondo cui gli eventi si manifestano mentre il loro accumularsi verso il raggiungimento di *punti di crisi* nei quali si innescano vistosi *fenomeni di riorganizzazione a-valanga* dotati di *temporanea stabilità* si svolge col sostegno di meccanismi *ordinati e unilaterali di accumulo* (*ratchet* di Feynman). I successivi, analoghi

183

eventi catastrofici della catena sono quindi tutti organizzati nell'ambito di un costante convergere verso stati d'*ordine crescente*. Ciò è vero sia per i *sistemi inanimati* che per quelli *animati* garantendo *linee analoghe* alle fasi successive di *costruzione di ordine* anche nell'*evoluzione biologica* (*Growth & form* di D'Arcy Thompson e *Origine delle specie* di Darwin). Le leggi che regolano l'evoluzione nel tempo di questo susseguirsi di *fasi catastrofali* sono leggi descritte dalla *teoria delle catastrofi* di Renè Thom e sono governate da sequenze *matematiche ordinate e discontinue* che seguono la *teoria dei frattali* di Mandelbrot con una successione governata da dinamiche a *intervalli di intensità e frequenza* secondo *serie numeriche di Fibonacci*.

14. *l'unica legge termodinamica* vigente in tale *sistema unitario e globale* è quindi la *conservazione complessiva dell'energia universale*. Infatti sarebbe consentita la evoluzione nel tempo sia di processi a *entropia positiva* con creazione di caos (come sono quelli osservabili tradizionalmente al *livello statistico macroscopico*) sia quelli a *entropia negativa* di creazione di *stati quasi-stabili* di ordine, mentre decadono sia il secondo che il terzo *principio della termodinamica* che affermano, solo come *principi di senso comune* e non *leggi*, le risultanze di *osservazioni macro-scopiche*. I meccanismi macroscopici *osservabili* sono quindi generati a loro volta da meccanismi *precursori microscopici* che trasformano con continuità in aggregati di energia *quasi-stabili reali* e sottoponibili a osservazioni sperimentali l'*energia caotica di fondo* che pervade l'*intero spazio-tempo*. Questo insieme caotico di *fenomeni virtuali di fondo* segue anche esso le stesse *leggi quantistiche e relativistiche* senza dare alcun privilegio alla direzione *negativa o positiva* degli eventi nello *spazio* e nel *tempo*. I fisici teorici hanno formalizzato i *diagrammi di Feynman* per rendere conto con una *illustrazione pittorica* di questi fenomeni che altrimenti appaiono *paradossali* secondo i canoni della *fisica tradizionale* che ha imposto un *senso comune* scientifico fondato sull'osservazione di *trasformazioni termodinamiche macroscopiche*, tutte rispettose in generale di una tendenza verso il *crescente aumento di disordine* nella evoluzione dei

184

processi reali nel tempo. *Senso comune* contro il *buon senso* dettato dal *manifesto paradosso* dell'osservabile ordine esistente in natura e raggiunto oggi a partire dallo stato di massimo *caos primordiale* nell'ipotizzato *big bang*

15.   **eliminando l'ipotesi della singolarità iniziale (big bang)**, in coerenza con ogni esigenza *quantistica (stringhe di Planck)* e *matematica*, si apre una possibilità innovativa di *concepire il tempo* come *parametro* paritetico totalmente a quelli *spaziali* e di percepire la *creazione del tempo e dello spazio* come *elementi strutturali* generati dal *campo energetico primordiale* immanente nel suo costante divenire. Ogni aspetto *reale ed osservabile* della natura è quindi descritto da parametri i cui *campi di esistenza* sono definiti entro precisi *margini di quasi stabilità* definiti dall'evolvere delle *densità locali* del *campo unitario di energia primordiale* nella sua costante e caotica evoluzione. Si può avere una settoriale percezione del manifestarsi di tale *campo energetico potenziale* seguendo la ormai consolidata descrizione dei *fenomeni elettromagnetici*. La *teoria del campo elettro-magnetico* di Maxwell si fonda infatti sulla descrizione unitaria in *linguaggio matematico* delle manifestazioni del *campo di forze magnetiche ed elettriche*. Dopo aver sintetizzato tutte le manifestazioni nelle originarie *20-equazioni-in-20-incognite*, la teoria risultò pienamente compatibile coi *fenomeni ottici* (in origine estranei alle *leggi di forza* prese in esame) dandone dimostrazione di *effetti marginali* del medesimo *campo di energia elettromagnetica*. Ad essi diede anche una valutazione *teorica* del *valore della velocità di propagazione* nello spazio-tempo. Uno *spazio-tempo curvo e non-euclideo* coerente con lo *spazio di esistenza* della *metrica matematica non–Abeliana* scelta in origine da James Maxwell per sintetizzare il campo elettro-magnetico in *20-equazioni-in-20-incognite*. Uno *spazio-tempo (algebra dei quaternioni)* che risultò a posteriori compatibile in pieno con la *struttura curva e non–euclidea* della *relatività generale* di Einstein e con la *metrica tensoriale* da lui adottata per descriverla in forma matematica

16.   *una volta sintetizzato il campo di forze elettromagnetiche* in
equazioni, James Maxwell ne fornì un livello di *ulteriore sintesi
gerarchica* dimostrando come esse fossero solo *aspetti settoriali* di
manifestazione di un unico *campo di energia potenziale elettro-
magnetica* di cui tutti gli eventi osservabili siano *potenzialmente*
intrinseci. Il *campo di energia elettro-magnetica* è quindi espresso
con *equazioni matematiche* che descrivono i fenomeni osservabili
come manifestazioni dinamiche di due sue *capacità potenziali*: una
funzione di potenziale scalare e una *vettoriale*. La struttura di
distribuzione del *potenziale di energia elettromagnetica* varia nel
tempo e nello *spazio* e così genera i *fenomeni osservabili* in modo
scientifico nella *realtà fisica* o se viceversa, come avviene
nell'*ingegneria elettrotecnica*, si provocano *variazioni artificiali* nel
tempo o nello *spazio* di un tale *potenziale energetico* se ne possono
stimolare reazioni governabili a volontà. Le *variazioni* delle due
funzioni vettoriale e *scalare di potenziale* sono variazioni indotte
nello *spazio-tempo* ciò indica quindi che i *fenomeni osservabili* sono
generati da *discontinuità già esistenti* in natura (o *provocate dai*
ricercatori), nella distribuzione spazio-temporale del *campo
energetico unitario*. In termini matematici le *discontinuità fisiche*
sono descritte come *differenziali parziali*, nei *parametri spazio-
tempo*, delle due *funzioni* (*scalare e vettoriale*) del *campo potenziale di
energia elettro-magnetica*. Ciò viene riassunto nell'originaria teoria
di Maxwell nelle due uniche *equazioni*:

I) $(-c^2\nabla^2 A + c^2 \ \nabla(\nabla x A) + \delta(\nabla\Phi)/\delta t + \delta^2 A/\delta t^2 = j/\varepsilon_0)$ e,

II) $-\nabla^2\Phi - 1/c^2\delta/\delta\Phi^2 = \varrho/\varepsilon_0$.

17.   *queste equazioni generalizzate* sono ricavate dalle originarie
equazioni di Maxwell: e le si può poi *ridurre in modo arbitrario*
grazie all'*assioma di libertà nella scelta di scala* su cui si basa la
fisica, con la scelta di *valori di riferimento* (*gauge*) che stabiliscano
un rapporto particolare per le relazioni intercorrenti tra i due
potenziali scalare e vettoriale. Per semplificarne l'insegnamento
Lorentz scelse un *tipo di riferimento* (*gauge di Lorentz* riportato nei
testi di fisica di base) che *eliminasse* dall'equazione precedente I) i
due *componenti intermedi* ($\nabla x A = -1/c^2\delta\Phi/\delta t$). Tale scelta di *gauge*

attribuì alle due espressioni: *vettoriale* $(\nabla^2 A - 1/c^2 \delta^2 A/\delta t^2 = -j/\varepsilon_0 c^2)$ e *scalare* $(\nabla^2 \Phi - 1/c^2 \delta^2 \Phi//t^2 = -\rho/\varepsilon_0)$ una particolare *simmetria formale* atta a dare evidenza alle *manifestazioni simmetriche* dei fenomeni allora noti; quindi ritenuti i soli aventi *significato fisico reale*. Non eliminando (in modo seppure *legittimo ma arbitrario*) dall'*originaria teoria di Maxwell* quel componente intermedio, si riuscirebbe a sintetizzare i campi delle *forze magnetiche (B)* ed *elettriche (E)* come *derivati* dovuti alle *variazioni dei due potenziali* nello *spazio e nel tempo*. In termini matematici si parla di *campi di forza* generati da *differenziali parziali* lungo i *parametri spazio temporali* delle distribuzioni di quelle due funzioni primarie, *entrambe* portatrici di *contenuti energetici reali*. Ossia di *campi di forza* generati dal *gradiente* che presenta la loro distribuzione nello *spazio-tempo*. Si può riassumere quanto detto in *linguaggio matematico* generale scrivendo che $B = \nabla A$ mentre $E = -\nabla \Phi - \delta A/\delta t$. Espressioni che dicono che le forze magnetiche **B** e quelle elettriche **E** sono *tassi di variazione* nel tempo o nello spazio delle due funzioni Φ (*scalare*) e **A** (*vettoriale*) che descrivono il campo di *energia potenziale elettromagnetica*. Ciò attribuisce un *significato fisico reale* sia al *potenziale vettoriale* che allo *scalare*. Questa interpretazione moderna della *realtà fisica* del *campo di energia potenziale elettromagnetico* ha un impatto immediato sulla valutazione dei *possibili scambi d'energia* tra il *campo energetico primordiale* (*immanente* - esistente in perfetta coincidenza con il cosmo, e *onni-pervasivo* – permeante sia lo spazio esterno che interno ai corpi osservabili). La *teoria elettromagnetica di Maxwell* permette di misurare il *flusso di energia elettro-magnetica* tramite il *vettore di Poynting* $S = \varepsilon_0 c^2 ExB$. Questa espressione si limita al prodotto vettoriale dei *campi di forza* ma venne contestato da Heaviside che ne propose una versione che facesse riferimento a entrambe le *funzioni di energia potenziale* **A** (*vettoriale*) e Φ (*scalare*) ed offrisse pertanto agli scambi d'energia, oltre a quello addebitato da Poynting al *potenziale vettoriale* un ulteriore termine da attribuire al *potenziale scalare*. Ai tempi di Maxwell si riteneva non

187

esistesse una reale propagazione fisica di *onde elettro-magnetiche scalari* (come è invece dimostrato da tutto l'insieme dei fenomeni già menzionati rilevati sul piano sperimentale) e che il *potenziale scalare* fosse solo un *residuo formale* e privo di riferimento a corrispettivi fisici reali della descrizione matematica. È evidente che se si aggiorna l'espressione che misura il *flusso totale di energia* scambiato col campo elettro-magnetico per includervi anche la *funzione potenziale scalare* di quel *campo di energia* rivalutando l'intuizione di Heaviside, occorre tenere conto adeguato sia del tradizionale *flusso di Poynting* sia del nuovo *flusso di Heaviside*. Flusso di energia che si manifesta alla *osservazione reale* in particolari situazioni che risultano o *non prevedibili* in ragione della *versione ridotta e simmetrizzata da Lorentz* della teoria originaria di Maxwell (sistemi e processi *non-simmetrici*) o risultano *paradossali* alla luce dei prevedibili tipi di interferenza tra *particelle polarizzate in spin* e *campi elettro-magnetici* (come la *esperienza di Aharonov-Bohm*)

18.   i gradienti nella distribuzione spaziale e variazioni temporali delle *2 funzioni del campo di energia potenziale*, che sono la vera *fonte potenziale* dei *fenomeni reali osservabili*, vengono così ricondotti alla distribuzione del *campo di energia elettro-magnetica* nello *spazio-tempo* e alla possibilità fisica, inserendovi *masse cariche elettricamente*, di *esplorarne la struttura* o di provocarne reazioni percepibili come *forze agenti* su quei *sensori* perchè vi provochino tipi di reazione atti a *scambiare energia* in *luogo*, *intensità* e *tempi* desiderati variando in modo mirato l'originaria struttura con *apparati tecnologici* opportuni. Se nulla viene mosso sul crinale dei *gradienti del campo di energia potenziale* o lungo le *sue pendenze*, nulla si può manifestare di misurabile. Non appena invece se ne provochi una *modifica nella struttura dei gradienti* del campo nello *spazio-tempo* o, introducendo nel suo ambito opportuni *sensori*, se ne sondino le *discontinuità differenziali* si può osservare rispettivamente la *propagazione di treni d'onda elettromagnetica* o *l'azione di forze elettriche e magnetiche* sui percorsi eseguiti dagli stessi *sensori*: *carica elettrica* o *polo magnetico*.

19.   *la riduzione legittima ma arbitraria e particolare* che Lorentz apportò all'*originario insieme di equazioni matematiche* di Maxwell per ridurne la complessità formale e facilitarne l'insegnamento, eliminò il *carattere di generalità* che intercorreva tra i *valori reciproci di scala* del *potenziale scalare* rispetto a quello *vettoriale.* Ciò si tradusse in una riscrittura delle originarie *20-equazioni-in-20-incognite* dall'*algebra dei quaternioni,* il cui *spazio di esistenza* è *curvo e non-euclideo* e di *metrica non-Abeliana,* alla *metrica vettoriale* allora in uso generale nello studio di tutti i fenomeni fisici sulla traccia della *meccanica di Newton.* Ciò *ridusse la teoria di Maxwell* a un sistema di sole *4-equazioni-in-4-incognite* espresse nella metrica del loro *spazio piano e euclideo.* In definitiva si trattò di un esercizio accademico, *applicare cioè la teoria generale di Maxwell* a un *caso di studio* molto particolare in una situazione *locale* di *spazio piano* dotato solo di *quasi-validità* rispetto alla situazione più generale che vige nello *spazio-tempo reale. Semplificazione accademica* arbitraria ma anche legittima e formalmente corretta, che ebbe il solo difetto di esser ritenuta *totalmente equivalente* rispetto ai *contenuti scientifici della formulazione originaria* che quindi fu totalmente abbandonata escludendo ogni possibilità di *previsione scientifica*)dei *fenomeni* allora ancora ignoti) e di *pratica applicazione* (a *apparati elettromagnetici* che non fossero di stretto *tipo simmetrico* - come imposto dalla particolare simmetria scelta e imposta *a-priori* da Lorentz alle *soluzioni matematiche* dei due tipi citati di potenziale). Tutte le *strutture non-simmetriche* elettro-tecniche non poterono neanche essere prese in considerazione data la assenza, nella *teoria elettro-magnetica ridotta* da Lorentz, di ogni riferimento alla loro praticabilità.

20.   **La dimostrazione della piena validità** della *originaria teoria di Maxwell* e la *scomposizione delle soluzioni armoniche* della sua *funzione d'onda* in *treni d'onda* che viaggiano nelle due direzioni *positiva e negativa* dello *spazio* e del *tempo* (dimostrata da Whittaker ed entrambi rivelatisi *significativi* sotto il profilo dei fenomeni fisici) è fornita dalla costante scoperta di fenomeni *paradossali* sul piano della *teoria classica di Lorentz* ma compatibili

189

pienamente con le esigenze della *relatività generale* e *quantistica*. Fenomeni sia a *livello micro-scopico* degli *spin nucleari* (l'esperienza di *Aharonov-Bohm* che dimostra l'influsso su un *fascio di particelle polarizzate in spin* della *componente scalare* del potenziale di un *magnete schermato* in modo *totale* nella sua componente *tagliata* dal percorso del fascio o la *trasmissione di informazione fisica* a distanza a velocità molto superiori a quella della luce come accade nella *commutazione accoppiata dello spin* che agisce tra *due fasci di particelle polarizzate* ma separati tra loro imponendo che uno solo dei due commuti, o in fenomeni al *livello macroscopico* (l'*effetto Casimir* che riscontra, tra due oggetti estesi e separati, una *forza* non dovuta a *gravità* o a *carica elettro-magnetica* ma a *risonanza dei campi energetici* che esistono nello spazio tra i due oggetti - *campi fisici* e descritti in termini di *particelle virtuali* di cui solo quelle tra esse la cui *lunghezza d'onda* sia sotto-multiplo intero della distanza tra le lastre contribuiscono all'*energia del vuoto*. Una *densità d'energia* dunque che decresce al mutuo avvicinarsi delle lastre fornendo *forza attrattiva*) o in taluni *fenomeni elettrotecnici* (lo *stimolo controllato* effettuato da Nikola Tesla in tempi e luoghi voluti di *valanghe concentrate di energia elettro-statica* che si trovano già accumulate in natura nel sistema diffuso dei *corpi carichi esistenti* o il *funzionamento di apparati elettromagnetici asimmetrici* capaci di impiegare *tutto il potenziale di energia* che in natura esiste nel *campo di energia elettromagnetica potenziale* - sia il *flusso di Poynting* (che nei generatori è minoritario e *trasversale alle spire* degli avvolgimenti) che tagliando le spire sollecita il *gas d'elettroni di Drude* a comporsi in una *corrente elettrica misurabile*, sia il *flusso di Heaviside* che invece (risultando *parallelo alle spire*), non le *intercetta fisicamente* e deve essere *deviato a tagliarle in modo artificioso* per poter sollecitare il *gas di Drude* a formare correnti elettriche molto superiori a quanto ne possa formare il primo.
21.   l'energia primordiale che forgia dinamicamente lo spazio-tempo è in definitiva l'ente primario e invariante che si presenta alle osservazioni sperimentali in forme diverse ma tutte coerenti con le regole unitarie della relatività generale e della quantistica

190

che indicano una struttura spaziale micro-quantizzata, *curva e non-euclidea*. Ciò richiede di formulare descrizioni matematiche che adottino algebre i cui *spazi di esistenza* siano compatibili con esse e quindi *non lacerabili* nelle loro trasformazioni topologiche e con metrica *non-euclidea* e *non-Abeliana*.

Considerazioni sulla biunivocità dei rapporti tra spazio matematico e spazio-tempo in fisica

1. In natura esiste solo l'energia come *ente primario* da cui tutto il resto discende come sua diversità di manifestazioni sensibili: *nulla si crea, nulla si distrugge, tutto di trasforma* nel corso dei fenomeni che l'uomo può osservare. Essa si trasforma da una forma a altre senza comportare la complessiva diminuzione né la crescita d'*entropia* (il globale *stato dell'ordine* in natura),

2. l'energia è quindi un pervasivo *campo primordiale* che compone tutto lo spazio-tempo fisico le cui dimensioni totali non sono note né, forse, addirittura conoscibili alla luce delle ristrette potenzialità *percettive bio-logiche* umane (si parla di spazio-tempo ad almeno 20 dimensioni),

3. i campi sono *campi di potenziale di energia* prima che *campi di forze* e la *legge universale di conservazione* dell'energia impone di assumere la coesistenza in natura di meccanismi atti a *creare ordine-dal-disordine* (*entropia negativa*) al fianco dei più noti, speculari meccanismi *distruttori di ordine* (*entropia positiva*) anche per giustificare come, a partire dall'iniziale *massimo stato di caos* del *big bang*, l'evoluzione naturale sia giunta all'osservabile assetto d'ordine attuale,

4. un *campo energetico* non è un'entità osservabile *di per sé*, ciò che se ne può osservare sono solo le sue manifestazioni sperimentali, cioè quei fenomeni che possono sottostare a misurabili *percezioni di azioni* attribuibili a *campi di forze*,

5. il *lavoro compiuto* nelle manifestazioni sensibili del *campo energetico unitario*, non ne provoca quindi *modifiche di grandezza* ma *conversioni di forma*, che non richiedono *spesa di lavoro* in

quanto sono dovute a pure conversioni (*regauging*) del riferimento asimmetrico,

6. i *campi di forza* che si sono finora potuti osservare come manifestazioni diverse di forma dell'unico *potenziale energetico*, sono quattro: *gravitazionale, elettro-magnetico, nucleare debole, nucleare forte,*

7. ogni *campo di forza* si esercita su specifici *sensori* (*masse cariche* coi loro parametri *di simmetrie caratteristiche*) sensibili a specifici *vettori* (*fotoni, gravitoni, mesoni, etc.*) peculiari anch'essi di ogni forma in cui il *campo energetico* unitario si manifesta all'osservazione percettiva,

8. in ciascuno dei diversi *campi di forza* operano *leggi di conservazione* che non sono altro che *conservazione dell'energia* tra le forme peculiari dei parametri propri di ciascuna delle *forze* stesse (*massa, carica, spin, colore, stranezza*, etc.),

9. le manifestazioni osservabili dell'energia rispettano le condizioni della *fisica quantistica* al livello delle trasformazioni (o *effetti microscopici*) che hanno luogo di continuo in natura. Le transizioni energetiche misurabili come forze sono cioè dovute solo a *salti permessi* tra *stati energetici* quantizzati durante le loro costanti accumulazione sul piano delle trasformazioni che l'energia opera sulla struttura dello *spazio-tempo,*

10. a partire dal *big bang* il *campo energetico* primordiale è in costante e caotica evoluzione nel rispetto delle regole quantistiche e modifica i quanti d'energia accumulati in livelli permessi fino a che tali densità non abbiano raggiunto stati particolari tra i quali sono permesse quelle peculiari e osservabili *transizioni reali* che consentono *emissione-ricezione* delle *particelle fondamentali*: costituenti i *vettori-sensori* del *campo di forze* in questione. C'è un costante travaso di energia da stati disordinati a ordinati (a livelli *micro-quantici*) e viceversa (a *livelli macro-dinamici* a noi più noti) grazie a cui si conserva il contenuto globale d'energia e l'aumento d'ordine nell'universo,

11. i campi d'energia sono in realtà aspetti particolari dell'*unico campo energetico primordiale* che potrebbe essere descritto in modo

192

formale con una *unica teoria matematica* capace di rendere conto delle *4 forze* distinte; o *forme* secondo cui l'energia si palesa alla osservazione sperimentale,

12. i campi energetici hanno una distribuzione del loro potenziale la cui densità e struttura topologica *localmente stabile* si può rappresentare con insiemi formali di opportune equazioni matematiche (sistema di riferimento di scala o di *gauge - gruppo matematico di simmetria* - del campo),

13. in fisica esiste un assioma fondamentale che prescrive la libertà di cambiare il sistema matematico di rappresentazione dei campi (*libertà di gauging* o di scelta del *gruppo di simmetrie matematiche*),

14. i sistemi di *gauge matematico* possono essere più o meno idonei a descrivere l'insieme delle caratteristiche (le *simmetrie*) peculiari delle varie forme in cui si manifesta il potenziale energetico universale,

15. dunque la conversione di un *campo di potenziale energetico* da un sistema di riferimento a un altro (*regauging*) può costringere a ridurne la rappresentatività delle simmetrie esistenti in natura o la sua capacità di dare conto compiuto alla descrizione di tutti i tipi di fenomeni osservabili,

16. la ricerca di formulare una *teoria unitaria dell'universo* ha due compiti: quello di descrivere nel modo più semplice tutte le *caratteristiche di simmetria* che, in modo organico, rappresentano il campo di potenziale energetico in ogni sua manifestazione settoriale e quello di darne una descrizione organica grazie a un opportuno *gruppo matematico* che unifichi le simmetrie stesse,

17. la teoria matematica dei *gruppi* è venuta procedendo di conserva coi progressi che la ricerca fisica ha ottenuto nel suo sforzo di unificare l'osservazione delle 4 forze sperimentalmente note a seguito del progresso esponenziale nello sviluppo delle conoscenze in fisica. Si è realizzata una graduale integrazione tra ricerca fisica e ricerca matematica che, fino a Newton e Leibnitz, erano restate campi di indagine pressoché autonomi,

18. l'avvio del processo di unificazione tra ricerca in fisica e in matematica ha avuto luogo nella prima metà del 1800 con Gauss e Faraday e è cresciuta tanto che spesso oggi sono i fisici a ricercare teorie logiche astratte utili a interpretare la struttura naturale e le sue trasformazioni fino a proporre teorie matematiche molto rivoluzionarie: *dell'informazione* (Shannon, Wiener), *dei sistemi non-lineari, dissipativi e caotici* (Prigogine, Thom, Bak) e degli insiemi di *sistemi frattali* (Mandelbrot, Ayres).

19. Gauss avviò la speculazione sui *gruppi matematici* a partire dai limiti della geometria differenziale e inaugurò la *teoria dei numeri* e le associate speculazioni sugli *insiemi,* sulle loro *forme* e sulle *trasformazioni topologiche* della forma,

20. Faraday, nello studio dei fenomeni elettrici, spostò invece l'attenzione dei fisici dai *percorsi delle particelle* sotto l'influenza dei *campi di forza* (che era stata adottata in ogni altro campo della fisica, per analogia coll'applicazione della teoria del calcolo differenziale e integrale da parte di Newton e di Leibnitz per descrivere la gravitazione) alla *forma del campo di potenziale elettrico* indipendentemente dalle manifestazioni dinamiche osservabili,

21. il precedente studio dei *campi di forza EM* nello spazio infatti conduceva ad emulare il percorso delle riflessioni già seguito per la gravitazione da Newton e Leibnitz che avevano consentito, con la *geometria differenziale* e il *calcolo infinitesimale,* di formulare leggi descrittive dei *moti delle particelle* in *spazio piatto* e sotto l'azione di *campi di forza* (entità fisiche distinte e dotate di una autonoma consistenza) che lo riempivano,

22. una tale rappresentazione della realtà assumeva in modo assiomatico l'esistenza di uno spazio piatto tri-dimensionale in cui fossero *collocati* sia i *campi di forza* sia le *particelle* da essi sollecitate. Si parlava quindi di *distanze,* di *forze esercitate a distanza* e di *percorsi nel tempo* di particelle aventi una autonoma e specifica *ubicazione spaziale* e consistenza fisica,

23. le *forze* e le *distanze* tra le *masse* erano gli enti primari in quella percezione della realtà fisica. Ciò non rendeva conto della

194

trasmissione a distanza delle forze tra i corpi se non si assumeva l'esistenza d'una *continuità materiale* garantita dallo spazio (come *etere* o entità autonoma) e imposta dal carattere autonomo delle entità considerate,

24. le osservazioni originali di Faraday invece spostarono l'attenzione dalle *cariche* e dalle loro *distanze reciproche* alla *forma delle linee di distribuzione* che caratterizzano i campi elettrici. Ciò obbligò a spostare lo studio dagli elementi tradizionali (forze, spazio, masse, cariche) al *potenziale di quei campi* esistenti nello spazio in modo indipendente dai primi e preliminare rispetto alla possibilità o meno di poterne misurare l'effetto su *cariche immerse in tale ambito* al fine di descriverne i *movimenti*,

25. ne discese il carattere primitivo (*precursore*) dei *campi di potenziale elettrico* rispetto ai *campi di forza EM* e la inessenzialità di assumere l'esistenza di un *etere fisico* che giustificasse uno *spazio vuoto* nel quale potesse avvenire la *trasmissione delle forze a distanza*,

26. tale percezione altamente innovativa della realtà dei *campi di potenziale energetico* fu ripresa da Maxwell che aveva tentato di descrivere unitariamente tutti i *fenomeni elettrici e magnetici* allora noti. Una volta descritti i fenomeni, Maxwell ne formulò la descrizione matematica senza doversi concentrare sulla *previsione dei tragitti percorsi* dalle cariche elettriche nello spazio. La descrizione dei percorsi lo avrebbe spinto a impiegare geometria differenziale (e l'*algebra vettoriale*) cui invece preferì un sistema matematico più complesso (ma idoneo ad agevolare la sintesi di tutti i fenomeni) l'*algebra dei quaternoni* - una sorta di *vettori a quattro dimensioni nello spazio immaginario* analoga al *calcolo tensoriale* adottato cinquanta anni dopo da Einstein per descrivere la sua *teoria di gravitazione*,

27. il sistema di equazioni che Maxwell formulò per riepilogare tutti i fenomeni allora noti al di fuori di quelli gravitazionali di Newton, risultò di **20-equazioni-in-20-incognite** e si dimostrò a quei tempi troppo complesso per consentirne un insegnamento universitario facile. L'elemento principale del sistema risiedeva

nell'identificare due distinte componenti del *potenziale elettrico* (una *vettoriale* e una *scalare*) di cui citiamo le conseguenze teoriche e pratiche nel seguito,

28. il continuum disomogeneo di *energia universale* costituisce il *sottofondo* (mai nullo in alcun punto dello *spazio-tempo*) nel cui ambito si sviluppano in modo turbolento *scambi virtuali* d'energia tra stati che non sono in genere osservabili. Nell'ambito di questo *sfondo turbolento* occasionalmente giungono a saturazione taluni *stati quantici* tra i quali sono permessi scambi non virtuali di *particelle* che sono osservabili quindi sperimentalmente,

29. la distribuzione energetica nello spazio-tempo è fortemente disomogenea e genera la *curvatura* stessa della struttura topologica dello *spazio-tempo* multi-dimensionale. La *curvatura* varia *localmente*, cioè da punto a punto e istante per istante, e causa la traiettoria degli scambi di *particelle fondamentali* (o dei *vettori-sensori*) lungo le linee di minima energia (*geodetiche*) nel pieno rispetto delle *leggi di conservazione*,

30. l'*assorbimento-emissione* di energia avviene sempre *gratuitamente* e a spese del mutamento *locale* nella densità del primordiale *campo energetico* stellare che è in costante divenire ed ha durata pari a quella dell'universo,

31. quindi si possono concepire macchine capaci di *travasare energia* in modi e tempi *scelti a volontà* dagli operatori umani. Macchine atte a programmare sequenze logiche di processi fisici che presentino gradi di *rendimento termo-dinamico* sia minori che maggiori dell'unità. Questi ultimi sollecitano *modifiche locali* nell'ambito della densità del *fondo energetico* stellare. Modifiche che poi verranno riequilibrate con ritmi graduali grazie all'accumularsi di *transizioni quantistiche virtuali*,

32. prove di tali macchine a rendimento maggiore dell'unità si conoscono già in teoria quantistica nelle *celle solari* grazie all'*effetto fotoelettrico*. Queste assorbono quanti elettromagnetici di una specifica lunghezza d'onda e generano *potenziale elettrico* capace di compiere *lavoro meccanico* a totale spesa della gratuita *energia stellare*. Altri meccanismi quantistici sono impiegati

usualmente in macchine elettriche ormai in uso comune come *l'effetto tunnel* negli amplificatori a stato solido o la *risonanza indotta* nei laser e maser di potenza. La *potenza* è la *rapidità in cui viene compiuto un lavoro*, cioè la rapidità in cui l'*energia cambia forma* e non la celerità in cui cambia la sola grandezza d'una specifica forma d'energia,

33. la *teoria quantistica* sta evolvendo molto rapidamente e, le nuove conoscenze relative agli scambi di energia che avvengono *gratuitamente* in natura, potranno consentire di descrivere altri processi fisici praticabili in analogia con ciò che avviene nell'*effetto fotoelettrico*. Lo *spettro di onde energetiche* disponibili in natura supera di gran lunga infatti la *ristretta fascia di lunghezze d'onda* responsabili di quel particolare e già sperimentato effetto (fin a lunghezze d'onda a dimensione della *grandezza di Planck*) e abbraccia *treni d'onda* viaggianti alla *velocità della luce* e nelle *due direzioni* lungo ciascuno degli assi dello *spazio-tempo*,

34. il fondo *energetico stellare primordiale* è onnipresente e forma la *struttura dello* stesso *spazio-tempo*. Esso tuttavia rispetta le *leggi quantistiche* che ne prevedono una *micro-struttura quantizzata* le cui dimensioni minime secondo il *principio d'indeterminazione* di Heisenberg sono pari alla *lunghezza di Planck* che è la grandezza strutturale minima dello *spazio-tempo* (dell'ordine di 10^{-35} **metri** e l'analogo *in secondi* per la dimensione temporale),

35. dall'esigenza di rispettare la *dimensione minima di Planck* per la maglia che costituisce la rete strutturale dello *spazio-tempo* discende il fatto che nessuna dimensione delle *particelle-fondamentali* (*vettori-sensori*) dei *campi di forza* può essere nulla. Ciò impone di scegliere, per descrivere i *campi di forza*, tipi di formalismi matematici (le *funzioni d'onda* delle loro *particelle fondamentali*) che non ammettano *singolarità* (o *punti di discontinuità* - né zeri né infiniti) e che escludano *scambi* che avvengano a *velocità superiori a quella della luce* per alcuna delle *transizioni reali* (o osservabili sperimentalmente). Benché *velocità superiori* si consentano eventualmente nello spazio immaginario e rappresentativo delle *transizioni quantistiche virtuali* che

avvengono nel *campo energetico turbolento primordiale* di fondo (effetto Casimir, teorema di Bell, velocità ultra-luminose, calcolo quantistico, esperienza di Gisin).

36. gli *aggregati relativistici macroscopici* che hanno composto fino all'inizio del 1900 la realtà osservata dall'uomo, non sono altro che le manifestazioni che si possono studiare in modo più agevole su cui si sono sviluppate le teorie classiche della *gravitazione* e *elettro-magnetica* perciò coi formalismi matematici e geometrici propri del *calcolo infinitesimale-differenziale* fino a tutto il 1900,

37. la *teoria elettro-magnetica* di Maxwell avviò una *rivoluzione* nel modo di rappresentare la realtà fisica con i *meccanismi della matematica*. Si abbandonò l'approccio di *descrivere il moto* delle cariche nell'ambito di un *vuoto-contenitore* e in dipendenza di campi di forza che le sollecitano. Si scelse invece l'approccio *rivoluzionario* di *descrivere la struttura dei campi* per capirne l'influenza sulle cariche prescindendo totalmente dalle caratteristiche fisiche dello spazio in cui essa si manifestava,

38. un analogo approccio descrittivo fu adottato successivamente da Einstein per il *campo gravitazionale*. Con ciò si giunse a riconoscere una piena *compatibilità relativistica* anche per la preesistente *teoria elettro-magnetica* di Maxwell,

39. una volta capito che *sono i campi a generare lo spazio-tempo e la sua curvatura* e non il viceversa e accertato che tale approccio garantiva *piena compatibilità al livello relativistico* macro-scopico tra la *gravitazione* e l'*elettro-magnetismo*, ci si è trovati col problema di sanare l'apparente dualismo tra i *fenomeni del macrocosmo* (apparentemente *deterministici* e a *entropia positiva*) e quelli del *microcosmo atomico e subatomico* (in apparenza *probabilistici* anche a *entropia negativa*) che intanto erano giunti a maturazione ai primi anni 1920',

40. si cercò allora di trasferire lo stesso approccio di *descrizione dei campi* anche all'ambito delle *forze nucleari* sia deboli che forti che avevano già consolidato altri due specifici ambiti in cui si manifestava il *campo energetico primordiale* di fondo. Tale descrizione matematica dei *campi* e delle loro *particelle*

198

fondamentali (o *sensori-vettori*) si dimostrò efficace anche in quei due mondi. Da allora è emersa però l'evidenza d'uno *spazio-tempo multidimensionale*, che occorre ipotizzare di *almeno 20 dimensioni* per riuscire a descrivere in *modo unitario* e *senza incoerenze* interne le molte *forme* sperimentali *d'interazione* che è possibile osservare,

41. la *teoria elettro-magnetica* di Maxwell risultò incredibilmente compatibile anche con la *teoria quantistica* e consentì un primo successo d'integrazione, prima nella *teoria quanto elettro dinamica* (QED) e, successivamente, nella *teoria relativistica dei campi*. Il *fenomeno-chiave* presente nell'originaria teoria di Maxwell è stato quello della persistenza della *carica-fonte* (chi *mantiene viva* questa carica e con quali meccanismi di *pompaggio gratuito* d'energia?) fatto che fu usato da Feynman per ipotizzare che debba esistere un *meccanismo d'accumulazione unidirezionale* di *transizioni virtuali d'energia* fino a saturare dei livelli tra cui sia possibile osservare *transizioni energetiche reali* (in analogia al processo d'*accumulazione uni-laterale* noto nel meccanismo meccanico *di ruota libera* che consente ai ciclisti d'inviare *impulsi d'energia* alla ruota in modo discontinuo con pedalate che lo svincolino dal dover ruotare in modo rigidamente connesso ruota-pedale),

42. attualmente lo *stato dell'arte* è giunto alla determinazione che sia possibile conglobare in una *teoria unitaria* la descrizione del *campo di energia universale* che si basi su una matematica compatibile con la *relatività* e con la *fisica dei quanti* pur di ipotizzare, per lo *spazio matematico*, una struttura ad *almeno 20 dimensioni* che lo renda *rappresentativo di tutta la realtà fisica*. Solo quattro di quelle dimensioni risultano osservabili in concreto da parte delle nostre limitate capacità di *percezione bio-logica* ma non risultino escluse dalle nostre più potenti (ed affinabili nel tempo), *capacità psichiche* di astrazione concettuale.

Maxwell/Tesla vs. Edison/Wall Street
la capacità di traino delle tecnologie e la ragion di Stato
Si parte dalla *riduzione* a fini semplificativi che Lorentz apportò nel 1892 al set originario di equazioni con cui Maxwell riassunse il

complesso dei fenomeni EM e ottici allora noti con un formalismo matematico poco familiare agli studiosi dell'epoca e alquanto complesso allo studio: l'*algebra dei quaternoni (quadrivettori nello spazio immaginario di tipo pseudo-tensoriale)*. I fini della *riduzione* in origine erano essenzialmente didattici, anche se poi la *riduzione* prese piede in modo definitivo consolidandosi nella formazione di tutte le generazioni successive di studiosi nella *versione ridotta* del set originario e completo di nozioni scientifiche in **20 equazioni in 20 incognite**.

E' familiare a tutti la sintetica e potente formulazione *relativistica ante litteram* dei fenomeni EM statici e dinamici di Maxwell. I tre testi di Richard Feynman del 1960 (*Feynman Lectures on Physics*) comunque ne riepilogano tutte le *considerazioni matematiche* che di fisica classica (dei *macrosistemi*) oltre alle sue molte correlazioni con la fisica *quanto-elettro-dinamica (microcosmo)*. Maxwell in definitiva raccolse da Faraday il suggerimento di non curarsi dei *campi di forza* ma piuttosto di concentrarsi sui loro *precursori*, cioè sulle linee di distribuzione energetica nello spazio dei *campi potenziali* che sono responsabili dei fenomeni dinamici solo allorquando nel loro ambito vengano introdotte delle specifiche *sonde (particelle cariche dotate di massa - la sola che manifesti forze misurabili)*. Faraday coevo di Maxwell era molto meno dedito di lui alle speculazioni teorico matematiche ma era più intuitivo e creativo nell'approccio di interpretazione dei pochi fenomeni, ma essenziali, noti già allora: le interazioni tra *dipoli magnetici* e *correnti elettriche* e quanto noto relativamente alle interazioni tra *cariche statiche e magneti* nel confronto dei più diversi materiali. Faraday in altri termini suggerì di *ribaltare* l'attenzione dei fisici dai *campi di forza* ai *campi di potenziale*. Sosteneva infatti che l'energia dovesse essere un unico ente le cui manifestazioni fossero osservabili sul piano sperimentale solo se vi si fossero immersi dipoli magnetici o cariche elettriche (statiche o *correnti*).

Il *campo di potenziale EM* doveva cioè esistere (e quindi essere rappresentato in termini matematici) anche se non fossero esistite le osservabili *perturbazioni* delle sue linee di distribuzione causate dall'immersione nel suo ambito di *sonde* elettriche o magnetiche. Faraday aveva anche dato la visualizzazione suggestiva di quanto intuito creando su fogli di carta esposti a un magnete permanente la visione dell'aggregazione di polveri di micro residui metallici sulle linee di azione del campo. Parlare di altri enti che non fossero *campi di forze* misurabili in quei tempi alla maggioranza di studiosi sembrava una sorta di *astrazione matematica* priva di risvolti fisici reali (proprio perchè non producevano fenomeni visibili). Ciò alla data era quasi *buon senso* in quanto non erano ancora state rilevate le evidenze di tipo atomico né tantomeno quantistico che stanno invece provando la realtà fisica del *potenziale* come *precursore dei campi* delle *4 forze fondamentali* sin dal *fenomeno Aharonov–Bohm* nel 1959 (altrettanto ben illustrato nei tre testi di fisica da college di Feynman). Quanto suggerì Faraday affascinò Maxwell (uno scozzese tosto e matematico superlativo) che stese la sua teoria a partire dai fenomeni consolidati all'epoca in un libercolo di poche pagine nel 1848. Come detto egli espresse poi quella teoria in termini matematici scegliendo i *quaternioni*. A quel punto la maggioranza degli studiosi (sempre ricca di *Salieri* e povera di *Mozart*) non accettò di abbandonare il *senso comune* (la prevalente tendenza di restare connessi ai *fatti allora misurabili - campi di forza* immersi in uno *spazio-contenitore*) e accogliere un formalismo matematico complesso una parte del quale si riteneva fornisse solo *astrazioni teoriche* prive di riferimento con la *realtà misurabile*. Lorentz scelse la via più agevole: accogliere di Maxwell ciò che era accettabile rinunciando al maggiore *potenziale rivoluzionario*. Potenziale che emerse subito con l'inclusione dei *fenomeni ottici*, col *calcolo teorico della velocità della luce* nella trasmissione dei fenomeni EM evidenziando la trasmissione dei *fenomeni EM come treni d'onda* che procedono in direzioni opposte (vedi più sotto come le due equazioni ridotte da Lorentz esprimano due funzioni le cui soluzioni sono *onde oscillanti* d'ogni frequenza e responsabili di *trasmettere energia* nello *spazio-tempo*). Le ulteriori intuizioni fisiche di Maxwell furono però colte dagli scienziati nelle generazioni successive col riscontro da Einstein stesso della assoluta compatibilità delle equazioni di Maxwell con lo *spazio-tempo curvo* della sua *gravitazione generale* e con la integrazione nell'*unico e universale campo di energia* delle componenti, apparentemente distinte, descritte dalla *gravitazione* e dallo *elettro-magnetismo* (Einstein infatti ha riconosciuto come la *struttura dello spazio-tempo* venga *distorta localmente* da addensamenti d'energia sia *EM* che di *gravitazione*) così come la *quanto-elettro-dinamica* di Dirac riconobbe poi la compatibilità dell'*EM Maxwell* coi processi propri delle *forze nucleari deboli e forti* (fino alla formulazione della *teoria unitaria* per quelle tre forze). In seguito Maxwell ha ricevuto crescenti riconoscimenti della sua intuizione (la *funzione d'onda del campo di potenziale EM* e la sua originaria formulazione matematica) da parte di numerosi fenomeni che, sin dalla produzione di *coppie di elettroni-positroni* da *raggi gamma* e dal suo inverso (*annichilazione di coppie elettrone-positrone* con produzione d'un *raggio gamma*) fino alle più attuali osservazioni che sembrano chiarire come la provenienza dei *fenomeni reali* osservati anche sul *piano macroscopico* sia una sorta di *rilascio* di pacchetti d'energia da stati quantistici ben definiti dai quali possono avvenire transizioni (*cambiamenti di forma*) da livelli *virtuali* a livelli *reali* (osservabili). Si tratta di processi ipotizzati dal *ratchet* di Feynman (*meccanismo di ruota libera*) che consente che avvengano in modo uni-laterale e con continuità *prelievi ordinati* di energia dai micro-processi disordinati che si svolgono *al livello quantistico virtuale* così da permettere di *caricare energia* prelevata dal vuoto (lo *spazio-tempo* in costante stato di approvvigionamento turbolento dalle stelle) entro ordinati *stati virtuali* d'energia e poterla poi scaricare *a pacchetti* una volta che (grazie al *ratchet di Feynman*) siano stati raggiunti quei *valori quantistici* autorizzati a consentire *travasi di fotoni* d'energia reale (*osservabili*).

Qualora quanto sopraccitato fosse sufficiente per aiutare a rileggere le poche pagine indicate nella premessa, si potrebbe giungere a capire la vera *rivoluzione* che Lorentz ha negato alle

applicazioni EM di potenza sino a tutt'oggi a causa della *educazione castrata* che hanno subito tutti i fisici e gli ingegneri grazie alla sua *versione ridotta* delle *originarie* equazioni di Maxwell. Infatti le **20-equazioni-in-20-incognite** (in *quaternioni*) furono *ridotte* alle note **4 equazioni in 4 incognite** (*vettoriali*) con evidente perdita di una enorme dose di *conoscenze teoriche* e quindi con la conseguente impossibilità di curarne *pratiche applicazioni.*
Ciò avvenne nel modo seguente, altrettanto ben illustrato sui suoi volumi da Feynman (in particolare il secondo riporta l'EM) passando dai *campi vettoriali* E e B al *potenziale EM* nelle sue 2 componenti (*vettoriale*) A e (*scalare*) Φ le equazioni di Maxwell possono scriversi:$(-c^2\nabla^2 A + c^2 . \nabla(\nabla \times A) + d\nabla\Phi/dt + d^2 A/dt^2 = j/\varepsilon_0)$. Si possono scegliere in modo arbitrario (un *assioma* su cui si basa la fisica) da questa forma generalizzata, i valori di riferimento che stabiliscono le relazioni che intercorrono tra potenziale scalare e vettoriale (*gauge*). Lorentz per semplificare scelse un riferimento (*gauge di Lorentz* riportato in ogni *testo di fisica di college*) per *eliminare* formalmente nell'equazione precedente i due *componenti intermedi* ($\nabla \times A = 1/c^2 \ d\Phi/dt$). Ciò diede una particolare *simmetria* adatta a evidenziare i fenomeni allora noti di *manifestazioni simmetriche* colle 2 espressioni *vettoriale* ($\nabla^2 A - 1/c^2 \ d^2 A/dt = -j/\varepsilon_0 c^2$) e *scalare* ($\nabla^2 \Phi - 1/c^2 \ d^2 \Phi/dt = -\rho/\varepsilon_0$) che sono entrambe soddisfatte da soluzioni consistenti in *treni d'onde sinodali*. Questa operazione *semplificativa* (lecita in quanto al *particolare gauge* prescelto da Lorentz) sopprimeva però ogni altra di quelle manifestazioni (allora non ancora note) che sono emerse grazie alla *fisica quanto-elettro-dinamica* (che potremmo illustrare pur nel presente modo estemporaneo e riassuntivo). Tema noioso (in quanto *scientifico-applicativo*) ma d'una elevata attualità in tema di *politiche energetiche*, ignorando il quale si rischia di non capire la *ragion di Stato* che anima le elite ai vertici dei gruppi multinazionali finanziatori interessati a sviluppo e diffusione di *soluzioni tecnologiche* a costante integrazione di ICT, OGM e fonti energetiche innovative. Ciò che ad esempio è stato totalmente *soppresso* (pur in piena *buona fede e legittimità fisico-matematica*) è

il fatto, consequenziale, che quel tipo di semplificazione ci ha orientato a progettare solo *macchine EM di potenza* basate sull'impiego dei soli *fenomeni simmetrici* (che generano *forze elettro-motrici* e *contro-elettro-motrici*, che annullano la *fonte dipolare* – quella che estrae *energia EM dal vuoto*). Ciò impone di ricostituire di continuo, in quel tipo di macchine, la stessa fonte annullata a spese di costanti nuove dosi di energia erogata da combustibili convenzionali o nucleari con aggiuntive immissioni termiche nell'ecosistema. Insomma sinora ci si è costretti a sfruttare la sola *componente scalare* del campo EM (la *componente di Poynting*; che taglia le spire dei magneti) perché non si volle dare peso fisico all'enorme *componente di Heaviside* (milioni di volte più intenso del precedente) ma che, risultando parallelo alle spire, non poteva generare *fenomeni misurabili* alle osservazioni dell'epoca. Se nelle progettazioni ingegneristiche, invece, si sfruttassero le equazioni di Maxwell espresse coi due componenti del campo di potenziale EM senza imporvi il particolare e arbitrario (anche se legittimo) *gauge di Lorentz*, si potrebbe riuscire ad evidenziare molte nuove opportunità d'impiego della *componente di Heaviside* del *campo energetico EM* (la stessa che è già stata evidenziata sperimentalmente grazie all'*esperimento* citato *di Aharonov-Bohm*) a fini di produzione energetica a spese del *campo EM* che *proviene dallo spazio-tempo* (in termini più suggestivi: *'l'energia che proviene da sempre dalle stelle di continuo e pervade tutto lo spazio-tempo'*). Tali maggiori dosi di energia EM che sarebbe possibile *estrarre gratuitamente dallo spazio* vennero invero intuite già alla fine del 1890 a partire dalle equazioni di Maxwell da Nikola Tesla noto e grande fisico sperimentale.

Tesla aveva già sviluppato tutti i brevetti per macchine generatrici di potenza *in-alternata* in un'epoca in cui Edison aveva invece industrializzato la produzione d'energia EM *in-continua* creando un gruppo industriale monopolista basato sui suoi brevetti che avevano invaso tutto il mondo industriale (in Germania le case ricevevano a Berlino *corrente continua* fino a tutti gli anni 1920). Accertata la assoluta competitività dei brevetti di Tesla per macchine sostitutive a *corrente alternata* alla *corrente continua* del suo gruppo industriale, Edison propose a Tesla di rilevare la proprietà dei suoi brevetti. Inspiegabilmente Tesla *svendette* quei brevetti per una cifra assolutamente irrisoria. Egli riteneva infatti di essere in grado di produrre nuovi brevetti di apparati per generare potenza elettrica a livelli ancora più competitivi rispetto a quelli che accettò di *svendere* solo per riuscire a raccogliere i fondi necessari per completare le sue nuove ricerche. Tesla, tra gli anni 1910 e 1940, si concentrò a Long Island in un suo laboratorio privato (la *Torre di Wardencliff* - ancora nota per gli strani fenomeni che vi si manifestavano) dissipando non solo tutti i fondi (risibili eppure sostanziosi) ricevuti da Edison, ma anche i ricchi finanziamenti ricevuti da (J.P.Morgan) un magnate che aveva intuito il grande potenziale di mercato del comparto energetico allora monopolistico. Oggi è naturale capire che Tesla, per poter sviluppare quei nuovi e competitivi brevetti, non aveva solo bisogno della sua abilità inventiva e creatività ma avrebbe dovuto essere sostenuto anche da *componenti tecnologici* (metallurgia, controlli automatici, strumentazioni, ecc.) che la scienza avrebbe sviluppato solo in epoca successiva che solo i progressi scientifici (*quanto-elettro-dinamica*) e industriali (*elettronica*) avrebbero prodotto al servizio della conversione in pratica realtà delle sue intuizioni (impiego del *componente d'energia* di Heaviside con apparati *asimmetrici* - progettati cioè senza l'arbitraria *simmetria* imposta ai potenziali vettoriale e scalare dal molto particolare e semplificativo *gauge di Lorentz*).

Si potrebbe riuscire a valutare quanta maggiore energia si potrebbe ricavare con macchine EM progettate senza le limitazioni castranti imposte col *gauge di Lorentz* concentrando l'attenzione su due fattori classici:

1. il *vettore flusso energetico* del campo EM: $S = \varepsilon_0 c^2$ ExB (vettore di Poynting) e
2. la *densità d'energia di Poynting*: $u = \varepsilon_0/2$ E.E$+\varepsilon_0$ $c^2/2$ B.B.

Esistono infatti infinite espressioni di pari valore che soddisfano le equazioni di Maxwell per u ed S.

La variabilità delle espressioni possibili dipende dalla libera scelta del *sistema di gauge* prescelto; consentito dalla *libertà di regauging* (un assioma-base per la ricerca in fisica come già ricordato). L'indefinitezza che incontriamo nella selezione più opportuna del *gauge* dipende dalla nostra ignoranza sulla collocazione del campo di potenziale energetico EM nello spazio-tempo. Si tratta di una indefinitezza che potrebbe forse essere risolta una volta che si riuscisse a stabilire l'armonizzazione del *campo energetico della gravitazione* con quello *EM*, che come detto ha più ragioni per essere ritenuta non solamente possibile ma necessaria per illuminare sul carattere di unitarietà dell'*unico campo energetico universale* e sulle modalità in cui esso si manifesta col trasformare energia in forme alternative sotto forma di fenomeni di lavoro compiuto dai *4 campi di forze fondamentali* che siamo riusciti a classificare in natura sinora: EM, gravitazione, nucleari forte e debole. La *teoria unitaria dell'universo* mira a riepilogare il campo energetico universale descrivendolo con un formalismo matematico più inclusivo di quelli sinora adottati. Cioè con *gruppi matematici* descrittivi di più vaste simmetrie rispetto a quelle che sinora la creatività critica dell'uomo è riuscita a formulare nel tentativo di esprimere con la sua classificazione il carattere unitario dell'apparente molteplicità dei fenomeni osservabili alla luce delle sue limitate percezioni bio-logiche. Percezioni che la tecnologia estende in modo costante (con nuovi strumenti che estendono le nostre capacità sensoriali) e che ci aiuta a generalizzare ed astrarre (grazie ai crescenti affinamenti nella *epistemologia delle scienze*). Ciò ci consente costanti *rivoluzioni* nell'*immaginare strutture concettuali* sempre più astratte e più capaci di *trascendere* i nostri *limiti di percezione* e ci fornisce (con crescente *sofisticazione di linguaggio matematico*) nuove strutture logico-critiche precise e di grande flessibilità applicativa indispensabili per riuscire a tradurre le astratte strutture concettuali in modelli capaci di subire rigorose *verifiche di falsificazione* ed a collegare le misure sperimentali raccolte ai parametri matematici descrittivi dei modelli stessi.

Sarebbero allora risolti i problemi che ostacolano la crescita economica globale?

presentazione

In ogni epoca della civiltà l'uomo si è diviso tra chi fa (i *Doers*) e chi critica (gli *Opinioners*). I primi individui hanno una, seppur prudente, fiducia nelle capacità di superare i problemi che minacciano il benessere con l'invenzione di tecnologie sempre più produttive. Sono ottimisti e spesso scettici ma mai cinici nel loro impegno di peculiari attitudini e risorse. I secondi sono individui tendenti al pessimismo che, temendo di perdere quanto hanno già acquisito, lavorano cinicamente a smontare ogni aspirazione al nuovo che i primi si ingegnano di creare. La tecnologia nasce e si sviluppa grazie al contributo del primo gruppo d'individui che si impegna a creare le condizioni per un migliore domani con *studi teorici* (chi s'impegna nelle *ricerche fondamentali*) o *rischi* e *creatività* imprenditoriali (chi invece sviluppa in laboratorio invenzioni o cerca di organizzarne l'uso con profitto gestendone impieghi innovativi in azienda).

Tutte le *tecnologie* infatti sono composte di *4 elementi* che ne consentono la applicazione pratica a sostegno della qualità di vita: l'elemento *hard-ware* (che si riferisce agli apparati in senso più stretto), l'elemento *soft-ware* (che integra il primo per agevolare le abilità professionali all'impiego appropriato degli apparati), quello *org-ware* (per risolvere tutti i problemi pratici imposti dalla adozione di nuovi apparati nei *rapporti di lavoro* - sia tra *addetti* alla produzione che verso i *consumatori*) e quello *norm-ware* (che predispone le più opportune modalità in cui le nuove scelte organizzative possano risultare redditizie senza ledere l'interesse generale - che potrebbe venirne danneggiato in modo indiretto (cfr fig.1), anche se a prima vista possa sembrare non esser coinvolto in modo diretto dai mutamenti organizzativi.

Nella storia, mentre il primo gruppo di individui *scettici-progressisti* si è dedicato con tenace impegno a lottare contro *mulini a vento* spesso fallendo ma con gradualità e lentamente riuscendo a tracciare il percorso della nostra civiltà, il secondo

207

gruppo di *cinici-reazionari* cerca di frapporre ostacoli costanti al progresso dei sogni concepiti dai primi, sollevando pretestuose *dimostrazioni d'irrealizzabilità*.

Ciò si è sempre tradotto nella creazione di *ghetti intellettuali* imposti a inventori e scienziati sulla base di *dimostrazioni* che però si fondano su nozioni maturate nel passato ma ormai *poste in crisi* grazie alle nuove generazioni di innovatori. Per analogia ciò è avvenuto da sempre in campo militare ove i *generali ortodossi* alle vecchie dottrine, vengono sconfitti da *giovani parvenu* che adottano tecniche e strategie *irrituali*. È ciò che ha sempre opposto, inoltre, agli imprenditori ostacoli nel reperimento delle risorse finanziarie necessarie per promuovere l'avvento delle innovazioni o ha, perfino, suggerito ai vecchi detentori del potere *ostacoli di legge* da opporre al nascere di tipi d'azienda sconosciuti in precedenza. Resistenze suffragate da *riflessioni* fondate sull'esperienza di un passato che non è solo *obsolescente* ma ormai anche inadeguato a soddisfare le nuove aspettative di migliori livelli per la *qualità di vita*.

Nella storia, i seguaci di Malthus sono i peggiori *cinici-reazionari* e prefigurano *scenari da Armageddon* per la *crescita della popolazione* e suggeriscono interventi reazionari quali *equiripartire la povertà* o *reprimere i tassi di natalità*. Sulla base di scenari basati su pure estrapolazioni matematiche sul potenziale delle *attuali tecnologie* e sulla *propensione a riprodursi* nutrita oggi dai gruppi sociali. Sono considerazioni semplicistiche e confutate da sempre da fatti nuovi come il parallelo *diminuire della natalità* nelle comunità col crescere del loro *livello di benessere* o il costante *aumento di produttività* tecnologica nei processi di erogazione dei beni e servizi necessari per offrire un migliore benessere in modo diffuso e accessibile a sempre maggiori strati di popolazione.

A questo proposito abbiamo voluto riportare una banale tabella (Tavola 1) in cui si valuta quale sarebbe la *densità di popolazione* risultante da un'*operazione ideale*: concentrare cioè tutta la popolazione del globo sul solo territorio dello *Stato del Texas*. Ne risulta una *densità* comparabile a quella odierna in Paesi di vario tenore di sviluppo e benessere.

Le *previsioni catastrofali* hanno inoltre ricevuto ulteriori riduzioni di credibilità da quanto è già stato messo in pratica di recente in Stati come Israele che, adottando nuove *tecnologie rurali*, sono riusciti a *dissodare e irrigare* il deserto e seminare tipi di piante che hanno moltiplicato vertiginosamente la *produttività per ettaro* e ridotto contemporaneamente l'*esigenza d'acqua* necessaria per irrigare le coltivazioni con concimi e anti-parassitari.

Ottimismo umanistico *scettico-tecnologico* o pessimismi *cinico-reazionari?*

Per illustrare le premesse vogliamo ora riepilogare la centralità di tre risorse che si ritiene siano *necessarie e sufficienti* per assicurare il diffuso sviluppo industriale anche nelle località più decentrate e remote del globo: *comunicazioni* (di persone, beni e informazioni), *energia* (accessibile e non-inquinante) e *alimentazione* (adatta a dieta umana ed ambiente).

La prima tra queste *risorse per lo sviluppo,* quella che costituisce l'*elemento-chiave* per assicurare successo a autonome iniziative locali per lo sviluppo, è la diffusa disponibilità e accesso a *fonti d'energia.* Infatti sembra possibile che, una volta risolto il problema di assicurare la *disponibilità locale d'energia,* chiunque sia dotato di spirito d'intrapresa, possa avviare autonome iniziative produttive nel *comparto industriale* di attività in cui ritenga d'essere dotato delle migliori probabilità di successo. Infatti, le restanti risorse produttive si possono acquisire con l'acquisto d'*impianti sussidiari* (nell'esempio del *comparto rurale:* pompe o dissalatori per garantirsi la disponibilità d'acqua) o di *servizi sussidiari* (sempre nell'esempio di produzioni e vendite nel *comparto d'industria* rurale importare: semenze, concimi e fertilizzanti per i cicli produttivi, imballaggi-confezioni-conservazioni-trasporti dei prodotti per poterli distribuire ed esportare).

La seconda risorsa che si ritiene indispensabile per garantire successo a iniziative locali di autonome produzioni è dunque costituita dal *disporre* di *accessibili collegamenti* per trasportare tanto beni *intangibili* (informazioni su conoscenze tecniche e commerciali a sostegno della produzione), quanto per trasportare i beni *fisici* (per assicurare i fattori necessari alla produzione - componentistica, semi-lavorati e materie prime – o per poter collocare la produzione stessa sui mercati più convenienti).

La terza risorsa che sembra necessaria per assicurare, grazie alla competitività, buone probabilità di successo a intraprendere le produzioni loro più congeniali anche alle più povere comunità locali, è la disponibilità di una *autonomia alimentare di base* per evitare la perdita di risorse umane forzate altrimenti a emigrare per l'indigenza. I prodotti OGM possono aiutare a *personalizzare le produzioni locali* alle caratteristiche degli ambienti fisici più locali e possono tanto rendere massimi i raccolti, quanto rendere minimo l'impiego di anti-parassitari e fertilizzanti e contribuire così a ridurre tanto i costi umani (le *migrazioni di massa*), quanto quelli ambientali (l'*inquinamento* chimico di *terreni ed acque*). In definitiva la disponibilità diffusa delle tre risorse citate potrebbe garantire sia la tutela delle *diversità culturali* e ridurre le *migrazioni di massa* (fonte di disagio e tensione sociale tanto per le comunità depauperate dall'*emigrazione* di proprie risorse -spesso le migliori- quanto per chi accoglie l'*immigrazione*). Sia le *OGM* che le *informazioni* a sostegno delle produzioni sono già molto disponibili tramite le principali organizzazioni scientifiche e industriali ma la loro disponibilità più periferica può essere utile solo dopo avere risolto il problema del *trasporto delle risorse fisiche*. Infatti le *conoscenze* scientifiche e industriali possono essere diffuse grazie alle *reti di comunicazione via satellite*, mentre lo scambio di risorse necessarie per dare *sostegno fisico* ai cicli produttivi (consegnando le *materie prime* ed i *componenti industriali*, collocando i *prodotti finiti* industriali e le derrate rurali sui mercati) dipende da *soluzioni organizzative* che sappiano rendere fruibili con accessibilità universale e capillare le *reti per il trasporto fisico* di beni e persone. Ci concentreremo quindi a presentare 2 *applicazioni tecnologiche innovative* di beneficio per assicurare disponibilità diffusa (estesa dunque anche alle comunità più remote) sia delle reti di *trasporto*

210

fisico dei beni sui mercati internazionali di produzione, trasformazione e consumo sia di adeguate *risorse energetiche*. Si sono scelti due campi in cui la scienza ha già fornito le *conoscenze di base* per creare *soluzioni tecnologiche* che, pur richiedendo investimenti di *ricerca applicata*, consentono immediati, pratici impieghi industriali su base di *tecnologie già mature* (quindi gestibili anche nei Paesi *meno industriali*). Avviando così *forme virtuose di cooperazione* tra essi e i Paesi *più terziarizzati* che, con le migliori probabilità di successo, è possibile sappiano implementare quei *programmi di ricerca applicata* necessari per adeguarne le *modalità applicative* a misura delle esigenze sociali e organizzative delle più periferiche *economie locali*.

Evoluzione nel concetto di scienza

Il criterio di *oggettività* delle conoscenze in *rappresentazioni scientifiche* (o *modelli*) ha ceduto il passo a quello della loro *falsificabilità*. S'è infatti riconosciuto che la presunta oggettività delle misure sperimentali è invece falsificata dall'*inevitabile interferenza* che l'*osservatore biologico* apporta alle osservazioni stesse. Non solo perché anch'egli è *parte ineludibile* del *sistema complesso 'oggetti osservati-mezzi di osservazione-osservatore'* ma soprattutto perché egli *incentra la propria attenzione* sulla sola osservazione degli aspetti su cui il passato ha già attratto l'attenzione ma che possono anche essere sintomi privi di primario interesse scientifico, se avulsi dallo specifico contesto logico che li portò alla sua *attenzione settoriale*. Attenzione su *sintomi settoriali* solo in quanto l'osservatore è dotato di *capacità biologiche* e basato sul *senso comune* dettato da studi obsoleti (mentre altri, forse più significativi, *segnali* restano totalmente impercettibili sul *piano biologico*). Ciò impone di travasare in modo costante e graduale la *realtà sensoriale* rappresentandola in un *mondo astratto che la trascende* tramite *concetti astratti* che possano sottoporsi a verifica sotto il profilo delle *congruenze logiche*.
La capacità di *percepire il contesto* in cui collocare le osservazioni trascende le pure sensazioni e osservazioni biologiche (di cui gli

211

strumenti non sono altro che estensione e potenziamento). Esiste infatti una peculiare *capacità percettiva* umana che ci consente di *trascendere la realtà sensoriale* dei sistemi osservabili e di formulare *ipotesi di modelli* che risultino consistenti con la *criticabilità logica* e risultino meglio *rappresentativi dei vecchi modelli* (sempre 'falsificati' dall'emergere di paradossi scientifici delle nuove conoscenze). Si tratta di spostare il *concetto di scienza* dalle *capacità sensoriali* a quelle *logiche* costruendo modelli col *linguaggio astratto matematico della geometria* (per ciò che riguarda le *forme* della realtà modellata) e della *metrica* (per definire le *misure quantitative* che permettano di condurre i riscontri necessari per *validare-falsificare* la realtà ipotizzata) valida nell'ambito delle forme geometriche prescelte.

La scelta di *modelli geometrici* (per rappresentare l'universo in cui viviamo) e delle relative *metriche algebriche* (per verificare le compatibilità tra i sintomi osservati con crescenti capacità tecnologiche), consente il costante *progresso della conoscenza* ed estende i confini a dimensioni sempre più ampie ed inclusive sottoposti a tale processo *critico di falsificazione logico-matematica*. Un processo *soggettivo* (ma proprio per ciò più controllabile sul piano razionale) che ci ha permesso gradualmente di *trascendere i limiti settoriali* delle nostre osservazioni, dovuti alle *sensibilità bio-logiche* che ci prospettano sempre nuovi e insospettati campi *riduzionisti* della realtà che ci circonda ma che ci impongono di riportare tutti all'unico *olismo* della natura di cui siamo parte per rappresentarla entro un *modello finale* realmente *unitario e onni-inclusivo* delle conoscenze. Tutto entra a fare parte della unica disciplina originariamente ristretta all'*osservazione dei corpi in movimento*: la *fisica* o per meglio dire la *filosofia della natura*. La *meccanica*, la *chimica*, l'*elettro-magnetismo*, la *cosmologia gravitazionale*, la *quanto-elettro-dinamica* delle particelle elementari, la *gravitazione quantistica*, la *bio-genetica*, la *termodinamica del caos*, la *fluido-idrodinamica*, le *percezioni bio-sensoriali*, le *strutture neuro-logiche*, la *formazione della coscienza*, le *instabilità evolutive e di comportamenti* psichici, le *trasformazioni della forma* in biologia evolutiva fino alle transizioni permesse tra assetti stabili nell'*evoluzione dei processi complessi*.

Ogni *sistema complesso e dinamicamente evolutivo* segue leggi analoghe che ne descrivono in *linguaggio logico-matematico* le *forme che assumono* e le loro *relative trasformazioni* nel tempo. Meglio ancora leggi che descrivono quali *assetti stabili* possano assumere quelle forme e quali siano le *transizioni permesse* tra quegli assetti lungo tragitti che possono venire logicamente percorsi indifferentemente in linea di principio nel senso dei tempi crescenti o nel loro scorrere inverso. In modo indipendente cioè dalla *monotonica* percorrenza che il tempo impone invece all'evolvere delle esperienze e delle riflessioni bio-logiche.

L'organicità delle conoscenze è data dall'*unicità della descrizione ed evoluzione morfologica* dei *modelli astratti logico-matematici* concepiti con gradualità dall'uomo per rendere ragione unitaria e calzante con l'*analisi riduzionista* di tutti i *sistemi complessi* in cui egli, storicamente, ha scelto di frammentare la *rappresentazione* dell'*unica realtà trascendente*.

La *psiche*, la *conoscenza*, le *instabilità della psiche* e dei *modelli conoscitivi*, di *comportamento* e di *relazione*, nella *morfologia e nelle trasformazioni* che vi avvengono, non sono diversi da quanto avviene in altri ambiti settoriali della natura (ad es.: l'*evoluzione genetico-ambientale delle specie* e dei loro *caratteri ereditari* trascritti nella *complessità informativa dei codici genetici*, o la costante *trasformazione d'energia in materia* nell'evoluzione dei corpi celesti). A partire dal *costante accumularsi dell'energia* dagli stati *virtuali e quantistici* delle *particelle elementari* in sempre più complessi *aggregati macroscopici* e localmente tanto stabili da potere essere osservati sul piano bio-logico, fino all'*evoluzione costante del caos termodinamico* nello spazio-tempo in cui viviamo potendone rilevare però solo gli aspetti di una *quasi-stabilità locale*.

Che *i tempi* siano incommensurabili rispetto alle nostre capacità percettive o che *il tempo* sia solo un vincolo obbligato per la nostra limitatezza bio-sensoriale, non impedisce che (seppure con una lenta gradualità), le *capacità logico-astratte della mente* riescano a

213

trascendere gli stessi *limiti bio-logici*. Processo di trascendenza che aiuta ad intuire (con un'azione realmente *creativa e artistica* generata dalla *suggestione delle incoerenze logiche* riscontrate nell'ambito delle osservazioni) modelli della realtà sempre più *rappresentativi* dell'universo. Modelli che, nelle loro forme ridotte, possano trovare anche applicazioni utili per la nostra sopravvivenza o per le nostre capacità d'osservazione, con lo *sviluppo di tecnologie* sempre più adeguate ad appagare la nostra aspirazione di *superare i limiti materiali o intellettuali* secondo quanto descrive la *psicologia dei bisogni* umani e alla luce dei *profili delle attitudini e motivazioni* individuali.

Il modello unitario (la *topologia unitaria*) dell'universo dovrebbe poter ospitare la rappresentazione d'ogni tipo di manifestazione dell'unico *campo d'energia* garantendo la coerenza globale. Le *metriche* e le *procedure di trasformazione tra le diverse metriche* adottate *localmente* per eseguire misure in ogni *campo di forze* in cui raccogliamo le nostre osservazioni dovrebbero guidare *trasformazioni tra riferimenti* privi di discontinuità. Oggi sappiamo che la *topologia unitaria* viene variata costantemente dalla distribuzione dell'*energia nello spazio-tempo*. Questa perciò deve includere tanto le *forze di massa-energia* (*della gravitazione* che rende conto d'un solo 5% della globalità) quanto quella porzione d'*energia scura* (che rende conto del restante 95% ma non ancora *localizzato* dalla scienza). Il miglior punto di partenza per un impegno d'integrazione tra la *relatività generale* e la *quanto-elettro-dinamica*, sembra debba essere la *porzione di Maxwell* della teoria della *relatività generale*. Essa ha dimostrato infatti d'essere tanto pienamente *relativistica* (ben prima della teoria di Einstein del 1905), quanto capace di venire *quantizzata* assieme alla *quanto dinamica* (inaugurata da Bohr negli anni '20 fino a Dirac negli anni '40). In una *teoria realmente unitaria* sarebbe strano non tenere conto d'una ipotesi praticabile per l'*energia scura*. Occorrerebbe stabilire cooperazione tra il gruppo di *revisionisti* dell'originaria teoria di Maxwell e il gruppo di creativi innovatori *quanto-relativistici* sulla linea indicata dalla *funzione d'onda* (o

equazione della *gravitazione generale* di Wheeler-De Witt degli anni
'60 fino alla *teoria dei loop* degli anni '90). Grazie a tale
cooperazione occorrerebbe forse un *passo laterale* per uscire dal
caotico insieme di sforzi in corso in *quanto dinamica*. Occorrerebbe
inoltre riflettere su una discrasia che separa le tradizionali *scienze
naturali* da quelle *umanistiche* che tuttavia trattano di fenomeni
altrettanto *osservabili* dei primi: dalla *biologia*, alla *medicina*, alla
psicologia fino alle più diverse branche delle conoscenze codificate
nel grande insieme del *pensiero umano*: dalla *filosofia*, alla
letteratura, alle *arti figurative* che, tutte, riflettono modi diversi
secondo cui l'uomo rappresenta a se stesso ciò che la natura
manifesta alle sue *percezioni* sensibili e alle sue *capacità astrattive*.
Secondo la *scienza naturale* esistono in natura (a noi note) 4 forze
secondo cui si manifesta l'unico *campo energetico* originario. Tre di
queste forze sono state più o meno unificate finora sotto un unico
campo che ne riesce a descrivere le manifestazioni settoriali
nell'ambito d'un unico *gruppo di simmetrie* matematico che ne
riporta le *leggi* nell'ambito di un'unica *funzione d'onda* quanto-
elettro-dinamica. La *teoria della gravitazione* resta tuttavia ancora
irriducibile, almeno seguendo i tradizionali sforzi di ricercarne una
rappresentazione secondo la *rivoluzione* a suo tempo avviata da
Faraday e consolidata da Maxwell nel suo originario tentativo di
abbandonare le tecniche rappresentative delle leggi che erano state
inaugurate da Newton e da Leibnitz. Tutte quelle quattro distinte
manifestazioni fenomeniche dell'unico campo energetico primario
comunque rendono conto di fenomeni che, al livello
macroscopico, si sviluppano nel senso dei tempi crescenti secondo
gradi di entropia (o di *disordine*) monotonicamente crescente. Ciò
non-ostante esista la prova che la natura, a partire dal suo istante
iniziale, stia evolvendo macroscopicamente in senso opposto
d'una costante crescita d'ordine (o *diminuzione di entropia*). È
altrettanto noto a ogni *ricercatore scientifico* che esiste una *quinta* e
ben distinta manifestazione dell'energia nei fenomeni osservabili
quotidianamente in *natura* che non può che essere un modo
diverso del medesimo campo unitario energetico primordiale e che

215

viene generato da tutti i soggetti che sono dotati di vita. Dalla crescita dei feti fino alla nascita, alla crescita di informazioni prodotte dal pensiero umano queste manifestazioni della *quinta forza* di manifestazione del *campo energetico unitario* in natura rende pienamente conto dell'evoluzione nel senso di *entropia calante* dei fenomeni in cui sappiamo codificare i contenuti di informazione (dal DNA fino alle classificazioni intellettuali più astratte). Tutto ciò si manifesta su aggregati della stessa *materia* che compone la realtà osservata dalle stesse *scienze naturali* che trattano lo studio più tradizionale della *materia inanimata*. Le *leggi* finora assicurateci da quelle *scienze naturali* non chiariscono i processi sviluppati da questa *quinta forza* (capace di estrarre energia dal campo e creare ordine dal disordine). Quelle tradizionali scienze ci hanno però fornito il *trait d'union* utile per avviare una nuova *rivoluzione* del pensiero affatto analoga a quella avviata da Faraday–Maxwell rispetto a Newton–Leibnitz. Infatti le *scienze dell'informazione* ci consentirebbero di misurare il contenuto di informazione portato da diverse teorie alternative di spiegazione dei fenomeni naturali. Ciò ci permette di confidare in nuove capacità di condurre le riflessioni sui fenomeni naturali (sia *animati* che *inanimati*) in modi capaci di *sanare la discrasia* nelle nostre astrazioni dai fenomeni di nuovi *parametri fondamentali* che permettano di formulare *leggi* che siano applicabili a tutte le manifestazioni naturali (quindi leggi veramente *unitarie e universali*). In seguito tali leggi si dovranno tradurre in *descrizioni matematiche* per consentire ai nuovi *creativi* di immaginare modi nuovi e più confacenti alle nuove formulazioni di quelle astrazioni. Insomma occorrerà forse abbandonare quella strada inaugurata dalla fisica-matematica nell'800 (i campi e loro descrizioni pervasive della natura secondo gli elementi topologici, *linee* e *superfici* equipotenziali che fino a oggi si è avvalsa della algebra dei *gruppi di simmetria*) permettendo di superare la inadeguatezza degli strumenti che erano stati consolidati nel '700 (calcolo differenziale e integrale ed equazioni alle derivate totali). Infatti la semplice *aggiunta* alle equazioni esistenti di fattori dipendenti dal tempo in modo transeunte, non sembra possa dare una vera *comprensione fisica* della realtà energetica retrostante i *fenomeni animati.* Ciò che forse occorrerà sarà riprendere una *riflessione fondamentale* sul modo in cui ci convenga rappresentare i processi (sia *animati* che *inanimati*) che, tutti, coinvolgono gli *stessi elementi fondamentali* che compongono gli enti sotto osservazione e che mutano drasticamente la *direzione entropica* dei processi allorquando viene meno la *vita* (elemento misterioso capace di distinguere la *crescita di informazione* in natura). L'informazione rappresenta il modo peculiare in cui progredisce (per salti discontinui di qualità) la conoscenza umana grazie ai veri e propri apporti di *creatività artistica* che rendono fertile tutta l'opera di scienziati che, solo grazie ad essi, sono capaci di estrarre col suo *lavoro intellettuale* dosi d'*energia primaria* e convertirle in innovativi elementi *concettuali* (idee) o *concreti* (meccanismi) ma tutti capaci di erogare maggiore ordine alle molecole materiali cui sono associati e di cui ci si serve per poterne comunicare la storia dell'evoluzione del *governo della natura* da parte dell'uomo.

Dal momento che la *molecola* è la più piccola struttura in cui si integrano le diverse forze in cui si manifesta l'*unitario campo di energia* naturale (da *elettrodinamica-quantistica* a *gravitazionale*) è probabile che su esse si debba concentrare l'attenzione per rilevare analiticamente i fenomeni sperimentali capaci di rivelare anche il manifestarsi della *quinta forza* (quella *vitale*) cui si è fatto cenno. Esistono infatti già abbondanti conoscenze (anche di matematica) relative a quelle particolarissime molecole (il DNA) di cui si serve la *vita* nelle sue fasi di inserimento nella materia e (grazie ai successivi aggregati macro-scopici) di successiva generazione delle *conoscenze astratte* attraverso cui si formalizza e si trasmette il capitale delle conoscenze intellettuali (*artistiche* o *scientifiche*). Gli elementi del DNA sotto l'azione ordinata di una *forza vitale* sono capaci di gestire le dosi necessarie d'*energia primaria* per sviluppare processi nel rispetto del *codice di informazioni* decifrato di recente. Tale ordinato processo segue pertanto *leggi fisiche* analoghe a quelle relative alle *quattro forze* a noi più note. Tale processo viene improvvisamente, *ceteris paribus*, a interrompersi nel momento in cui l'elemento caratterizzante la *forza vitale* cessa di essere presente come elemento protagonista delle *leggi vitali*. La *chimica molecolare* e l'*ingegneria genetica* possono svolgere ruoli primari per descrivere le *leggi* (e strumenti matematici che permettano di descriverne la *accumulazione di informazione*). Solo in seguito sarà possibile tentare di fornire una illustrazione della struttura di quel *campo di forze* che riuscisse suggestiva di una percezione della natura nuova e più aderente sia alle *leggi già note (unificate)* sia alla *realtà tutta* su cui saremo riusciti a migliorare le nostre, sempre parziali conoscenze astratte *trascendendo* così quei limiti che separano oggi in modo illogico la scienza tra studio della *materia-più-vita* da quello di una medesima *materia-meno-vita*. Il senso del dibattito che divide da sempre gli scienziati *riduzionisti* dagli *olisti* è tutto riassumibile nella differenza tra *fede nel caso* che ispira il *credo aprioristico* della lettura fondamentalista della teoria Darwiniana e *fede nella trascendenza* che ispira il *credo aprioristico* della rilettura in chiave creazionista di tutte le teorie che hanno espanso le capacità intellettive umane nei confronti di una realtà costantemente ineffabile ma sempre sorretta da *leggi* capaci di *dare ordine unitaroi e gerarchico* ai fenomeni naturali e a quelli intellettuali. Si tratta in definitiva di *cancellare a-priori* (oppure di *ipotizzare a-priori*) che esista un carattere unitario ed ordinato all'interezza della natura di cui facciamo parte. Qualora tale *carattere ordinato e unitario* venga accettato, la logica conseguenza sembra sia di perseguire con costanti ricerche scientifiche (forse interminabili data la limitatezza umana benché aiutata dall'*evoluzione delle facoltà intellettive*) quale sia la *legge (definitiva e unitaria)* che governa tutta la realtà (*animata e inanimata*). Che poi, tale *legge definitiva*, sia stata stabilita (visione fideista dei *creazionisti*) tramite atti costanti e protratti di intervento del *Grande Architetto dell'Universo* piuttosto che invece tramite una *originaria e originale* iniezione di *software evolutivo* che si manifesta con graduali e costanti *salti di qualità* (non spiegabili da *fideiste visioni* di azione del *caso*, soluzione che ormai - alla luce del

218

teorema di Gödel - risulta incompatibile con la logica pura) non
sembra possa essere tema di interesse per alcun vero scienziato. Il
software evolutivo iniettato nel DNA non lo dota solo di
informazioni atte a organizzare l'aggregazione di materia in senso
di diminuire l'entropia nel tempo (grazie alle combinazioni
permesse dalle quattro basi: *adenina, guanina, timina e citosina*)
ma atte anche a riorganizzare nel tempo il *software stesso* con
complessità logica crescente in un *processo* naturale di evoluzione
a-salti che implica (per salvare le stesse regole della *logica-
matematica* - teorema di Gödel) che il *software-DNA* abbia la
capacità intrinseca di saper cogliere *al suo esterno* gli elementi atti a
fargli concretizzare quei *salti evolutivi*. Una sorta d'*illuminazione*
che lo *trascende* e un tipo di *soft-ware auto-progettuale* che, anche
esso, *trascende* ogni capacità scientifica di superare i tipi di *software
auto-correttivi*. Inoltre tale *DNA-software* sembra il mezzo
attraverso il quale, da parte degli elementi vivi, è catturata energia
dall'ambiente per impiegarla secondo processi a *entropia negativa*
mettendo in azione quel *quinto tipo di forze* che termina al
momento in cui la *vita* abbandona le stesse strutture materiali in
cui si *incarnava*. Le più recenti *teorie unitarie dell'universo* cercano
di formulare proposte applicabili sia ai fenomeni animati che
inanimati.
Occorre riflettere sulla *poesia biblica* che rivela in concetti esoterici
la verità del momento del *big bang*. Dio creò lo *spazio-tempo* come
entità percepibile partendo da un *sempiterno caos* (indifferenziato e
non-vivo) di distribuzione *di un'unica energia*. Il Suo primo atto fu
di separare *luce dal buio a partire dal caos unitario* con l'atto
emergente di creazione verbale 'Fiat Lux' la luce generò poi *quanti di
materia carica*. La *gravitazione* non è l'*approccio di base* per dare alla
realtà una *rappresentazione unitaria*. A meno che il concetto di
materia possa essere *ri-appreso* dando ragione sia del 5% *osservabile*
e del 95% d'*energia* EM, *massa-energia scura*. È più probabile che
l'*elettro-magnetismo sia il campo* capace di render conto del
processo di separazione continua e costante dell'energia dal suo
stato caotico (*scuro* o *virtuale*) a quello *osservabile di luce-materia*

unificate dalla tradizionale interpretazione *gravitazionale*.

La risorsa energetica: primaria necessità per ogni *sviluppo economico*

L'energia riempie l'universo in cui viviamo con una produzione costante e *gratuita* che, sin dalla *creazione* dell'universo, è assicurata dagli astri. Tale produzione ha assicurato nel tempo lo sviluppo di tutte le forme osservabili di risorse naturali, dalle piante ai minerali alle creature viventi che costituiscono solo accumuli secondari e terziari di quell'*energia primaria quantistica*. Se quella fonte d'*energia gratuita* primaria dovesse venire meno, non si avrebbe alcuna alternativa per sostituirla e la vita si estinguerebbe.

Come nel caso dei pannelli solari o delle torri eoliche, l'*energia gratuita* permette all'uomo di alimentare tipi diversi di *macchine di potenza* per svolgere lavoro a lui utile. Sono possibili altre forme per la *cattura gratuita d'energia* dallo spazio che ci circonda senza che l'uomo debba ricorrere a macchine che per produrre energia *bruciano* risorse di *seconda e terza generazione* rispetto a quella *primaria elettromagnetica* che ci circonda e che ci viene *rinnovata dagli astri* da sempre in modo gratuito. Azzerando l'esigenza di bruciare legna, carbone, idro-carburi, materiali fissili, quindi, si potrebbe ridurre a zero l'inquinamento aggiuntivo di aria e acque dato da quei tipi di produzioni termiche. Inoltre ciò ridurrebbe a zero l'emissione aggiuntiva nell'atmosfera terrestre dei gas inquinanti prodotti dalle combustioni artificiali.

La *cattura gratuita* d'aggiuntive dosi d'energia elettromagnetica dallo spazio che ci circonda è possibile sotto il profilo teorico e richiede solo d'essere raggiunta con adeguati investimenti per ricercare nuove macchine analoghe alle citate torri eoliche o *pannelli solari*. Si tratterebbe di quantità d'energia ben superiori a quelle, assolutamente irrisorie, garantite oggi da queste due tecnologie. Infatti sappiamo che le stelle emettono *energia elettromagnetica* che pervade tutto lo *spazio interstellare* che è dunque disponibile ovunque sulla terra e al suo esterno ma è solo in parte visibile. La maggior parte di tale energia sfugge perfino

220

alla osservazione degli odierni strumenti scientifici per il carattere *virtuale* di molti dei fenomeni fisici che avvengono in modo costante sul *piano quantistico* di là dalle nostre capacità d'osservazione e *precorrono* l'avvento di *fenomeni osservabili* che alimentano le nostre conoscenze scientifiche e tecnologiche in *fisica classica.* Quell'ammontare d'energia viene denominata *massa* o *energia scura* per l'equivalenza tra *massa* e *energia* stabilita dalla relatività generale, e rende conto d'oltre il 90% dell'*energia* o *massa totale* dell'universo in cui siamo immersi. In altri termini le odierne conoscenze *scientifiche* e *tecnologiche* sono ancora connesse fermamente a osservazioni che ci hanno permesso di studiare solo un 10% del totale di energia prodotta dalle stelle. Su queste conoscenze abbiamo potuto consolidare le *leggi della fisica* su cui abbiamo *costruito le tecnologie* di cui ci avvaliamo oggi. Solo di recente la *quanto-elettro-dinamica relativistica* ha aperto alle nostre capacità d'*osservazione* quei nuovi fenomeni che stanno dando conferme costanti a *intuizioni* e *previsioni* già formulate dagli scienziati teorici a partire dalla originaria teoria *elettro-magnetismo* di Maxwell a metà dell'800.

Nei paragrafi successivi vogliamo indicare tali nuove potenzialità per migliorare le nostre *conoscenze scientifiche* e *tecnologiche* in modo da abbandonare totalmente le *primitive,* anche se sofisticate, attuali forme di *produzione d'energia* di cui ci si serve dall'avvento dell'*era industriale.* Fondamentalmente forme di combustioni *libere* (in atmosfera) o *controllate* (nei nuclei di *reattori nucleari* tradizionali o di quelli futuribili della *fusione calda* o *fredda*). Tipi di produzione di *ulteriore energia termica* che presentano i meno redditizi *cicli termo-dinamici di rendimento* che si possano avere e che si ottengono *degradando* tipi di *materie-prime* prodotti dall'energia degli astri con *processi di durata geologica* e *quantità non ricostituibili* a ritmi paragonabili colla velocità a cui si saccheggiano quelle consumate nella *combustione.*

Introduzione alla *revisione* dell'insegnamento della teoria EM di Maxwell

pochi elementi d'interessere generale per la presentazione

I progressi avvenuti in ogni settore della fisica nel corso del '900 ci permettono di rivedere quanto Maxwell aveva voluto comunicare tramite la sua originaria formulazione della *teoria unitaria* di conoscenze in tema di elettricità, ottica e magnetismo. Prima di descrivere con un maggiore dettaglio (seppur cercando di mantenerci sul piano *concettuale*) il potenziale ancora innovativo di quella teoria si ritiene utile dare qualche cenno di *buon senso* per chiarire il significato di pochi concetti e termini impiegati dai fisici ed influenti per la rilettura di quella teoria avanzata.

Un primo concetto di carattere generale è che secondo ogni ipotesi odierna che sia rispettosa della *gravitazione relativistica* e della *quanto-elettro-dinamica* l'origine dell'universo è *partita* da un istante di forte discontinuità *il big bang* che ebbe un carattere seppur minimamente *asimmetrico* che, dal pre-esistente stato di *caos* energetico, ha originato quella molteplicità di aggregazioni ordinate di energia che si può *osservare* attualmente nell'universo che ci è dato di osservare sul piano bio-logico. Le stelle, i pianeti e le galassie per non parlare degli *oggetti* ancora non compresi e nemmeno *osservati* pienamente quali i *buchi neri*, la *massa scura* o l'*energia scura* si sono venuti formando grazie a un processo lento e graduale di crescita d'*ordine* a partire dal *caos originario* che, per definizione, è *massimo disordine* o *massima entropia* in termo-dinamica. Dopo quel lungo processo di spontanea *diminuzione di entropia* sembra che le odierne conoscenze della fisica ci segnalino che l'universo stia invece seguendo solo trasformazioni lungo sequenze di fenomeni obbligate a seguire percorsi di *crescita di entropia*. Ci viene cioè detto che l'universo tenda verso uno stato finale caratterizzato dal *caos*. Occorre quindi presumere che, o le attuali conoscenze debbano essere riviste alla luce d'una migliore comprensione della realtà naturale, oppure che in qualche istante si sia manifestata nella storia dell'universo un'inversione di quel processo che portò dal caos primordiale alle forme molto ordinate che osserviamo oggi. È possibile che le attuali *leggi* così come sono state definite finora non siano adeguate. Infatti la *termo-dinamica*, ad esempio, non propone *leggi* ma solo *principi* che possiamo riscontrare rispettati nel fluire delle nostre *osservazioni bio-logiche* nel tempo. Una definitiva *unitaria teoria dell'universo* dovrà portare quei *principi* a dignità di *leggi* anche in questo settore della fisica. Forse quando i fenomeni quantistici che governano le particelle elementari tanto nell'ambito dei loro *macroaggregati inanimati* (che formano fino a oggi l'oggetto limitato della *fisica*) quanto nei *macroaggregati dotati di vita* (quelli propri della *biochimica*) si potranno inserire in *sistemi di leggi* che abbiano applicazione indifferente nei due campi delle *scienze naturali*.

Un secondo concetto cui faremo cenno in questo paragrafo è la *misurazione dei fenomeni* che osserviamo.

L'essenza strutturale della Natura che noi riusciamo ad osservare si compone di elementi discreti e quantizzati di energia che assume forme diverse ma tutte riconducibili ad unità tramite una *teoria unitaria dell'universo* che ancora impegna l'immaginazione più creativa dell'uomo nel tentativo di formulare un'astratta rappresentazione concettuale della Realtà che sia adeguata a giustificarne tutte le osservazioni sperimentali.

La Teoria Unitaria quindi deve innanzitutto poter consentire all'uomo di formarsi un'organica rappresentazione dell'apparente diversità fenomenica su un piano concettuale-qualitativo. Essa inoltre deve poter permettere una misurazione quantitativa dei fenomeni tramite un sistema metrico unitario che sia compatibile col la struttura sia locale che generale della forma concettuale che descrive qualitativamente la Realtà.

La Forma della Realtà deve essere quella dei suoi più elementari componenti discreti e quantizzati ma deve anche essere quella più ampia assunta dalle aggregazioni di quei *quanti discreti* in insiemi di crescente densità gerarchica.

Si tratta innanzitutto di identificare il linguaggio matematico, quindi, che si attagli alla rappresentazione concettuale unitaria che si sarà riusciti a formulare per la Teoria Unitaria sul piano qualitativo (topologia). Ciò impone non solo la rappresentazione della topologia statica proposta per la Realtà concettualizzata ma anche una rappresentazione topologica che sia caratterizzata da *regole di trasformazione* dinamica della Realtà stessa in assetti che siano compatibili coi cambiamenti di forma (catastrofi) osservati in Natura.

Successivamente a questa identificazione, tra i molti linguaggi topologici possibili, della topologia più idonea a descrivere la statica e le dinamiche della Realtà, si tratterà di identificare, tra i molti compatibili ed alternativi, quel sistema di misurazione (la *metrica*) che consenta di rappresentare localmente tutti i fenomeni osservati, sul piano quantitativo. Ogni *metrica* che risultasse avere un carattere continuo e prescrittivo nelle sue formulazioni assiomatiche non sarebbe idonea in generale a descrivere sul piano quantitativo i fenomeni in quanto incorrerebbe in previsioni *paradossali* di discontinuità locali laddove gli elementi concettuali più elementari non potrebbero essere ridotti a punti di dimensione nulla e contenuto di densità energetica infinita. Ogni misura può adottare una serie di possibili sistemi di grandezze alternative.

Lo strumento di misura usato in inglese, ormai *lingua egemone* in ogni campo, si chiama *gauge* e il *sistema di misura* che lo legittima si chiama *gauging system*. Insomma è possibile misurare (*gauge*) una lunghezza in *piedi* o in *centimetri* ed è possibile perché se ne può poi *trasferire* la misura osservata da l'uno all'altro senza che ciò conduca alcuna *incoerenza* pratica. Tale *cambio di riferimento* delle misure è chiamato il *re-gauging* delle osservazioni. È altresì necessario consentire liberamente che i fisici adottino sistemi alternativi di *gauge* perché essi possano scegliere il *sistema di gauge* da loro ritenuto più adatto per le loro nuove proposte di *rappresentazione* della *realtà osservata* della natura. Ciò per sperare di giungere gradualmente a *organizzare le conoscenze* entro un *sistema matematico* (di *gauge dei fenomeni*) che sia capace di *trascendere* l'organizzazione delle sole *osservazioni* per fornirci invece una *percezione* più inclusiva della *realtà naturale* esistente che, pur se eventualmente *non osservabile sul piano bio-logico*, è connessa a quanto ci è consentito di *sperimentare*. Questa libertà di poter scegliere il *sistema di gauge* dei fenomeni si chiama *libertà di gauge*. Qualunque sia il *sistema di gauge* liberamente scelto deve poi essere permesso di *organizzare un procedimento logico e non equivocabile* di *trasferimento* delle misure eseguite in altri *sistemi di gauge*. Questi procedimenti non sono *generali* ma richiedono l'*applicazione di strumenti specifici di matematica* che permettano ciò che si chiama *conversione o regauging* tra due sistemi. In genere è chiaro che *misurare in piedi o in centimetri* non conduca a alcuna novità nel *sistema di gauge* che presiede alle due misure ma solo a una *diversa espressione numerica* dei risultati delle osservazioni. Diversità che non dipende dalle *leggi di descrizione* della realtà ma solo dal diverso strumento adottato a rappresentarle. Il *regauging delle leggi* non ne varia i contenuti. Ciò avviene solo se il *sistema di leggi* proposto dai fisici per rappresentare la realtà non sia mutato. Qualora lo *spazio-tempo* cui sono applicati cioè i due sistemi di gauge sia stabile. Qualora invece le *leggi fisiche* peculiari d'una specifica percezione della realtà siano descritti con *sistemi matematici* caratterizzati da una *struttura spaziale* che risulti *disomogenea* rispetto a quella ipotizzata per le osservazioni raccolte, il *regauging* delle leggi tra due *sistemi di gauge* genera riduzioni nei contenuti scientifici. Nel nostro esempio se misuriamo le lunghezze in piedi o centimetri ipotizzando che il percorso più breve (chiamato *metrica* del sistema matematico prescelto) sia la retta mentre misuriamo leggi che sono state originariamente riferite a un tipo di *spazio-tempo non lineare* in cui la *metrica* sia una *linea curva* (chiamata *geodetica*) invece d'una *retta* creiamo una situazione d'incompatibilità non solo con le misure che raccogliamo sulle osservazioni ma, peggio ancora, nelle stesse *formulazioni matematiche* in cui le *leggi fisiche* vengono tradotte in equazioni nei due distinti *sistemi di gauge*. Ciò conduce al risultato pratico in cui una specifica teoria fisica riesce a vedere completamente esplicitate le *leggi fisiche* di cui si compone se è stata formulata con equazioni proprie d'un *sistema di gauge* il cui *spazio d'esistenza topologica* risulti appropriato a *rappresentare* in modo completo le *intuizioni* fisiche che l'hanno dettato, mentre vede *ridurre drasticamente* taluni aspetti delle leggi sulle quali ha operato la conversione se essa viene *tradotta* (*convertita o regauged*) in equazioni coerenti con un *sistema di gauge* il cui spazio d'esistenza risulta inadeguato a *rappresentare* lo *spazio-tempo* ipotizzato per la *teoria fisica*. In altri termini un *regauging* anche se, *sul piano matematico*, sempre possibile può isterilire il *potenziale di conoscenze* posseduto da una teoria formulata originariamente in un appropriato *sistema matematico*.

Un altro elemento che conviene evidenziare è che una *totale simmetria* non ci consente di rilevare alcunché di osservabile. Sono solo le *rotture di simmetria* che, in qualsiasi sistema di elementi, permettono ai fenomeni di assumere consistenze tra loro diverse e dare pertanto origine a fenomeni *osservabili, per diversità con lo sfondo* d'una realtà piatta e uniforme. È solo la piccola *an-isotropia* o *a-simmetricità* emersa nell'iniziale *big bang* (appena di un 10^{-9}) che ha permesso al mondo di evolvere seguendo la linea evolutiva di grado di diversificazione crescente (o *diminuzione di entropia*). La *rottura di simmetria* è quindi il *fenomeno di base* a costituire il prerequisito concettuale di ogni ipotesi o teoria fisica.

Un ultimo fatto da prendere in considerazione è relativo alla natura degli scambi d'energia e alla *legge di conservazione della energia* nei sistemi isolati come quello che prende lo *spazio-tempo* in considerazione nella sua globalità come nel caso della *teoria elettro-magnetica* di Maxwell. Ogni *separazione tra cariche* di segno opposto presenta, come già detto, una *rottura di simmetria* nell'ambito del costante e turbolento stato virtuale degli scambi energetici nel vuoto. In concreto *rottura di simmetria delle cariche opposte* (in cui la simmetria viene *rotta* nello scambio di flussi dal vuoto verso le cariche) significa che allorquando fotoni di energia virtuale vengono assorbiti dal vuoto in un dipolo, non tutta l'energia assorbita viene re-irradiata in forma virtuale. Perciò parte di essa viene integrata in modo coerente e tale porzione viene *ri-emessa dal dipolo* come *fotoni reali e osservabili* emergenti alla velocità della luce in ogni direzione. Tale *flusso stazionario d'energia EM reale* stabilisce i *campi e potenziali elettro-statici* di energia EM associati con quel *dipolo sorgente* e ne reintegra la consistenza in modo costante. *Statico* quindi in nessun modo significa *privo di evoluzione* ma è uno stato in cui si produce il dinamico ripristino di caratteri costanti (quindi *stazionari*) di un campo che quindi si muove alla velocità della luce, seppure in una *configurazione stazionaria*. Insomma si tratta solo d'una continua *emissione gratuita* da ogni tipo di *dipolo*. Lo si può spiegare con un'analogia macroscopica in natura. Una cascata d'acqua presenta due possibili stati, un primo che è definibile più strettamente *statico* quando la cascata d'acqua sia *congelata*, il secondo è meglio definibile *stazionario* quando le singole porzioni della cascata d'acqua si rinnovano in modo dinamico pur restando costante, nella sua struttura d'assieme, la cascata stessa. I campi *EM statici* sono campi *stazionari* nella seconda accezione. Essi sono insomma campi in stato d'*emissione stazionaria* che irradiano nello spazio. Ogni *dipolo* che a-priori ha una differenza di potenziale tra le sue *cariche*, è una fonte assolutamente gratuita d'energia EM che preleva direttamente dal vuoto attivo in modo turbolento *sul piano dei micro-fenomeni quantistici*. Se si prende in considerazione una *carica isolata* si sa che essa è molto diversa da come viene interpretata tradizionalmente dall'*elettro-tecnica*. Dapprima *ogni carica polarizza il vuoto* in cui è immersa, quindi in maniera alquanto incredibile, la *carica nuda* risulta *infinita* al suo centro e raggruppa attorno a sé *cariche virtuali* ribollenti di *segno opposto* e di altrettanto infinito valore globale *in ogni istante*. Tuttavia l'osservatore che legge attraverso lo *schermo polarizzato* del vuoto, vede solo quella *differenza finita* che è descritta sui testi come il valore d'ogni specifica particella carica. Quando si è in presenza di *una sola carica*, ad esempio *un solo elettrone*, si è ancora in presenza di due gruppi infiniti di cariche di segno opposto e di altrettanto infinita energia. Esiste anche un tipo speciale di *dipolo* in cui la *simmetria rotta* assorbe costantemente dal vuoto fotoni d'*energia virtuale* disordinata e incoerente li integra, li riordina e li riemette come *energia EM reale*. L'*elettromagnetismo classico* ammette che la

227

fonte di tutti i campi e potenziali EM e delle loro energie sia associata alle *cariche sorgente* ma assume che non esista un'*immissione fisica d'energia* nei confronti delle *cariche sorgente* stesse. Ciò implica che tutti i campi, potenziali e energie EM in natura siano stati creati dal nulla assoluto, contravvenendo quindi la *legge di conservazione dell'energia del sistema isolato* costituito dallo *spazio-tempo*. L'assunzione risulta irrispettosa del *principio base delle trasformazioni fisiche* e discende dal fatto che l'originaria teoria di Maxwell è stata *regauged* in un *tipo di spazio-tempo* che non essendo *curvo* non riesce neanche ad ipotizzare sul piano teorico *scambi attivi col vuoto dello spazio-tempo* che è da esso ipotizzato *statico* anziché *stazionario*.

Quanto sopra è solo per aiutare a collocare le *conoscenze di fisica di scuola media* nella corretta prospettiva su ciò che avviene in condensatori carichi d'*energia elettro-statica*, o in ogni *altro tipo di dipolo* anche *magnetico*, che *emette energia EM reale* e in *modo stazionario* rilevabile su base strumentale come *campo statico*. Ora vogliamo illustrare in analogo *carattere elementare* come possano *catturarsi e usare* porzioni d'energia da questo tipo di *flusso tra i dipoli e il vuoto turbolento* in cui sono immersi. Se ora supponiamo di *fissare* una carica e quindi renderla *statica* e incapace di spostarsi e *generare una corrente* e supponiamo di accostare a tale carica immobile una *sorgente dipolare di potenziale* V (*batterie chimiche o generatori elettromeccanici*). V è un *insieme di flussi d'energia EM* che fluirà attraverso la *breve separazione spaziale* attorno e sulla stessa *carica* q. L'*ambiente vuoto* ha proprie *densità e flusso d'energia* e ha anche un *potenziale scalare*, ogni altro *potenziale scalare* V costituisce solo una *variazione del potenziale del vuoto ambientale*, quindi il *flusso di potenziale* è in realtà il *flusso di cambiamento del potenziale del vuoto*. Quando V fluisce attorno e nella carica q vuol dire che *cambia il vuoto locale* in cui la carica q è immersa, con il quale essa *scambia energia* in modo continuo e dal quale la carica *estrae l'energia necessaria* per conservare i suoi *campi e potenziale*. Così il *tasso d'attività* (che in termini fisici si chiama la *sezione d'urto* delle reazioni quantistiche) della carica cambia ed

228

essa interagisce ora con *livelli di flusso diversi* e pertanto *emette un livello EM* diverso aumentando o diminuendo in maniera coerente i suoi *campi e potenziale EM*. In breve si dice che la *carica* q viene gratuitamente *potenzializzata*. Siccome per definizione non si ha circolazione di correnti non è stata neanche prodotta finora né potenza né lavoro e tutto è disponibile per una raccolta. Insomma, da una qualsiasi sorgente non nulla di potenziale V, si può *raccogliere* tanta energia W quanta se ne desideri pur di usare sufficienti quantità di carica q secondo l'equazione elementare W=Vq senza alcun costo di lavoro per ottenere quelle quantità di joules. Invece di eseguire il processo ora descritto nello spazio vuoto siamo abituati di farlo nell'ambito di circuiti elettrici i cui cavi dirigono il *flusso libero di potenziale* dalla sorgente e in cui le *cariche raccolte* sono quelle chiamate *elettroni di Drude*, quelli che *saltellano all'interno* dei conduttori. Sorge un problema in quanto quelle cariche *non sono bloccate* come nell'esperienza prima descritta ma sono invece *velocissime* (in *tempi di rilassamento* dell'ordine di 10^{-16} secondi richiesti per vincere l'inerzia), pertanto mentre *potenzializziamo* quelle cariche (ovvero *catturiamo su esse porzioni di energia*), nel rispondere a qualsiasi cambiamento esse si *spostano come corrente* con immediatezza quindi l'*energia acquisita* viene subito *dissipata* come *lavoro di riscaldamento nel circuito*. Questa è la caratteristica perversa dei *circuiti chiusi di corrente* in uso standard in *elettro-tecnica*. Cioè *cortocircuitiamo* in modo irrazionale, la bipolarità dei *dipoli sorgente* (generatori *elettro-meccanici* o *batterie chimiche*) producendo una compensazione tra *energia-elettro motrice* e *energia contro-elettro-motrice* e le relative correnti che *corrono nel circuito chiuso*. Così *metà* esatta d'energia *EM* già raccolta gratuitamente in quel circuito esterno, viene usata per nessun altro fine che per compiere lavoro sulla stessa *sorgente di bipolarità* scacciandone tutte le cariche e *distruggendo il dipolo* stesso. Ciò causa la *distruzione del flusso d'energia* chiamata *tensione* (in realtà *potenziale*) e quindi *metà del lavoro* eseguito dai circuiti esterni va a distruggere semplicemente la sua stessa *sorgente d'energia* fluente in modo gratuito dal vuoto circostante, mentre l'*altra metà del lavoro* viene usata su carichi e perdite proprie del circuito esterno. Ciò significa che sul carico utile si riversa meno lavoro di quanto non venga veicolato sulla *bipolarità esterna* per distruggerla. Ma per conservare in vita un tale circuito irrazionale e alimentare in modo tanto perverso lavoro sul *carico utile*, dobbiamo ripristinare in modo costante la *sorgente di dipolarità* e dobbiamo quindi immettere nuove quantità di energia esterna al circuito prelevandola da generatori o batterie che assorbono costose dosi di energia chimica o meccanica. Tale costosa energia viene immessa per *spingere* indietro quelle cariche interne al circuito separandole per *ricostituire il dipolo* e così ripristinare il meccanismo d'estrazione d'*energia gratuita* dal vuoto che assicura il *flusso libero di potenziale* sui conduttori dei circuiti esterni. In generatori *efficienti al 100%* dovremmo immettere tanta energia aggiuntiva di quella usata dal circuito esterno in lavoro per *distruggere quella dipolarità* e dovremmo quindi immettere energia aggiuntiva rispetto a quella che questi irrazionali circuiti riescano a trasferire in *lavoro utile sui carichi*. Insomma, da sempre, usiamo circuiti che distruggono più celermente le loro stesse *fonti di potenza* di quanto non riescano a trasferirne su *carichi utili* garantendoci quindi *valori minori dell'unità* per il loro *coefficiente di prestazione* (COP) e colla costante richiesta di reperire nuove fonti d'*energia elettro-meccanica o elettro-chimica* per far fronte alle esigenze globali dello *sviluppo industriale*.

Per tornare invece alla situazione *statica* in cui le cariche q siano state *bloccate* e cui venga temporaneamente connessa una sorgente d'energia esterna (*potenziale esterno* V), supponiamo di conservare *fisse* quelle cariche per intervalli di tempo sufficientemente lunghi per ottenere che il *flusso di potenziale* V scorra attraverso e attorno a esse *potenzializzandole* affinché siano in grado di *raccogliere porzioni d'energia* $W=Vq$ in uno *stato statico*. Avremo allora ottenuto Vq joule d'energia *raccolta gratuitamente* senza danneggiare né distruggere la nostra sorgente esterna di potenziale, lasciando invece che sia il vuoto stesso a cedere parte d'energia libera Vq alle cariche q. Avremo ottenuto *energia gratuita* dal vuoto e potremmo ottenerne tanta quanta ne desiderassimo pur di impiegare cariche **q** in quantità sufficiente per ogni specifica tensione **V** usata. Se ora sconnettessimo la fonte esterna di potenziale mentre allo stesso tempo collegassimo quello che potrebbe essere un *diodo di corto-circuito* con collegato carico resistivo per permettere che la corrente possa fluire solo in una direzione lungo il carico utile, avremmo completato il *circuito esterno* ma in un modo che non possa distruggere la sorgente originaria in quanto sconnessa in quel momento dal circuito. Avremmo quindi un circuito dipolare completo *energizzato* (o *caricato*) che contiene un carico e un diodo che permette che la *corrente di elettroni* scorra solo in una direzione *scaricandosi* spingendo gli elettroni attraverso il carico fintantoché salendo la *forza contro-elettro-motrice* distrugge la dipolarità (o finché, in *termini elettro-tecnici*, l'*energia raccolta dal circuito* non sia stata *dissipata sul carico utile*). Se si assume per un momento l'ipotesi che la *commutazione del diodo* avvenga senza consumo energetico, allora tutto il ciclo non costerebbe alcuna *immissione d'energia esterna* da parte della mia *fonte di potenziale esterno* e potremo ripetere indefinitamente il processo ottenendo energia senza alcuna immissione realizzando così un *coefficiente di prestazione* **COP** di valore *infinito*. Ovviamente in realtà la commutazione richiederà un costo ma è possibile ipotizzare sistemi sempre più efficienti al crescere dello *stato-dell'arte* della *commutazione elettronica*. Otterremmo quindi **Vq** joules d'energia sul carico al costo di commutazione **E(sw)**, tuttavia anche il carico non presenta il 100% di *efficienza*, quindi solo una frazione **k** di quell'ammontare **Vq** sarà in realtà disponibile sul carico esterno. Ciò significa che si otterranno **kVq** joules di lavoro in uscita a fronte di **E(sw)** joules investiti in commutazione. Invece di lavorare con valori di **COP<1** si potranno avere valori **COP>1** nel pieno rispetto di tutte le *leggi* della *fisica* e *termodinamica*. Inoltre la sorgente esterna di potenziale che abbiamo impiegato non sarà stata né consumata né deteriorata e si potrà continuare a impiegarla indefinitamente.

231

Per riepilogare i punti principali sono i seguenti:

1. l'energia EM è *sempre* un flusso o un insieme di flussi d'energia.
2. ogni tipo di bipolarità esibisce una simmetria rotta nel flusso dal vuoto, essa è quindi un'inesauribile sorgente di flusso reale d'energia EM come un pozzo di petrolio o fiume in piena.
3. se si cattura semplicemente e si usa parte dell'*energia fluente liberamente* si può usare a piacere una tale energia raccolta secondo le abilità possedute.
4. se si usa l'irrazionale circuito chiuso standard ed i raccoglitori di cariche *non bloccate* ci si servirà sempre di valori di **COP<1** e si dovrà sempre continuare a pagare per *alimentare* il processo.
5. se non si lascia mai che la corrente esterna (quando il circuito esterno è in funzione ed alimenta il suo carico) fluisca all'inverso la *forza contro-elettro-motrice* della sorgente esterna fornisce tutta la tensione (*flusso d'energia potenziale*) senza venire danneggiata né deteriorata. La sorgente resta *illesa*. Di nuovo da una certa tensione **V** si può estrarre tanta energia **W** quanta se ne desideri e lo si può fare con operazioni in sequenza di accumuli successivi **W = Vq(1) + Vq(2) + Vq(3) + ...+ Vq(i) + ...**
6. quindi usare la *potenzializzazione statica* del processo di raccolta d'energia, poi sconnettere la sorgente illesa di potenziale e **POI** permettere la scarica dell'energia raccolta per alimentare un carico, è un processo che può proseguire al solo costo di *governare la commutazione* anziché *pagare l'energia* dissipata sul carico,
7. ci si sposta (per analogia elettronica) da un'ingegneria standard del tipo di *diodo a perdita* a una di tipo a *triodo* in cui la corrente catodica è libera mentre si deve pagare solo per alimentare il segnale di griglia per esercitare in modo controllato la commutazione.

Ci si può servire in definitiva d'un processo e d'un meccanismo continuo di *entropia negativa* concesso su base gratuita in natura da ogni *carica e dipolo* esistente nello spazio e che richiede solo la semplice cattura di qualche *flusso di energia liberamente* fluente in modo continuo evitando di usare metà dell'energia catturata per distruggere la sorgente di dipolarità soffocando così la estrazione libera d'energia EM dal vuoto.

Cenni storici sulla risorsa tecnologica primaria: *energia elettro-magnetica a-costo-zero*

Alla luce delle risultanze scientifiche sembra accertata in misura crescente la praticabilità di *soluzioni fortemente innovative* in materia d'*energia-a-costo-zero*. Ciò aprirebbe *prospettive globali e accessibili* di *diffuso sviluppo economico, migliori condizioni di vita* per tutta l'umanità e rispetto del *sistema eco-energetico*. Gli studi fondamentali più recenti di fisica e di matematica confermano in modo costante le *intuizioni teoriche* di Maxwell della seconda metà del 1800.

Inoltre viene così confermata la fattibilità degli studi e dei brevetti di Tesla nel primo ventennio del 1900 intesi a superare, con macchine capaci di catturare *energia libera* dall'ambiente, la redditività delle stesse *soluzioni elettro-tecniche* da lui brevettate al termine del 1800 in materia di produzione e di trasporto della energia elettrica in *corrente alternata*. Tipi di soluzione che avevano sostituito già rapidamente le *soluzioni in corrente continua* allora in vigore nell'industria elettro-tecnica civile, la cui economicità venne celermente sbaragliata dai nuovi brevetti di Tesla. Le *soluzioni in corrente alternata* sono rimaste fino ad oggi pressoché inalterate in tutto il mondo e sono nelle mani dei pochi gruppi che controllano quel settore di produzione industriale. Sono *soluzioni* che tuttavia Tesla a suo tempo considerò di scarso interesse tanto da condurlo a *svendere* i suoi brevetti a Edison che, grazie a tale *acquisto*, riuscì a rilanciare la posizione di monopolio del suo gruppo produttore d'*energia continua*, egemone negli USA sul mercato. Tesla infatti investì i suoi ultimi venti anni di ricerche a sviluppare nuovi brevetti proprio con le risorse ricavate dalla *svendita* delle sue *soluzioni in corrente alternata*, integrate per qualche tempo da sostegni finanziari di magnati USA che, come J. P. Morgan, ambivano a entrare in modo competitivo in quel comparto produttivo che offriva elevate prospettive di crescita industriale. A

233

Long Island Tesla sviluppò esperimenti e macchine prototipiche che avrebbero richiesto forse il sostegno d'una *componentistica elettronica* allora inesistente, e di *materiali elettrici* allora ancora troppo inadeguati rispetto alle necessità imposte dall'ingegnerizzare le sue avanzate intuizioni pratiche. Intuizioni suffragate dalle potenti formulazioni della *originaria teoria elettro-magnetica* di Maxwell.

Il fallimento di Tesla (per mancanza di adeguate risorse finanziarie e *tecnologiche di base*) a tradurre le sue esperienze in concrete *soluzioni tecniche* con i brevetti da lui sviluppati fino agli anni venti, offrì inoltre il fianco agli ostacoli che gli frappose la potente industria elettro-tecnica (a tutela dei propri interessi). Industria allora monopolista e resa ancor più egemone proprio per aver *rilevato* gli stessi *brevetti in alternata* di Tesla, molto competitivi con quelli tradizionali di Edison *in corrente continua* che, pur meno efficienti, restarono in uso fino agli anni venti anche in Europa in metropoli industriali come Berlino e Copenaghen. Gli ostacoli sollevati contro il finanziamento delle ricerche di Tesla discendevano di sicuro infatti dal timore di Edison di veder nascere nuove *soluzioni*, brevettate da Tesla, che potessero risultare altrettanto se non più competitive rispetto a quelle che aveva di recente rilevato da Tesla stesso. Col rischio che le nuove potessero presentare un rapporto di competitività maggiore di quanto non fosse risultato il rapporto di quelle già da lui *rilevate* da Tesla rispetto alle tradizionali soluzioni di Edison in *corrente continua* della seconda metà dell'800.

Le *soluzioni innovative* d'elettro-tecnica ricercate da Tesla fallirono per mancanza di *adeguate tecnologie* e di *componentistica di base*, per gli ostacoli frappostigli dall'egemone establishment industriale ma trovarono tuttavia un ulteriore ostacolo nella comunità scientifica del tempo. Un establishment accademico scettico nei confronti delle ricerche di Tesla per non aver potuto approfondire le originarie, futuribili teorie elettro-magnetiche di Maxwell a causa della *distorta divulgazione* scientifica, accademica e ingegneristica con cui erano state diffuse da Heavyside-Lorentz. Si trattò d'un più unico che raro evento di *cancellazione di conoscenze scientifiche* avvenuto nel campo della fisica. Un episodio che occorre conoscere per renderci conto in termini di massima delle concrete possibilità di riuscire a realizzare oggi le *soluzioni elettro-tecniche a-costo-zero* perseguite invano a suo tempo da Tesla. Un esempio di vera e propria *soppressione di conoscenze scientifiche* imposto sulla base del *senso comune* (prevalente in ogni epoca negli establishment accademici e in quelli culturali) basato sul *tabù di intoccabilità* dei grandi innovatori del passato - contro la *logica scientifica*. Il *senso comune* anima la cultura anche contro ogni evidenza che ci proviene dalla realtà che ci circonda. Lo *studioso* privo di pre-concetti nutre invece il *buon-senso* che consente di *trascendere i limiti* delle conoscenze e di *concepire* innovative e astratte *rappresentazioni della realtà* capaci di superare i *limiti sensoriali* e di cercare interpretazioni *olistiche* più rispettose dell'inevitabile unitarietà e organicità del *creato*. È quanto accade anche oggi in altri *comparti della scienza* in cui le *teorie* proposte da *eminenti studiosi*, come Darwin, vengono erette a *intoccabili verità* (disconoscendone perfino gli accertati limiti sperimentali) pur di negare l'esistenza di ciò che, alla luce dei nostri limiti bio-logici, non può *ancora* essere osservato. Come nel caso di Maxwell si rifiutò l'originaria *teoria elettro-magnetica* per le pretese incoerenze col metodo consolidato da Newton per la *teoria di gravitazione*, così si rifiuta la *teoria* dell'esistenza in natura d'un *disegno intelligente* preferendogli quale *guida dell'evoluzione* la tesi che sia il *caso a costruire ordine* crescente dal *caos originario* (si preferisce Monod per *rigettare* il rischio d'un *Ente Ordinatore trascendente la scienza ma informatore della conoscenza* (soluzioni entrambe *non ancora* verificabili sul piano sperimentale) scegliendo che sia l'*illogico caso* ad agire (non ostante le *probabilità*) per *cancellare* ogni indagine sperimentale che accerti quantomeno l'esistenza di un *Ente Ordinatore* (rifiutando la possibilità che nasca in futuro un'ulteriore capacità di *indagine sperimentale* che si potrebbe aprire col crescere delle *capacità umane* di *trascendere* i nostri *limiti percettivi* e *interpretativi* negando i crescenti sviluppi assicurati dalla *scienza* nei due secoli scorsi, sia in materia di *logica* che di *psicologia*.

Cenni sugli errori storici della scienza in tema d'*energia gratuita*
A tal fine merita forse ricordare la breve sintesi riportata alle pagg. 138-143 sulla *serie di errori* che hanno frenato fino ad oggi il *progresso* nella soluzione del problema della *carenza energetica:* freno base dello sviluppo industriale. Maxwell aveva formulato l'originaria *teoria elettro-magnetica* impiegando un linguaggio matematico alquanto complesso che lo aveva condotto a poter riepilogare lo scibile in materia in un sistema vettoriale e scalare di **4 equazioni in 4 incognite** che rappresentava tutte le 20 'leggi empiriche' sui fenomeni di elettricità e magnetismo allora noti con un linguaggio complesso ma potente: i quaternioni. Quel linguaggio avrebbe permesso di prevedere fenomeni totalmente ignoti a quel tempo taluni dei quali come il carattere elettro-magnetico della luce fu immediatamente riconosciuto mentre altri si sono manifestati con gradualità in altri settori della fisica sviluppatisi in epoca molto successiva e con scoperte in ambiti separati dalla sua teoria originaria. Negli studi condotti, ad esempio, in *relatività* generale da Einstein (che riconobbe il *pieno carattere relativistico* della teoria di Maxwell) dopo quaranta anni dalla sua formulazione originaria. O negli studi di *quanto-elettro-dinamica* condotti da Dirac un secolo dopo l'originaria stesura teoria di Maxwell. Studi che segnalano tuttora vari fenomeni e *paradossi* che scienziati del calibro di Feynman riconducono alle intuizioni espresse da Maxwell relative alla *struttura di spazio-tempo* propria dei quaternioni coi quali aveva formulato la sua *originaria* teoria di **4 equazioni in 4 incognite.** Insomma, Maxwell era in *campo teorico* (così come Tesla in *campo sperimentale*) troppo avanti rispetto alle capacità di scienza e accademia nella sua epoca. Avvenne un forte impegno intellettuale dei più eminenti accademici di allora (Lorentz-Heaviside) per *semplificare* la sua formulazione originaria di **4 equazioni in 4 incognite** espresse in linguaggio matematico troppo complesso (quaternioni) con la eliminazione di quelle parti che, alla data, furono ritenute *pure*

astrazioni matematiche senza possibili corrispondenze nella realtà dei fenomeni fisici. Fenomeni allora neanche immaginabili, quali quelli propri della *relatività generale*, con le relative topologie proprie di uno *spazio-tempo curvo* - rispetto a quello, ipotizzato *piatto* sulla base delle ristrette conoscenze e alla luce del *senso comune* allora vigente dettato dalle esperienze osservate fino a tutto il 1800: cioè fino all'avvento di Gauss e Faraday. Tale notevole *impegno semplificativo* venne condotto in particolare da Heaviside dapprima e da Lorentz poi e condusse a *ridurre la complessità* della matematica originariamente adottata da Maxwell con la scelta di un sostitutivo *linguaggio vettoriale* che sintetizzò la *teoria elettro-magnetica* di Maxwell in **4 equazioni in 4 incognite**, espresse con vettori a tre dimensioni in analogia con la forma adottata per descrivere il moto dei gravi nella teoria di Newton coi formalismi del *calcolo infinitesimale* di Leibnitz, così come vengono insegnate a scuola e all'università ancora oggi. Con tale linguaggio la capacità di *comprendere* la teoria di Maxwell venne portata naturalmente al livello della massa degli studenti e studiosi. Aumentò così la *produttività dell'insegnamento* della *elettrotecnica producendo in massa* gli ingegneri grazie ai quali la nostra civiltà s'è potuta celermente portare ai livelli di benessere tecnico attuale. Tuttavia l'altra faccia della medaglia fu che la *semplificazione matematica* stessa dell'originaria sintesi di conoscenze scientifiche proposta da Maxwell, obliterò in modo definitivo dall'apprendimento tutto quel patrimonio di previsioni potenziali e *suggestive* di un migliore sviluppo scientifico e tecnologico che era in origine contenuto in quella maggiore complessità. Ciò comportò la rinuncia a poter persino *immaginare* l'esistenza di una quantità di fenomeni fisici che invece stanno gradualmente rivelandosi alla scienza in campi che sembrano apparentemente alieni alla *teoria elettromagnetica* ma che invece, seppure in modo intrinseco, erano già chiari nella formulazione originaria data da Maxwell. Ciò rallentò in un modo pesante anche il progresso della ricerca fisica gravitazionale e quantistica. Inoltre tale *riduzione preventiva* d'informazioni scientifiche potenti

237

e suggestive ha reso perfino inimmaginabile per generazioni di ingegneri (*mal-formati* sulla base di nozioni accademiche limitate agli aspetti più *banali*) di poter concepire quei tipi più innovativi di macchine, impianti e *soluzioni elettro-tecniche* alla cui ricerca Tesla dedicò i suoi ultimi decenni e le restanti risorse finanziarie e di ingegnosità confinato nel più assoluto isolamento intellettuale e contrastato dal *mal informato* establishment accademico e industriale del tempo. Un'enorme messe di evidenze può essere portata oggi a conoscenza della pubblica opinione sui progressi in matematica, in fisica e in ricerca di soluzioni elettro-tecniche brevettate che indicano la potenza informativa dell'originaria teoria elettro-magnetica di Maxwell e la fattibilità delle connesse ricerche applicate di Tesla. Un tale impegno sembra meritevole d'adeguata attenzione da parte dei media e degli *opinion leader* che affiancano politici e industriali nel definire le strategie atte a programmare il rapido raggiungimento d'una *totale autonomia energetica nazionale*. Una nuova strategia industriale per assicurare anche la trasferibilità delle soluzioni stesse verso la comunità di Paesi in via di sviluppo, con enormi conseguenze positive per le *relazioni internazionali* e per le *esportazioni industriali*.

La seconda risorsa necessaria allo sviluppo economico: le reti per i *trasporti fisici*

L'uomo è stato costretto sempre a riequilibrare le disomogeneità geografiche secondo cui sono distribuite le materie prime a lui necessarie o da lui desiderate. Ciò è avvenuto dapprima con reti di collegamento via terra e via mare e, in seguito, via aria o spazio, con l'adozione di mezzi di trasporto alimentati da *energia animale* (muli, cavalli, cammelli, elefanti o esseri umani) o da *energia naturale* fornita dall'ambiente in modo spontaneo con saltuarie forniture nei cicli atmosferici animati dal sole con l'*energia radiante* (vénti, corsi d'acqua, pannelli solari). Con il migliorare delle conoscenze scientifiche successivamente si sono potute affinare le tecnologie e consentire ai motori migliori continuità e flessibilità nella erogazione d'energia motrice nelle quantità, tempi e luoghi in cui sia richiesta e a crescenti rendimenti per garantirne l'espansione dei consumi abbattendo i costi. Inizialmente si è provveduto al trasporto delle materie prime necessarie per alimentare i motori a combustione interna (legna, carbone, gas liquido, gasolio, benzina, cherosene, barre di combustibile nucleare), in seguito si è cercato di progettare tipi di trazione che potessero alimentarsi collegandosi a reti erogatrici d'energia (energia elettrica) evitando così di dover trasportare al seguito degli stessi motori le materie prime fisiche necessarie per l'alimentazione e raggiungendo, con la diffusione dei motori elettrici, ulteriori migliorie nel rendimento della conversione tra energia termica e energia meccanica. Tutto ciò alla luce delle forme tradizionali delle conoscenze scientifiche dell'800 con le, ad esse connesse, tecnologie di propulsione. Successive migliorie che han condotto a costruire le attuali *centrali produttrici* e *reti di trasporto* d'energia elettrica che hanno assicurato la disponibilità diffusa di alimentazione ai grandi centri abitati e alle reti di trasporto collettivo di beni e persone (*treni*), mentre hanno escluso dalla fornitura elettrica ed adozione di *elettro-trazione* le comunità più remote e tutti i veicoli caratterizzati dalle maggiori libertà di movimento (*auto, navi ed aerei*) che non potevano essere vincolati da rigidi collegamenti fisici con le reti d'erogazione di energia elettrica. Ciò sempre alla luce delle conoscenze dell'800 scientifiche e tecnologiche tradizionali.

La rete dei *collegamenti marittimi* è quella che richiede i minimi costi d'impianto e di logistica di sostegno infrastrutturale (*fari, scali, assistenze marittime*). La *rete stradale* è quella che ha richiesto il successivo livello come oneri d'impianto e di supporto logistico infrastrutturale (*strade, cavalcavia, gallerie, stazioni di servizio, assistenza stradale*). La *rete via aria* è quella che ha richiesto l'onere più elevato di impianto e sostegno *logistico infrastrutturale* (*aeroscali, assistenza al volo, logistica aeroportuale*). L'abilità richiesta ai conduttori dei veicoli ha anche contraddistinto un limite per la possibilità diffusa di fruire delle indicate diverse reti di collegamento. I trasporti navali (ma soprattutto quelli su strada) hanno consentito di estendere con gradualità le comunicazioni

239

fino alle più remote comunità. Il *trasporto aereo* è stato invece condizionato in modo forte dal grado di sofisticazione dei mezzi e dalle associate abilità richieste a piloti e tecnici di manutenzione. Ciò nell'ambito dei Paesi più maturi sotto i profili industriale e tecnologico ma molto più nei Paesi meno sviluppati, in genere anche i più popolosi e i meno attrezzati come abilità tecniche e organizzative richieste.

Grazie alle conoscenze *quanto-elettro-dinamiche e relativistiche* maturate nel corso del '900 siamo ora giunti alle soglie d'una vera e propria *rivoluzione nei trasporti*. Per assicurare all'uomo la disponibilità di agevoli infrastrutture di supporto logistico e tecnico, pre-requisito per poter espandere nuovi tipi di trasporto disponibili ovunque senza richiedere i tempi e gli oneri d'investimento che sono invece necessari al trasporto su strada, ferroviario e via mare. La *rete stradale* richiede infatti la creazione di particolari strutture (gallerie, ponti, viadotti, stazioni di servizio) per superare gli ostacoli che la topografia oppone al seguire percorsi di minima durata tra centri abitati diffusi sul territorio con densità di popolazione molto diverse. Anche la *rete ferroviaria* richiede analoghe strutture come pre-requisito per attuare collegamenti celeri e capillari (binari, scali, stazioni, ponti, nodi di smistamento, nodi logistici). Tali infrastrutture preliminari richiedono inoltre molto spesso tempi e costi realizzativi eccessivi rispetto alle aspettative di crescita delle economie locali oppure impongono di eseguire interventi che, per il loro grande impatto ambientale, risultano spesso inaccettabili per le sensibilità sociali delle comunità colpite.

L'odierna *rivoluzione nei trasporti* può conseguirsi abbinando una tecnologia *matura* e che è stata dismessa per pure ragioni storico-militari a una *tecnologia emergente* consentita dalle nuove conoscenze scientifiche in elettro-magnetismo e sviluppo di nuove tecnologie elettro-tecniche ad essi connessi. Si tratta di dare un immediato avvio di un'*innovativa* rete di collegamenti via aria che non richieda impianti logistici preliminari di gran costo o tempi di realizzazione, eviti la preliminare stesura di linee di collegamento, consenta di minimizzare i tempi e le distanze di percorrenza, consenta di ridurre di diversi ordini di grandezza il costo del carburante necessario per alimentare i mezzi odierni di trasporto aereo. Infatti, il *dirigibile* non richiede consumi di energia per il suo sostentamento, consente tempi indefiniti di *parcheggio* in attesa dell'attracco allo scalo d'arrivo, consente l'impiego di piloti dotati di abilità tecniche di gran lunga meno sofisticate dei piloti d'aereo, consente di impiegare tradizionali motori diesel-elettrici ad alto rendimento per la trazione di grandi pesi trasportati minimizzando così il *costo per peso unitario trasportato*. Anche il passo successivo potrebbe essere imminente e consiste nel sostituire i *motori a combustione interna* con nuovi motori elettrici capaci di prelevare *energia elettro-magnetica gratuita*, presente da sempre nello spazio che ci circonda. Ciò riporta il tema dei *trasporti* al nuovo *salto di qualità* connesso con la *rivoluzione* già accennata in tema di disponibilità locale diffusa di nuove *fonti d'energia*, che è tanto possibile in teoria quanto imminente come soluzione tecnologica.

Cenni storici sulla seconda risorsa tecnologica: *trasporti e logistica industriale sostenibili*

Sembra sia anche accertata la crescente convenienza e l'universale trasferibilità oggi d'una *soluzione matura tecnologicamente* in materia d'innovazione dei trasporti commerciali e civili. Una *soluzione tecnologica* con caratteristiche di *immediata applicabilità, bassi costi di investimento* capitale, *elevate capacità di flessibilità e di riconfigurazione* dei collegamenti operativi, *bassi costi energetici* e elevato *abbattimento dei costi per la logistica* industriale del Paese. Lo *Zeppelin* è una *soluzione tecnologicamente matura* che costituì, fino alla soglia degli anni 1940, l'orgoglio dell'industria aeronautica tedesca.

I *brevetti di Zeppelin* avevano condotto a costituire un mezzo di trasporto *più leggero dell'aria* e con ciò sicuro, maneggevole, economico e imbattibile sul piano logistico. Il *dirigibile* può ancorarsi a piloni posti ovunque, anche al centro delle metropoli. Le sue *velocità di crociera* sono assolutamente competitive con quelle degli *aerei di linea* mentre le sue esigenze di combustibile lo rendono meno inquinante e costoso *per peso unitario trasportato*. La sostituzione del *gas elio* in adozione standard e non infiammabile (ma a quel tempo, d'alto interesse militare) con *idrogeno* (invece pericoloso perché altamente combustibile) nel 1938 fu imposta dalla autorità federale aeronautica USA *per ragioni di sicurezza nazionale* a uno dei voli trans-oceanici di propaganda del regime di Hitler. Il conseguente disastro della esplosione del più grande e potente dirigibile prodotto da Zeppelin, fu propagandato dai media in modo tale da sconsigliare di proseguirne l'uso commerciale. Il conflitto mondiale spinse poi a produrre mezzi più veloci (anche se meno economici e più inquinanti) ed inaugurò l'odierna complessa e costosa *industria del trasporto aereo*. Il disastro fu di certo agevolato da quella imposizione di sostituire tra loro i due gas (*elio con idrogeno*) e fu molto gradito ai *servizi segreti* ed alla *industria aeronautica* USA del tempo (anche se non si poté dimostrare la dolosità del disastro). Una *soluzione dei trasporti* basata su tale *tecnologia matura* porterebbe oggi al rilancio immediato delle *industrie motoristiche* nazionali nei Paesi industriali maturi e permetterebbe in ogni Paese notevoli risparmi energetici al *sistema dei trasporti* a parità di *tempi di percorrenza*. Ciò soprattutto in Paesi caratterizzati da carenti *strutture di sostegno logistico ed elettronico* (in materie di: viabilità, ferrovie, controllo del traffico aereo, aero-stazioni, logistica e manutenzioni sofisticate) e in modo particolare in quelli caratterizzati da *configurazioni oro-grafiche complesse* (ostacoli montuosi, laghi e acquitrini, arcipelaghi) e da una vasta e capillare diffusione dei centri abitati e produttivi. Come è l'Italia ma come è anche la maggioranza dei Paesi di nuova industrializzazione (i più vasti e più intensamente popolati), quali quelli di tutto il *continente asiatico*.

La *soluzione Zeppelin*, per le opportunità offerte (di: ridurre i *costi logistici e comunicativi* del Paese, rilanciare le sue imprese industriali meno competitive - in quanto *mature* - e di rilanciare le *esportazioni industriali* in tutto il mondo in via di sviluppo) si

242

combina alla possibilità d'abbattere i *costi energetici globali* ed offrire un migliore strumento alle *relazioni internazionali*, col suo *sostegno allo sviluppo economico* dei Paesi meno industrializzati. La *soluzione Zeppelin* inoltre può offrire grandi, immediate *opportunità di integrazione* tra diverse *modalità di trasporti* (nave, gomma, ferrovia, aria) proprio per le sue doti di flessibilità operativa e di semplicità logistica.

La terza risorsa necessaria per lo sviluppo economico: le biotecnologie

La produzione rurale è stata sempre il primo passo per assicurare la sopravvivenza locale e quindi il formarsi di comunità stabili in cui si potesse avviare graduali processi di sviluppo culturale ed economico. Le fondamentali risorse per ancorare al terreno locale le forme d'attività rurale sono state le conoscenze tecniche di base e la disponibilità d'acqua, necessaria per coltivare e per alimentare le risorse umane addette alla produzione. Oltre alla disponibilità di quelle risorse primarie, la continuità e lo sviluppo rurale sono dipesi in gran misura dall'abilità di superare gli ostacoli opposti alle produzioni dall'ambiente locale che di rado è favorevole a tutte le produzioni. Il graduale sviluppo di conoscenze in tema di produzioni agricole ha posto a disposizione dell'uomo tecniche e tecnologie di sussidio nella lotta contro le condizioni avverse oppostegli dalle locali condizioni ambientali.

Avvicendare le colture, alternare le produzioni, incrociare le specie coltivate in modi atti a rafforzare la produttività dello specifico ambiente in questione, concimare i terreni, estirpare le specie nocive, irrorare opportuni prodotti chimici contro gli agenti biologici ostili, sono tutti passi successivi che da sempre contrassegnano la crescita delle abilità industriali personalizzate alle specificità ambientali locali. I cicli stagionali della produzione rurale hanno consentito poi alle comunità insediate localmente di raccogliere risparmio che per parte del tempo poteva essere investito in altri comparti d'industria. Ciò ha alimentato i primi sviluppi d'*industrie artigianali* (per produrre manufatti tecnici atti a sostenere le attività rurali - *irrigazioni, macine, carri, silos,*

distillerie, conserve alimentari, chimica) e i primi tipi di *servizi*
(*assicurazioni contro le forme ambientali di alea: infortuni
industriali, siccità, grandine, alluvioni, incendi, invalidità; previsioni-
meteorologiche*). L'acqua è da sempre una risorsa che ha presentato
caratteristiche di aleatorietà e volatilità tranne che per poche tra le
molte zone in cui l'uomo ha voluto insediare le proprie comunità.
Le forme di sostegno che ha potuto offrire la tecnologia hanno
sempre trasferito il problema dell'acqua a quello della disponibilità
di energia per alimentare le macchine necessarie a *estrarre e
depurare* quella risorsa scarsa e primaria per le produzioni agricole
(pompe idro-vore e a immersione, depuratori di acque inquinate,
dissalatori marini) o per *risparmiare* quel *bene primario*
contenendone l'uso alle strette esigenze irrigue (irrigazione
calibrata, irrorazione ridotta di anti-parassitari e concimi).
Mentre la già accennata *rivoluzione* nella disponibilità della risorsa
energetica può aiutare a ridurre il costo di approvvigionamento
della risorsa acqua, il secondo tipo d'intervento (mirato a ridurne
le quantità impiegate per la produzione) può già essere risolto
grazie alle *nuove bio-tecnologie*. Esse, infatti, offrono l'opportunità
di coltivare più produttive (e meno esposte ai fattori ambientali
ostili con minori esigenze d'irrorare anti-parassitari che esigono
meno acqua) specie, oltre a chiedere minori quantità d'acqua a
parità di quantità raccolte. Oltre a tali immediati benefici, le bio-
tecnologie offrono oggi migliorie produttive anche in termini di
capacità nutrizionali per unità di terreno mai raggiunte in
precedenza dall'uomo. Le OGM, con la *rivoluzione energetica* già
segnalata come primaria, costituiscono una delle tre fondamentali
risorse fornite dalla scienza per avviare una vera e propria
rivoluzione globale che consentirà di *liberare* l'uomo (anche nelle
comunità più remote in cui sia insediato) dall'esigenza
d'abbandonare la *patria* e inseguire opportunità di sopravvivenza
migliori (come avveniva nel passato) e *affrancarlo* (ovunque egli
viva) dall'incertezza della conservazione del proprio benessere
primario. Questo è il primo passo per avviare un *modello di
sviluppo* più rispettoso delle diversità culturali e che elimini le

tradizionali *migrazioni di massa* per cercare altrove migliori qualità di vita. Migrazioni dannose e dolorose che l'ipocrisia cela dietro l'etichetta del *multi-culturalismo*. Un fatto valido nei casi di *emigrazioni singole e volontarie* mentre è solo una conseguenza travagliata nei tipi di *volkswanderung* cui abbiamo dovuto assistere nel passato pur se hanno permesso che la *civiltà occidentale* affermasse globalmente l'*egemonia del suo modello culturale* rispetto a quelli pre-esistenti (smentendo lo sbandierato *multi-culturalismo*).

Cenni su teoria e applicazioni tecnologiche della *rivoluzione energetica*

sinergia tra spazio-tempo delle teorie fisiche e i corrispondenti spazi delle loro metriche matematiche

Si offre una premessa utile per poter seguire il successivo riepilogo che cerca di presentare *concetti di buon senso* sugli sviluppi prodotti dalla *ricerca fondamentale* in matematica e in fisica e dalla *ricerca applicata* con le tecnologie inventate sulla base di quegli sviluppi.

qualche premessa di 'buon senso' storico

Cercheremo allora di fornire un'illustrazione dei concetti innovativi suggeriti dalla fisica teorica per l'avvio della menzionata *rivoluzione energetica*. Ci atterremo a presentarli sul piano concettuale segnalando la teoria solo in termini di *buon senso scientifico* per affidare a successivi paragrafi l'*illustrazione divulgativa* in termini più strettamente scientifici della *rivoluzione energetica*. Paragrafi in cui si forniranno anche riferimenti bibliografici per consentire di approfondire il tema nei suoi termini più rigorosamente scientifici, sia teorici che applicativo industriali. Abbiamo già segnalato in precedenza, sul piano del *buon senso scientifico*, la nozione d'energia primaria, quella generata dalle stelle che pervade l'intero universo in cui siamo immersi. Un'energia che ha assicurato gratuitamente nel tempo quelle forme d'accumulo nella materia prodotta con la fusione in sostanze di peso atomico crescente a partire dagli originari atomi più leggeri (elio, idrogeno). Una tale *trasformazione* dell'energia primordiale a comporre sostanze sempre più complesse è avvenuta grazie al lento, lunghissimo sviluppo dei processi subatomici governati dalle leggi della *fisica quantistica*. L'originaria energia che ha consentito questo primo passo costitutivo della realtà fisica che osserviamo quotidianamente, era *pura energia elettro-magnetica* irradiata dalle stelle e permise di proiettare nello spazio *frammenti di materia pesante* creando tutto il complesso dei corpi celesti su qualcuno dei quali ha potuto avere graduale origine la vita bio-logica nelle sue forme sempre più complesse (vegetali, animali, intelligenti). Tale forma *d'energia primordiale* viene tuttora costantemente *rinnovata nelle stelle*, viene *irradiata in ogni punto* e permette di conservare tutte le forme di vita in costante evoluzione. Essa è continuamente disponibile *in modo gratuito e costante* e *costituisce l'unica fonte* che permette all'universo di sopravvivere come lo vediamo finché lo vivremo. L'uomo ha maturato conoscenze di crescente sofisticazione che gli hanno consentito di concepire sempre più solide rappresentazioni simboliche delle *leggi* che la natura segue nel condurre i processi di *trasformazione dell'energia in materia* (modelli matematici). L'uomo è riuscito gradualmente a convertire le sue conoscenze scientifiche (fino alle odierne teorie *quanto-elettro-magnetiche relativistiche*) in abilità *d'emulare* la natura stessa costruendo sempre più complesse tecnologie che consentono di contribuire a *governare* la stessa *evoluzione* della natura. Dapprima le conoscenze hanno consentito all'uomo d'impiegare parte dell'*energia gratuita* nello spazio che lo circonda da vicino (torri eoliche, navigazione a vela, turbine idriche), in seguito gli è riuscito di generare a suo piacimento energia nel luogo e nel momento in cui ne aveva bisogno (partendo dalle forme di motori meno sofisticati: fuoco, vapore, combustione interna, batterie chimiche, idroelettricità, fissione nucleare). Si tratta di forme primitive *d'estrazione* d'energia che saccheggiano scorte che i processi quantistici primordiali hanno accumulato nelle forme più disparate (legna, carbone, materiali fissili). Si tratta quindi di *saccheggi* in tempi rapidi di scorte preziose che hanno richiesto tempi geologici per l'accumulazione.

Processi di *saccheggio* che non consentono un reintegro in tempi comparabili e che quindi sono destinati in ogni caso a esaurirsi in tempi più o meno lunghi ma sempre incomparabilmente più brevi rispetto a quanto possano reintegrare i processi naturali. Tutto ciò per le nostre inadeguate conoscenze teoriche sulle *leggi naturali* che governano l'emissione e la conversione di energia primordiale (e *gratuitamente disponibile*) che le stelle ci assicurano di rinnovare in modo costante e che pervade tutto lo spazio in cui siamo immersi. Così come siamo riusciti a estrarre dallo spazio le forme più primitive d'*energia gratuita* (all'inizio con le torri eoliche, poi coi pannelli solari e le pompe di calore e, infine, coi pannelli fotovoltaici), potremmo riuscire oggi a *estrarre in modo gratuito* dallo spazio altre forme d'energia (come l'elettromagnetica) che esistono in quantità ben superiori rispetto alle fonti storiche appena citate.

Nulla osta a che l'uomo possa *captare gratuitamente* l'energia elettro-magnetica irradiata liberamente nello spazio con tipi di macchine attrezzate con speciali tipi di *antenne* (o *prese di corrente*) che sul piano teorico le attuali conoscenze scientifiche ci segnalano già possibili. Si tratta di una vera e propria *rivoluzione energetica* in quanto attingerebbe energia disponibile ovunque, in ogni istante, rinnovata di costante e quantità tali da rendere irrisoria ogni possibile richiesta imposta dalle esigenze di sviluppo economico. Inoltre senza perturbare in alcun modo l'equilibrio naturale poiché eliminerebbe la attuale immissione di quantità aggiuntive di calore nella biosfera da cui dipendiamo in modo vitale *localmente* sulla terra.

cenni storici di 'buon senso' nel progresso scientifico-tecnologico
Ogni progresso tecnologico quindi è stato conseguito dopo che le conoscenze scientifiche hanno migliorato la nostra capacità di *emulare* le leggi naturali grazie a rappresentazioni matematiche capaci di descrivere i processi spontanei e di ricostruirli nell'ambito di macchine atte a replicarli su richiesta dell'uomo in tempo, intensità e luogo da lui scelti e sotto le sue capacità di controllo. Quindi i *progressi scientifici* hanno sempre migliorato la

rappresentazione simbolica della natura con *modelli matematici* sempre più complessi. La *realtà naturale* che osserva lo scienziato col costante ausilio di strumenti tecnologici che estendono le sue limitate sensibilità biologiche, è stata quindi da sempre sottoposta a una rappresentazione in termini concettuali e astratti ma idonei a *emulare per analogia* le ipotesi la coerenza sperimentale ma soprattutto idonei a subire la critica per evidenziarne gli aspetti di erroneità logica e permettere insomma di *falsificarli* sotto il profilo delle confutazioni logiche prima che di quelle solo sperimentali. Un tale approccio ha portato la scienza su un piano che *trascende* la pura realtà osservabile e il suo linguaggio sul piano della *logica astratta* proprio della matematica nelle sue varie branche disciplinari. Poiché la *realtà naturale* che c'è dato di sperimentare nella nostra limitata ottica percettiva bio-logica, ha le nostre dimensioni di *spazio e di tempo,* la nostra capacità di rappresentarla con modelli di crescente sofisticazione ha da sempre avuto una *dimensione geometrica* e una misurazione in termini di *algoritmi astratti di calcolo.* Compito dell'uomo è stato sempre di verificare la validità delle corrispondenze biunivoche tra gli aspetti dei modelli *geometrico-matematici* e quelli della *realtà fenomenologica* da lui percepita con gradi di sempre crescente *trascendenza* dei suoi limiti bio-logici. L'impegno prodigato dalla creatività umana nella crescente sofisticazione del suo *modello di rappresentazione* della natura, l'ha condotto a fidarsi sempre meno dei suoi sensi per affidarsi sempre più alle capacità di *trascendenza logica* di sé stesso. La *filosofia delle scienze* ha maturato con l'*epistemologia* gli strumenti necessari a una solida ricerca scientifica e ha portato a riscontrare che la geometria altro non è che un aspetto della *topologia* che consente la rappresentazione di tipi di *spazio* molto più complessi e ricchi rispetto a quello originario proposto da Euclide per rappresentare il mondo in cui viviamo. Ciò ha consentito alla scienza di tentare l'adozione di tipi di spazio che potessero risultare più rappresentativi e utili per dare ragione dei tipi di *illogicità* espressi sotto forma logica di *paradossi* e non chiariti dai linguaggi matematici precedenti. Dallo *spazio piatto di Euclide* si è quindi giunti a riconoscere che la *realtà naturale* viene meglio rappresentata dallo *spazio curvo di Riemann* e che l'algebra (che consente l'esercizio delle verifiche scientifiche e delle applicazioni con lo sviluppo pratico di tecnologie sempre più avanzate) doveva essere adeguata al cambio di geometria.

L'*algebra vettoriale* quindi è stata sostituita dapprima da quella *tensoriale* e poi da quella *quaterniale*, tipi d'algebra più generali che fossero però compatibili con le precedenti, pur se più *inclusivi* nel senso che potessero dare ragione delle novità proposte dalla nuova geometria, pur restando compatibili con quanto già armonizzato nella conoscenza.

Quanto sopra può dare una giustificazione sul *buon senso* che ha condotto l'uomo ad affidare sempre più la sua scienza e tecnologia alla ricerca del *linguaggio matematico* capace d'attuare un migliore travaso delle intuizioni scientifiche in tecnologie realmente innovative. Ciò è avvenuto fino alla recente e familiare *rivoluzione dell'informatica*. Una tecnologia che è stata consentita dal travaso di fenomeni previsti dalla *fisica quantistica* nello studio della *fisica dello stato solido*. Quei fenomeni animano da sempre le sostanze, anche più banali e diffusamente impiegate dall'uomo come il silicio, senza che egli abbia mai avuto la più pallida percezione dei possibili e più redditizi usi tecnologici della stessa sostanza, la silice, da coltelli e accette ai *micro-circuiti*. Capaci, questi, di aprire nuove frontiere in altri comparti tecnologici quali le *comunicazioni* in cui la stessa *sostanza primordiale* adottata, la luce, è impiegata oggi con prestazioni di assoluto carattere rivoluziono a sostituire le torri di segnalazione luminosa d'un tempo con le trasmissioni multimediali in fibra ottica della stessa *sostanza*, quell'*onda elettro-magnetica* di cui anche l'ottica fa parte come Maxwell ci ha insegnato. Comunicazioni in cui la *rivoluzione del silicio* s'è potuta travasare grazie a un'altra *rivoluzione scientifica*, totalmente indipendente, la *teoria delle macchine computazionali* sviluppatasi in *matematica pura* con (Gödel, Türing) nel primo trentennio del '900 e, con (Shannon), la *teoria dell'informazione*. Una teoria, questa, che si prefigge di *misurare l'essenzialità dei contenuti informativi*

249

presente in qualsiasi insieme di *concetti astratti*. È stato poi semplice trasferire quella *teoria algebrica* dal suo ambito originario dei concetti astratti a quelli, altrettanto matematici, impiegati per rappresentare la *realtà naturale* tramite, come visto, l'analogia dei modelli. Prima la *robotica* e poi l'*informatica* hanno creato una sinergia mai precedentemente sperimentata tra discipline scientifiche e tecnologia tanto da avviare l'attuale integrazione scientifica tra il mondo inanimato tradizionale e quello biologico. È stata infatti l'*informatica* col suo corredo di matematica e di tecnologia a permettere di *vedere* la struttura molecolare del DNA e di decifrarne i *contenuti informativi* in coerenza con le regole della *teoria dell'informazione*. Infine, grazie all'apporto della *quanto-elettro-dinamica relativistica* s'è giunti a inaugurare una nuova disciplina che fonde *robotica, medicina e bio-genetica*. Grazie a ciò la *bio-ingegneria* potrà forse creare micro-organismi capaci d'inserire *informazioni correttive* nell'ambito di *frammenti di DNA* ormai inadeguati a svolgere in modo corretto le proprie funzioni (un vero e proprio processo di *correzione di software*).

Abbiamo citato quanto sopra anche per indicare che dall'*elettro-magnetismo classico* della seconda metà dell'800, alla *relatività gravitazionale* della prima metà del '900, fino alla *quanto-elettro-dinamica relativistica* e ai successivi tentativi di formulare un *modello unitario* delle discipline ereditate dal passato, i progressi della scienza devono ancora produrre quei *salti di qualità* scientifici e tecnologici che potranno essere consentiti solo da nuovi e più appropriati *linguaggi matematici*. Comunque ci è già permesso da tempo di impiegare le nozioni già fortemente consolidate per migliorare le condizioni di vita sul pianeta e creare tecnologie che permettano d'estendere in modo crescente le capacità di percezione umane al di là dei limiti imposti alla scienza dagli strumenti di servizio tradizionali. Tra queste nozioni consolidate, ma ancora non adottate se non sporadicamente sul piano pratico della ricerca applicata, figurano quelle della *relatività generale* e del *quanto-elettro-magnetismo*. Infatti la relatività ci ha dato esaustive dimostrazioni che le *dimensioni dell'universo* da noi osservato non sono ben descritte dallo *spazio piatto* della geometria euclidea ma siano meglio descritte da una topologia a più dimensioni tra le quali figuri anche il *tempo* che noi da sempre abbiamo, invece, *percepito bio-logicamente* come dimensione obbligata e percorribile unilateralmente. Una realtà di *spazio-tempo curvo* quindi anziché quello *piatto* ancora adottato dalle tecnologie elettro-magnetiche. La relatività ha anche dimostrato come l'energia sia l'ente unitario cui riportare ogni diversità materiale e come la *relatività del tempo* ci suggerisca la *radiazione elettro-magnetica* di Maxwell quale *vettore dell'energia* che sia indipendente dal tipo di *riferimento topologico* scelto occasionalmente per esprimere le nostre rappresentazioni scientifiche. La *luce* come *invariante* tra riferimenti ed elemento d'*equivalenza tra massa ed energia*. L'*elettro-magnetismo* ha dato inoltre dimostrazione di come una teoria, formulata con un *linguaggio matematico* appropriato, sappia prevedere con grande anticipo di tempo fenomeni che solo mezzo secolo dopo saranno descritti da altri comparti della scienza quali la *relatività gravitazionale* o la *teoria dei quanti*.

Infatti Maxwell compì uno sforzo di sintesi altamente innovativo *unificando* tanto i fenomeni magnetici quanto quelli elettrici e ottici in un'unica teoria inaugurando l'elettro-magnetismo. Per formulare in una rappresentazione unitaria quei fenomeni, Maxwell adottò un linguaggio matematico molto sofisticato anche per la maggioranza degli scienziati e accademici dei suoi tempi, l'*algebra quaternale* (in breve, una metrica algebrica non lineare di vettori a quattro dimensioni utile per esprimere *misure* in uno spazio che sia, in modo coerente, dotato di *quattro dimensioni e curvo*). Le sue *equazioni* matematiche *originarie* quindi risultarono ostiche per la comprensione e l'insegnamento ma adeguate a esprimere *ante litteram* la rappresentazione della *relatività generale* proposta da Einstein oltre cinquanta anni più tardi sulla traccia dell'elettro-magnetismo di Maxwell e con ulteriori apporti successivi.

Quelle equazioni di cui non venne compresa la *trascendenza*

rispetto alla pur grandiosa *rivoluzione* della teoria unitaria di
Maxwell (tra ottica, elettricità e magnetismo) vennero quindi
semplificate da altri scienziati col puro scopo di *ridurne la difficoltà*
adottando un altro linguaggio matematico più familiare in
quanto più semplice. Si pose quindi mano a *trasformare la
rappresentazione matematica* da quella originaria (complessa ma
suggestiva) a quella finale più semplice (ma di ben minore potere
suggestivo). La *trasformazione di equazioni* tra diversi linguaggi è
come *tradurre testi* tra lingue diverse. Molti *significati presenti* in
una lingua rischiano d'essere smarriti in quanto mancano
analoghi *riferimenti concettuali retrostanti*. Una lingua *più semplice*
può anche *non riuscire a formulare* alcuni significati che nella
lingua originaria risultano invece espressi con chiarezza perché
palesi nel senso. In termini di *buon senso* l'operazione di
semplificazione a fini pedagogici si tradusse in un'operazione
d'inconsapevole *riduzione dei contenuti scientifici*. Infatti in epoca
successiva a tale *semplificazione*, si scoprì che quanto era stato
trascurato dai semplificatori nelle *equazioni matematiche originarie*
per *assenza di riferimenti significativi con la realtà fisica*, risultava
invece essere ben presente in natura nell'ottica prospettica della
teoria della relatività e della *teoria dei campi quantici*. Einstein
riconobbe la totale compatibilità della *teoria di Maxwell* con la
relatività generale così come alla luce della *originaria formulazione*
di Maxwell si spiegano anche taluni dei *paradossi scientifici* di
Feynman e Prigogine. Il *modello matematico* prescelto da Maxwell
per rappresentare la realtà dello *spazio-tempo* ne ipotizzava una
struttura dotata di caratteristiche molto congeniali con la
relatività quantistica, si trattava d'uno *spazio-tempo* in cui la
dimensione tempo fosse equivalente a quelle spaziali, che risultava
curvo anziché *piatto* e nel quale molte delle caratteristiche più
semplici dello spazio di Euclide venivano sostituite da peculiarità
più generali e solo *localmente* assimilabili con quelle.
Caratteristiche come *simmetria e omogeneità* strutturale. Per
quanto concerne inoltre la stessa *epistemologia della scienza* occorre
fare una riflessione sul significato di *realtà naturale* che in ipotesi

venne prescelto per legittimare l'eliminazione dalle *equazioni originarie* di Maxwell quelle che *non avevano senso fisico*. Oggi sappiamo dalla *relatività generale* come le realtà fisiche che popolano lo *spazio-tempo* sotto la nostra osservazione non abbiano in realtà consistenza propria, definibile in maniera distinta dai valori di base che sono invece *l'energia* e la *velocità della luce*. La *quantistica* inoltre ci ha segnalato prove di fenomeni *virtuali* che caricano, con meccanismi di crescita unidirezionale, stati di energia *permessi ma non osservabili* fino al momento in cui, raggiunte situazioni d'equilibrio finale, danno luogo a *fenomeni osservabili* per le percezioni strumentali che sono estensione dei sensi umani. Veri e propri meccanismi analoghi al *dispositivo di ruota libera* nelle biciclette. Analogia suggerita da Feynman per fare riferimento al modo in cui il processo segue una sequenza, già nota nel dispositivo a ruota libera, che consente d'arrestare l'esercizio di pressione sui pedali mantenendo in libera rotazione la ruota traente. Ogni colpo di pressione sul pedale genera una coppia motrice ma l'arresto non ostacola l'energia già accumulata dal sistema in moto, un *processo unidirezionale d'accumulo della velocità*.

Queste considerazioni di *buon senso scientifico* ci portano a sospettare oggi che l'unica realtà nell'universo sia *energia elettromagnetica* che segue le leggi della *relatività quantistica* e anima fenomeni *virtuali* non osservabili che hanno la funzione analoga al meccanismo di *ruota-libera d'accumulo* per condurre a stati finali e osservabili d'*equilibrio dinamico*. Stati in cui l'equilibrio non equivalga cioè alla *staticità* ma alla *stazionarietà* in modo analogo a quello che accade in una *cascata congelata* (statica) in cui ogni elemento risulta fisso nel tempo sia nel luogo che nelle relazioni rispetto alla *cascata fluente* (stazionaria) in cui ogni zona concorre a svolgere lo stesso ruolo grazie al costante rinnovarsi di elementi dinamici che in ogni momento si avvicendano. Questa unica realtà omnipervasiva e in costante rinnovamento può avere solo un'apparente *collocazione nel tempo* come suggerisce la *percezione biologica* dell'osservatore (condizionata allo sviluppo uni-direzionale delle sue esperienze), essa comunque non presenta distribuzione omogenea e solo la sua diversa *densità locale* genera l'apparire di fenomeni fisici che, virtuali o meno, seguono le leggi dei quanti trasformando quindi *grumi d'energia* in *grumi di materia* dotati di carica elettrica e quindi interagenti con il tutto energetico da cui sono generati. In altri termini non esistono corpi, cariche e distanze tra essi, esiste piuttosto un *campo d'energia elettro-magnetica* primordiale la cui *densità locale* genera uno spazio-tempo la cui *curvatura* ci permette di *'percepire'* cariche e masse come fenomeni transeunti ma sempre entro le *leggi della fisica* che governano i processi permessi per le *trasformazioni* d'energia tra le varie forme permesse. Nulla si crea, nulla si distrugge ma tutto si trasforma. La conoscenza attuale circa le *leggi dell'elettro-dinamica quantistica e relativistica* ci consentono di *rileggere* l'originaria teoria di Maxwell alla luce di queste *considerazioni di buon senso* per eliminare ogni *indebita riduzione* che essa subì tanto nella forma quanto nei contenuti informativi da quella portati. Tale *rilettura di Maxwell* è stata avviata da molti anni ma il suo impatto, già avviato da Tesla nei primi anni '20 del '900, non s'è ancora potuto manifestare in scienza e in elettro-tecnica proprio grazie all'efficacia pratica del processo di *semplificazione* condotto a suo tempo sulla originaria formulazione matematica. La semplicità delle *equazioni ridotte*, sia per l'insegnamento sia per l'impiego nelle progettazioni, è tale che esse sono ancora adottate nel campo industriale e della ricerca applicata per produrre macchine ed ipotizzare nuove esperienze. È come se si fosse consolidata una faticosa corsa su una rete di binari che ci impedisce di fare un *passo laterale* e di *librarci spinti gratuitamente dal vento energetico dello spazio* adottando processi innovativi già disponibili ma non ancora familiari o perfino ignoti al maggior numero degli *specialisti* che sono stati addottrinati da una didattica dalla quale quei nuovi, possibili processi sono stati addirittura *eliminati* grazie all'opera di *nani sulle spalle di giganti* pur avendoci permesso di usare i processi attuali, *inefficienti* proprio per l'efficace *semplicità progettuale della versione ridotta.*

Riepilogo sull'evoluzione dei concetti in materia di *teorie unitarie* in fisica

premessa sul linguaggio matematico adottato

Al fine di adottare strumenti matematici che siano più rappresentativi della realtà geometrica (*topologica*) dello *spazio-tempo* e per impiegare strumenti di calcolo più agevoli, la fisica del '900 si è orientata sempre più su formalismi di *calcolo matriciale*. Si tratta di tabelle di elementi logici organizzati per righe e per colonne e tra loro collegati da relazioni che rappresentano *'operazioni'* talvolta coincidenti con quelle note dalla aritmetica più elementare. Organizzazione di tabelle simboliche di calcoli che sono familiari a chiunque esegua periodiche elaborazioni contabili con l'ausilio del *foglio elettronico* sui comuni PC. Nelle caselle delle tabelle vengono riportati simboli che rappresentano *categorie di voci contabili* che assumeranno i valori indicati dal momento contabile che interessa l'azienda. Le diverse caselle inoltre sono legate da relazioni di calcolo illustranti le varie *logiche* con significati aziendali. Le *teorie matematiche* che i fisici adottano agevolano in modo analogo l'esecuzione dei calcoli ed agevolano anche la identificazione di *significati fisici* rappresentati dalle relazioni che corrono tra le ubicazioni delle caselle su specifiche righe, colonne e diagonali. Una sorta di *logica contabile* dei parametri fisici di una teoria che viene rappresentata dalle *stringhe di caselle* come una sorta di *vettori* con significati costanti il cui calcolo varia a seconda del valore che viene attribuito ai parametri delle singole caselle. Una volta consolidate tali organizzazioni tabellari dei parametri rappresentativi d'una teoria fisica se ne può affidare il calcolo alle tecniche specifiche dell'*algebra matriciale* assistiti dal potente sostegno elaborativo di *fogli elettronici* e computer sempre più potenti.

Fatta questa premessa si può cercare di illustrare in *termini divulgativi* la più diffusa teoria matematica in fisica oggi che è capace di impiegare appieno al suo servizio il sostegno dell'*algebra*

matriciale. La *teoria dei gruppi* trova applicazione infatti sia in
relatività generale (che ha assicurato la descrizione delle forze di
gravitazione e elettromagnetica in una teoria unitaria), sia in
quanto-elettro-dinamica (che ha formulato un'unica teoria capace
di descrivere le forze elettro-magnetiche e quelle nucleari forte e
debole). Resta oggi in corso il tentativo di formulare una più
inclusiva *teoria unificata globale* che sia capace di descrivere le
quattro forze (gravitazione, elettromagnetismo, forza nucleare
debole e forte) superando le incompatibilità tra le due precedenti
teorie unitarie. Tutte queste *teorie fisiche* adottano la *teoria dei
gruppi* e quindi si tenta formulare un'ipotesi sulla struttura
complessiva della *realtà osservata* che suggerisca ai fisici di reperire
(o forse di *concepire*) un *gruppo matematico* le cui regole interne
risultino compatibili e capaci di dare adeguata *rappresentazione* a
quella *nuova ipotesi strutturale.* Si tratta di attivare processi di
osservazione che portino in evidenza nuovi inspiegabili paradossi i
quali sappiano operare *suggestioni* sul potenziale immaginifico dei
fisici per condurle a riformulazioni *creative* di vecchie nozioni
entro più semplici strutture concettuali capaci di *trascendere* la
pura ottica *bio-percettiva* della realtà per coglierne aspetti solo
mentalmente immaginabili e liberi dalle strettoie che limitano il
progresso delle conoscenze umane sull'universo.
Il *concetto di gruppo* nell'esperienza comune è legato a insiemi di
elementi caratterizzati da qualche chiaro parametro *a fattor
comune* (femmine, maschi, colore, ecc.). In matematica formano
un *gruppo* quegli insiemi di *relazioni* che sono tra loro legate da
particolari vincoli logici. Relazioni che, se applicate a un
particolare *elemento di partenza operino trasformandolo* in un altro
elemento di arrivo (ad es. riflessioni speculari, rotazioni assiali,
traslazioni, ecc.). *Il gruppo* delle operazioni sui punti dello spazio
euclideo (piatto) è quello più familiare della geometria elementare
e risulta diverso da quello che opera su spazi non-euclidei come
quello *sferico* su cui sono tracciate le comuni rotte di navigazione
aeree e marittime. Esistono criteri per potere *trasformare* tra loro
diversi modi di calcolo usati nell'ambito d'uno stesso *gruppo* (da

coordinate *sferiche* a *cartesiane* ad esempio). Non esistono invece possibilità di *trasformare* in modo reversibile computazioni tra taluni distinti gruppi di relazioni.

Per assurgere allo stato di *gruppo* un insieme di *trasformazioni* deve rispettare quattro vincolanti condizioni di base (*postulati*):

- la trasformazione *identità* (o *unità*) che lascia tutto invariato deve essere un elemento dell'insieme
- ogni *trasformazione* deve essere 'reversibile' ed anche la sua *inversa* (o *reversa*) far parte dell'insieme
- si deve poter combinare in successione le trasformazioni (*associatività*) onde poter raggiungere stati finali con storie di passaggi diversi e alternativi – $(AB)C=A(BC)$
- ogni insieme di trasformazioni deve essere *chiuso* cioè, applicandole, gli elementi d'arrivo devono far parte dell'insieme. Quest'ultima condizione è quella che risulta più vincolante per la scelta del *tipo di trasformazioni* permesse nel concepire nuovi *gruppi*.

Un *gruppo* che contiene un numero finito 'G' di elementi si chiama *gruppo finito d'ordine G*. Sono questi i concetti (*postulati*) iniziali sui quali si sviluppa la *teoria dei gruppi*. Al fine di aiutare nella comprensione cerchiamo di fare riferimento alle esperienze aritmetiche elementari che operano *trasformazioni* su coppie di numeri reali anziché su insiemi di punti geometrici. L'operazione *somma* è la *trasformazione di base* del gruppo. Se la si applica a due elementi li si trasforma in uno nuovo che appartiene allo stesso insieme dei numeri reali. L'operazione *somma* ha un suo *inverso* se si tiene conto del segno che caratterizza l'insieme dei numeri reali. Applicare più volte la *somma* ad una serie di numeri risulta indifferente all'ordine in cui avviene la sequenza di operazioni (*associatività*). Se si applica la *somma* in serie al medesimo numero reale si genera una nuova *trasformazione* il *prodotto*. In analogia si può ricavare una nuova *trasformazione* la *divisione* che risulta essere l'*operazione inversa* al prodotto e tutte fanno parte ancora dell'insieme di operazioni. Ripetere la moltiplicazione di coppie di prodotti dello stesso numero conduce a formulare una nuova *operazione* che appartiene all'insieme, quella di *elevazione a potenza*. Da queste semplici considerazioni si può ricavare anche la comprensione di talune definizioni in vigore nella *teoria dei gruppi*. Ad esempio si dice che un gruppo sia *commutativo* se le sue trasformazioni rispettano quanto avviene tra le moltiplicazioni normali ove cioè **AxB=BxA**. In aritmetica occorre inoltre introdurre nuovi simbolismi per rispettare la *commutatività delle espressioni di calcolo* più complesse. Infatti le parentesi tonde, quadre e graffe stabiliscono un *ordine di priorità* che occorre seguire per un'esecuzione corretta dei calcoli misti di somme e moltiplicazioni. Inoltre vengono introdotte specifiche *convenzioni* per evitare di uscire dal *gruppo*. Ciò è richiesto per trattare il non-numero *zero* che non è un numero ma rappresenta semplicemente un *concetto limite* tra due classi di numeri reali quelli positivi e quelli negativi. Ad esempio si stabilisce che elevare un qualunque numero a *potenza zero* conduca al medesimo numero: 1. Si stabilisce altresì che dividere un qualsiasi numero per lo *zero* non abbia senso logico in quanto condurrebbe ad uscire dall'insieme dei numeri reali, così come il dividere lo *zero* per sé stesso.

In definitiva i fisici cercano rappresentazioni ideali più calzanti alla realtà osservata *creando* (in veste di matematici) o *reperendo* (tra gli esistenti) un *gruppo di trasformazioni* le cui regole siano in relazione bi-univoca con quanto cercano di descrivere le loro *leggi fisiche*. La formulazione delle *leggi fisiche* con le regole di *matematica matriciale* aiuta poi i fisici a condurre i calcoli su *rappresentazioni vettoriali* degli elementi fisici da loro ipotizzati che vengono rappresentati da *stringhe di parametri* collocate su righe, colonne e diagonali delle matrici. Attribuendo loro i valori numerici rilevati con misure reali, si può giungere a verificare l'aderenza (o a falsificare) della specifica *teoria fisica* rappresentata in quel modo. Il computer libera i fisici dall'*onerosità dei calcoli*, dal loro *rischio d'errore* e dal *tempo necessario* per una, altrimenti improbabile, esecuzione manuale. Anche in ciò consiste tra l'altro la statura di *giganti* dei fisici del passato. Enrico Fermi eseguì il primo *progetto* di reattore nucleare (e soprattutto il suo primo *collaudo* dalla fase di accensione attraverso quella sub-critica fino a quella critica e *divergente* di avviamento a regime) con l'ausilio solo di carta, penna, regolo calcolatore e ...... di *cervello-on-line*.

premessa e riepilogo sui concetti usati in fisica

Questa premessa tenta di spiegare qualcuno dei concetti più in uso in tema di *unificazione dei campi energetici*. Si tratta di un *linguaggio matematico* che per il nostro uso quotidiano non è familiare e che occorre tentare di *spiegare in termini divulgativi* per consentire, anche a chi non volesse approfondire gli aspetti più tecnici delle logiche matematiche sottostanti, di seguire sul piano discorsivo i *concetti di buon senso* che sono alla base del materiale divulgativo raccolto nel seguito.

Ogni teoria matematica stabilisce un insieme di *relazioni logiche* tra elementi assunti in modo assiomatico e *stabilisce regole* che legittimano la formulazione di questo complesso di relazioni sotto forma d'uno *specifico linguaggio* dotato di un proprio vocabolario e associate regole di *sintassi e grammatica*. Tutto ciò consente di esprimere in concetti compiuti specifiche serie di *affermazioni semantiche*. Questi *insiemi di elementi* stabiliscono un loro *spazio di appartenenza* che può essere rappresentato da una vera e propria geometria, o *struttura topologica*. Sono permessi poi *meccanismi di traduzione* tra *linguaggi diversi* seguendo le regole di altrettanti *procedimenti matematici* che specificano le regole da seguire per eseguire le traduzioni (o *trasformazioni*) tra i relativi *sistemi di equazioni*, in modo che risultino corrette in quanto legittimate dalle regole logiche che governano ogni possibile procedura matematica di conversione. Tali regole di *conversione delle equazioni* tra i più diversi *riferimenti matematici* sono chiamate *procedure di gauge*. Il *regauging da un sistema di equazioni* matematiche in un altro è detto *regauging del sistema*. Siccome il *regauging* è consentito purché si applichi una logica di trasformazione dotata di intrinseca consistenza logica, emerge che si può trasformare un *sistema matematico* (o *teoria fisica* che è da esso rappresentata) da un certo tipo di *topologia spaziale*, in un altro che è invece

259

rappresentato da un tipo totalmente diverso di spazio topologico. In termini matematici il *regauging d'ogni teoria matematica* è permesso e libero pur di *applicare procedure logiche* dotate di *consistenza interna*. È chiaro che a seconda del *tipo* scelto *di regauging*, le *equazioni descrittive della teoria fisica* di partenza (la sua *funzione d'onda*) possono non trovare una *rappresentazione totale* nel sistema d'equazioni risultante dal *regauging*. Infatti se la teoria matematica di partenza è rappresentata dallo stesso tipo di *spazio topologico* può darsi il caso che la teoria d'arrivo dopo il *regauging* risulti più o meno generale negli assunti assiomatici di base. Nei due casi succede che certe equazioni non trovino alcuna forma di espressione oppure che esse risultino essere solo dei *casi particolari* di equazioni formulate con carattere di maggiore generalità.

Occorre anche ricordare che ogni teoria fisica *rappresenta la realtà fenomenica* e deve esprimersi con *linguaggio concettuale filosofico* per dare contezza del *tipo d'astrazione* ipotizzato per descrivere le osservazioni. Essa deve poi indicare anche il *linguaggio matematico* scelto per consentire di condurvi le misurazioni sperimentali adeguate a *confermare* o a *falsificare* quanto illustrato in *termini filosofico-concettuali*. Il linguaggio matematico prescelto può non essere il più adeguato a descrivere la teoria fisica in termini esaustivi. Si tratta anche in questo caso infatti di una *traduzione tra due linguaggi*, l'uno *verbale* e l'altro *matematico* le cui logiche possono non risultare coerenti e che comunque spesso sono prive di bi-univocità per ciò che concerne la semantica sottostante. Infatti mentre la logica dei *linguaggi matematici* deve essere priva di ogni forma di indeterminazione semantica, il *linguaggio filosofico* si deve prestare a un *costante processo di ri-definizione dei significati* sia degli elementi che delle relazioni che s'ipotizza corrano tra essi. Una volta formulata una *teoria fisica* si tenta di *tradurla* quindi *in un sistema d'equazioni* governato da una appropriata *teoria matematica* tra le cui peculiarità figura anche la *struttura dello spazio di esistenza*. Qualora le equazioni scelte per descrivere la teoria fisica avessero esistenza in un *tipo di spazio* le cui caratteristiche fossero incompatibili col tipo di spazio ipotizzato per la natura, che viene chiamato lo *spazio-tempo*, ne deriverebbe una limitazione della teoria non attribuibile alle assunzioni logico-astratte di base bensì all'*incoerenza intrinseca* che esiste tra i *due spazi* in cui hanno validità le *due teorie*, la fisica e la sua rappresentazione matematica. Tali possibili incompatibità tra *teorie fisiche* e *rappresentazioni matematiche* ha condotto infatti i fisici ad assumere validità assoluta per il principio basilare della *libertà di gauge*. Senza la quale si perderebbe ogni possibilità di esprimere *vecchie teorie* nel contesto di nuove *più generali ed inclusive* di esse. Occorre poi distinguere tra *campi d'energia* e *campi di forza*. I primi sono *prodotti primari* che pervadono tutta la topologia dello spazio-tempo *componendone la curvatura*. I secondi invece sono *misurazioni secondarie* condotte con l'*esplorazione dei campi energetici* immergendovi opportune sonde, *particelle quantistiche* dotate di parametri (*massa, carica, spin, ecc.*), adeguati a consentire *misure osservabili* delle *azioni di forza*. I campi d'energia *creano* più che *pervadere* il campo topologico e quello della metrica scelta per la sua misurazione. In definitiva, ciò che *descrive* l'intero universo è il *campo metrico* dello spazio-tempo invece del *campo energetico*, in ogni caso non è il *campo di forza* che lo descrive. Ogni teoria è rappresentata quindi da una *struttura metrico-matematica* che possiede una propria forma geometrica (o *topologia*) e della quale la *funzione d'onda* (forma più generale dell'equazione descrittiva) ne costituisce un *vettore* e cioè uno dei suoi elementi. Le *operazioni metriche d'un sistema fisicamente osservabile* sono rappresentate da *operatori* che trasformano i *vettori* del suo spazio in altri *vettori* dello stesso spazio. Lo *stato complessivo* d'un sistema in un dato istante si può rappresentare come sovrapposizione di più stati particolari (i suoi *auto-stati* che sono i risultati delle sue possibili misurazioni). Nel momento in cui si esegue una misura si ottiene il *collasso* dallo insieme degli *stati possibili* a quello specifico rivelatoci dalla nostra osservazione. Questo è detto la *decoerenza* dei fenomeni, passare cioè dalla loro descrizione probabilistica e generale a loro *localizzazioni spazio-temporali* con

l'*indeterminazione di Heisenberg* indotta nella realtà dal nostro stesso modo d'impostare le misurazioni.
Le *particelle elementari* sembra siano solo i *leptoni* (ad es. elettrone) responsabili della citata *carica sorgente* che converte costantemente energia dai suoi stati *virtuali* nel vuoto turbolento a quelli *osservabili*. La teoria quantistica dei campi propone un *vuoto* che è invece una localizzazione di campi energetici turbolenti le cui variabili descrittive sono sottoposte al *principio di Heisenberg*. Lo stato fondamentale del *vuoto turbolento* (quello cioè di *energia minima*) non è nullo e la sua *energia latente* può creare coppie di *particelle-antiparticelle* che generano *fotoni* annichilendosi. Anche la struttura volumetrica dello *spazio-tempo* - mai vuota – deve essere *quantizzata* in *grani di volume* di 10^{-35} **metri** raggio (*scala di Planck*).
Il *principio di relatività* afferma che tutte le leggi fisiche hanno la stessa forma in tutti i *sistemi di riferimento inerziali*. L'ente *invariante* tra loro è la *luce* (fotoni del campo elettro-magnetico). Molti sono i sistemi di riferimento inerziale possibili e diverse sono le *metriche* loro associate per condurre le misure. La *conversione* tra metriche diverse delle equazioni descrittive delle leggi fisiche richiede la applicazione di *campi di regauging* adeguati a rispettare le regole matematiche vigenti nelle specifiche famiglie di quattro *campi di forze*: gravitazione, elettro-magnetismo, nucleare forte e nucleare debole. Tra essi solo i tre ultimi sono stati *regauged* in un'*unica teoria quanto-elettro-magnetica* grazie agli strumenti matematici disponibili.
La *relatività generale* (o *geo-metro-dinamica* di Wheeler) è una *teoria dello spazio-tempo* che estende la relatività ristretta a uno *spazio curvo a quattro dimensioni*. Le *ipersuperfici* trattate dalla *teoria della relatività generale* si chiamano *varietà differenziabili pseudo-riemanniane a quattro dimensioni*. La *gravitazione* è la curvatura dello spazio-tempo. Il *principio di relatività generale* (o di *covarianza*) dice che le leggi fisiche non devono variare rispetto a una classe molto ampia di trasformazioni che siano *sufficientemente regolari* che cioè non permettano *variazioni*

262

discontinue. Invece il *principio di equivalenza* afferma che, in un intorno piccolo a sufficienza di un evento, le *leggi della fisica* coincidono con quelle della *relatività ristretta*. Cioè *localmente* non esiste differenza percepibile tra la reale *curvatura* dello spazio-tempo e quella *euclidea*.

Il *moto geodetico* è lo spostamento che segue una particella come se *rotolasse in moto libero* sulla *curvatura dello spazio-tempo*. La *geodetica* è la linea più breve tra due eventi misurata nella *metrica* adottata per la *specifica curvatura* dello spazio in questione. La metrica è *localmente* euclidea ma, in generale, è non-euclidea a seconda del grado di *curvatura locale* dello spazio-tempo. Il *moto libero* segue quindi le *'pendenze dello spazio-tempo*. La *gravitazione* è insomma *moto geodetico* nello spazio-tempo curvo. La *topologia dello spazio* non è piatta ma curva, come venne già ipotizzato da Gauss che ne tentò addirittura la misura nell'800, e come è stato assunto in modo implicito da Maxwell formulando le equazioni con una matematica propria di un *campo metrico curvo* e compatibile in modo completo sia con quello della *relatività generale* che con quello della *dinamica quantistica*.

La gravità non è una *teoria perturbativa rinormalizzabile* come invece deve essere ogni *campo quantizzabile*. Ciò significa che le *procedure di quantizzazione*, se applicate al *campo gravitazionale*, generano quantità infinite ineliminabili. La diversità di fondo tra i campi è nella *sorgente* stessa del *campo*: la *massa-energia* di tutte le particelle e campi presenti nello spazio-tempo. E cioè anche del *campo gravitazionale* stesso, cioè anche lo stesso *spazio-tempo curvo*. Insomma l'*energia di legame gravitazionale* che è responsabile delle sue azioni è partecipe anche della stessa *dinamica del campo*. Questa *auto-interazione* (*retro-azione* o *non-linearità*) in definitiva rende vano applicare le tradizionali procedure di quantizzazione in uso per i campi. Gli altri campi possono, infatti, ipotizzare che sia trascurabile l'*effetto della gravitazione*, tranne che in vicinanza dei *buchi neri* o al momento del *big bang* ove la *curvatura dello spazio-tempo* risulta forte in modo particolare. Si tratta di due casi ove valgono i *teoremi sulle singolarità* di Penrose-

Hawking.
Occorre accertare la validità delle *procedure di quantizzazione*
impiegate nella *quantistica dei campi*. L'integrale di Feynman
fornisce la possibilità di calcolare l'*ampiezza di transizione* tra due
stati ma né nel caso dei *buchi neri* né in quello del *big bang* si
possono conoscere i valori di entrambi gli stati *iniziale* e *finale*.
Occorre allora applicare formalismi diversi per poter calcolare i
valori di aspettazione assunti da una qualsiasi variabile a partire da
un dato *istante iniziale* (Schwinger). Nel caso della gravità ciò è
possibile ma il suo sviluppo di calcolo risulta altamente
complesso. La soluzione deve potersi trovare in una *topologia dello
spazio-tempo* capace di rimuovere le discontinuità come quelle che
presentano i *buchi neri* o l'attimo del *big bang*. È ciò che hanno
avviato Lee Smolin e Carlo Rovelli con la loro ipotesi della teoria di
loop quantum gravity che cerca di riformulare la *relatività generale*
per costruire uno *spazio degli stati* (rappresentabili dalla *rete di
loop* o di *linee chiuse* del campo) sui quali operi una metrica
relativa a un'algebra di operatori che siano rispettosi della
relatività generale ma anche della possibilità di quantizzarla. Un
tale *spazio-tempo* risulta avere una *micro-struttura granulare*,
peculiare d'uno *spettro discreto di volumi e superfici quantizzati
sulla scala di Planck*. Una *topologia di spazio-tempo* molto intricata
con struttura *a grafo* che deve ancora essere verificata
relativamente ai valori di misure gravitazionali in prossimità dei
punti ad elevata curvatura per l'esorbitante addensarsi di masse-
energie. Il lavoro di Smolin-Rovelli parte da quanto indicato da
Wheeler-De Witt negli anni '50 con la loro *funzione d'onda
d'universo*.

Teoria unitaria dell'Universo
Il problema nelle sue linee essenziali è molto semplice ma richiede
poi notevoli dosi di creatività e capacità di astrazione concettuale
per non restare imprigionati dai limiti sensoriali e strumentali che
condizionano la nostra percezione scientifica della realtà naturale.
Ulteriori dosi di creatività richiede poi la scelta del linguaggio
matematico che possa sostituire più che non integrare nel lavoro

264

di descrivere quelle astrazioni concettuali della realtà. Una vera e propria creatività che ha gradualmente unificato la ricerca matematica e la fisica teorica. Di ciò rende conto la rassegna dei progressi scientifici in tema di fisica teorica degli ultimi due secoli.

Inizialmente la matematica era un campo di ricerca totalmente avulso dalla fisica e si limitava a fornire gli strumenti per il calcolo delle previsioni che le teorie fisiche proponevano a illustrazione dei processi osservati e misurati in natura. Tra le primissime osservazioni sperimentali figuravano le tabelle delle serie storiche del transito dei corpi celesti relativamente a strumenti di misura ottici e a riferimenti tra ubicazioni sulla terra e periodiche regolarità dei transiti dei corpi celesti rispetto a quelle. Fino a Galilei e Newton ci si era limitati a ricercare nelle regolarità pseudo periodiche delle osservazioni l'esistenza di regole che in modo il più semplice possibile potessero consentire i calcoli teorici delle osservazioni sperimentali stesse (i lavori di Ticho Brahe ad esempio) e la previsione di quelle future. Un tentativo di ricavare dalle regolarità un modello "prescrittivo" del moto dei gravi che risultava quindi inevitabilmente incentrato sulla centralità dei corpi in movimento e quindi dei loro parametri: massa, velocità, posizione. Questo privilegiava indirettamente tali elementi come quelli "fondamentali" nella realtà naturale. La matematica che serviva ai fisici teorici doveva loro consentire la misurazione di orbite di masse puntiformi in uno spazio la cui struttura non era neanche ipotizzata poter essere diversa dai canoni teorici della geometria euclidea. Newton che era molto erudito anche in matematica creò uno strumento di calcolo apposito che gli agevolasse quel lavoro di descrizione matematica delle orbite nello spazio euclideo. Leibnitz, un matematico puro, diede poi una versione più semplice del calcolo differenziale integrale che è ancora in uso oggi nella formazione professionale universitaria.

La potente riduzione a semplicità delle leggi del moto, la loro universale validità dalle mele sulla terra ai corpi stellari più massicci e distanti e la precisione delle previsioni del moto si imposero per il loro fascino e semplicità di apprendimento in modo tale da ottundere ogni spirito di critica nel mondo scientifico dell'epoca. Ciò bloccò ogni progresso anche in materie autonome della ricerca fisica come l'elettricità e il magnetismo. Sembrò naturale ipotizzare anche per quei comparti della ricerca che la realtà fondamentale risiedesse nelle cariche elettriche e nei magneti i quali infatti si muovevano sotto l'influsso di forze di origine elettromagnetica ma strettamente connesse alle loro masse, velocità e posizioni. Come il loro moto sotto l'influsso della gravità. Le "forze" elettriche o gravitazionali erano gli elementi fondamentali che agivano sulle masse e le cariche che erano altri elementi fondamentali che caratterizzavano la realtà naturale.

Occorse la creatività autonoma da questi tabù di un fisico scarsamente erudito in matematica per spostare l'attenzione della ricerca fisica dai corpi e movimenti sotto influsso di forze ad ipotizzare la centralità dei possibili "precursori" di tali elementi ritenuti solo acriticamente "fondamentali". Faraday spostò la sua attenzione dal movimento dei corpi immersi in campi di forza a quello che suggerì essere un'entità inevitabilmente preesistente in natura al fatto puramente occasionale che in esso venisse a trovarsi un corpo dotato di massa e di carica: il campo di energia. Maxwell poi formalizzò quell'intuizione in termini matematici per riuscire a darne una struttura teorica atta a descrivere in modo unitario la disparità di fenomeni già noti alla data. La formalizzazione risultò così potente e semplice da rendere conto in modo anticipato di comportamenti dei campi energetici che risultarono poi coerenti con la rivoluzione concettuale formalizzata da Einstein per la gravità. La luce ricevette dalla teoria di Faraday/Maxwell un'interpretazione di manifestazione del campo d'energia elettromagnetica in una gamma di frequenze senza alcuna diversità rispetto al restante spettro di frequenze di oscillazione. La luce e la sua velocità di propagazione emerse come il limite superiore raggiungibile nella propagazione di fenomeni fisici in natura. La rivoluzione concettuale di Faraday poneva il campo di energia come elemento fondamentale in natura in luogo

266

del campo di forza che diventava manifesto alle osservazioni solo in tanto in quanto nel campo di energia si introducessero elementi dotati di massa e carica: le particelle ionizzate.

La matematica che Maxwell usò per descrivere il campo di energia risultò assolutamente coerente con la matematica che venne usata da Einstein cinquant'anni dopo (geometria di Riemann) per la descrizione del campo gravitazionale. Una geometria che assume per il suo spazio di esistenza una struttura non euclidea e cioè dotata di curvatura intrinseca. Se è curvo lo spazio matematico che ospita la metrica matematica più adeguata a descrivere la struttura del campo elettromagnetico o di quello gravitazionale è logico ipotizzare che anche lo spazio fisico in cui si manifestano i campi sia curvo e non euclideo come assunto in modo naif fino ad Einstein dai fisici teorici. Questa vera e propria rivoluzione stimolò i fisici teorici a dedicare le proprie energie ad approfondire la loro cultura matematica anche se con un approccio non puramente speculativo sui concetti astratti della logica matematica ma mirante a risolvere le molte incoerenze e paradossi incontrati sulla strada innovativa di descrivere la struttura e le trasformazioni dei campi di energia piuttosto che descrivere i movimenti dei corpi sottoposti ai campi di forza cui essi sono sensibili. La matematica divenne il primario interesse dei fisici teorici che da allora esercitarono costante ruolo di stimolo sui matematici puri nei settori di indagine di potenziale utilità per affrontare i problemi irrisolti di fisica.

Si stava preparando una successiva rivoluzione concettuale nella rappresentazione astratta degli elementi fondamentali della fisica e dei modelli teorici capaci di darne una descrizione sempre più unitaria. Infatti, se si cerca di dare una descrizione matematica ai campi d'energia, occorre che essi risultino descritti da un medesimo algoritmo matematico seppure articolato in diversi componenti in quanto è noto che il campo universale di energia è unico mentre le sue manifestazioni settoriali sono riferite alle particolari caratteristiche degli elementi immersi nel loro ambito.

Si parla allora di campi di forza come manifestazione settoriale e specializzata del campo di energia. Essa non si crea né si distrugge ma si trasforma solo nella sua manifestazione osservabile in funzione delle caratteristiche possedute dall'elemento sensibile usato come sonda degli effetti esercitati dal campo precursore ed unitario. Una tale assunzione permette ai fisici di aspirare a formalizzare tutte le leggi e i fenomeni osservati in natura in un unico algoritmo matematico semplice e potente. Dato che i campi di forza noti ai fisici sono quattro (gravitazione, elettromagnetismo, nucleare forte e nucleare debole) occorrerebbe riuscire a dare una descrizione unitaria ai modelli che descrivono in modo soddisfacente anche se settoriale i fenomeni propri di quei campi di forze.

I progressi che si sono manifestati in fisica teorica da Einstein a oggi hanno permesso ai fisici di riuscire a descrivere unitariamente due gruppi di fenomeni: da un lato gravitazione/elettro-magnetismo, dall'altro elettro-magnetismo/forze nucleari forte e debole. Gli algoritmi matematici che descrivono i campi di forze risultano incompatibili ad integrare invece quelle due aree della fisica. Ciò è attribuibile essenzialmente alle caratteristiche microscopiche dello spazio di esistenza dei due tipi di algoritmo scelti. Quello usato per la descrizione dei fenomeni macroscopici della gravitazione non tengono conto del carattere microscopico della struttura dell'universo in quanto è sufficiente l'ipotesi che lo spazio Riemanniano sia continuo e a struttura puntiforme, lo spazio che ospita invece i fenomeni subatomici tiene conto del carattere discontinuo, non puntiforme dello spazio che ospita i fenomeni nucleari. Per giungere a descrivere tutti i fenomeni fisici con una teoria unitaria occorre escogitare uno spazio metrico ed un linguaggio matematico che dia ragione sia delle manifestazioni più microscopiche sia di quelle cosmiche.

La rivoluzione matematica necessaria per soddisfare i fisici teorici in questa loro aspirazione è agevolata dall'innovazione che la gravitazione di Einstein ha avviato nell'interpretazione della realtà naturale. Dalla realtà dei corpi carichi ospiti di uno spazio euclideo e primordiale si era passati alla realtà dei campi di forze precursori dei fenomeni osservabili ma sempre ospitati dallo stesso spazio. Dalla realtà dei quattro campi di forze ospiti di uno spazio Riemanniano si è passato alla realtà dell'unico campo energetico sede di tutte le manifestazioni specializzate dell'energia meccanica, elettro-magnetica, nucleare forte o nucleare debole ospite dello stesso spazio. Dalla realtà del campo energetico ospite di uno spazio primordiale si è passato ad un campo energetico primordiale in caotico divenire di micro-fenomeni quanto-energetici che presenta densità d'energia 'locali' altamente dinamici e disomogenei che costituiscono la realtà e la deformazione stessa dello spazio in cui si manifestano i micro-fenomeni e i loro aggregati macroscopici. Insomma si è giunti a modificare drasticamente la descrizione concettuale dello spazio-tempo come contenitore di fenomeni diversificati a manifestazione del campo caotico di energia primordiale e sua stessa consistenza materiale. È una rivoluzione concettuale che pone i fisici teorici di fronte a problemi di astrazione enormi rispetto a quanto essi riescono a concepire sulla base del punto limitato di osservazione della natura. Inoltre la stessa rivoluzione concettuale unitaria impone ai fisici di spiegare la manifestazione dei fenomeni microscopici da essi osservati come manifestazioni locali di instabilità dovute alle oscillazioni microscopiche manifestate dal campo energetico unitario. In altri termini così come lo spazio non ha una sua esistenza autonoma quale contenitore dei campi ma è solo una manifestazione osservabile della disomogeneità energetica propria del campo di energia unitaria, così i micro-fenomeni osservabili non hanno una loro intrinseca realtà ma sono solo manifestazioni sensibili dei molti diversi modi in cui le caotiche instabilità micro-cosmiche si manifestano. Queste instabilità possono essere attribuite alla microstruttura del campo energetico unitario primordiale la quale vibra in diversi modi permessi dalla metrica che ne descrive il loro ruolo statico e dinamico riferito alla struttura dello spazio-tempo. Ogni vibrazione permessa da vita a una manifestazione osservabile che appare al fisico sperimentale sotto due forme di diversa funzione: particelle soggette alle dinamiche delle specifiche forze oppure particelle demandate del trasporto di energia tra quelle precedenti. La teoria fondamentale ha descritto in modo chiaro i tipi di particelle osservate nei diversi campi di forza. Pur non essendo riuscita a descrivere in modo unitario le quattro forze.

Esiste un algoritmo matematico che possiede le due caratteristiche richieste per assicurare una descrizione unitaria del campo di energia nei suoi comportamenti macro-cosmici e micro-scopici: la teoria delle stringhe. Si tratta di una teoria matematica che presume uno spazio di esistenza di caratteristiche compatibili con la teoria della gravitazione e dotato di una realtà microscopica non puntiforme ma 'a stringhe' che costituiscono l'elemento fondamentale di riduzione a cui possono essere portate le caratteristiche delle osservazioni sperimentali. Sono queste stringhe non punti-formi a vibrare emettendo pacchetti di energia che risulta osservabile come particella tra le tante osservate. È la distribuzione disomogenea dell'energia a creare quelle distorsioni dello spazio-tempo che risultano in tutte le diverse osservazioni relativistiche al livello macro-cosmico ma anche a quello micro-scopico in continuità dettata dalla coerenza interna della teoria matematica. I buchi neri sono spiegati dalla stessa teoria grazie al fatto che l'ultima consistenza della realtà unificata gravitazionale e quantistica è rappresentata dagli stessi pochi parametri peculiari di ogni elemento 'osservabile' in natura: massa, cariche di gauge, spin. Il costante variare della densità energetica 'locale' da curva alla peculiare topologia dello spazio-a-stringhe. Sono le stringhe a dimensioni superiori alle quattro dimensioni spaziali che ci è dato di sperimentare quotidianamente al nostro livello di esseri viventi ad avere una realtà di 'contenimento energetico' dei parametri che catalogano gli elementi osservabili quantizzati. La stringa spaziale di contenimento a molte dimensioni varia il suo raggio di confine in funzione della massa contenuta. I buchi neri saranno confinati da stringhe che variano in funzione della cattura o emissione di quanti di energia. Tale emissione dei buchi neri esiste anche se

270

lenta per la cattura verso il loro interno di uno dei componenti delle coppie di particelle prodotte dal costante e caotico turbinio di eventi virtuali e che non si riescono ad annichilire. Esiste, grazie a questa unificazione di paradigma topologico sotto cui la teoria delle stringhe è riuscita a catalogare tutti gli elementi osservabili esistenti in natura, la costante trasformazione dello spazio-tempo che stabilisce assolute analogie e simmetrie tra i fenomeni cosmici e quelli microscopici. Un buco nero può esistere anche a minimi valori di massa (al livello di particelle molto addensate) purché i restanti parametri fisici abbiano valori opportuni. Allora tutto è risolto? Non è così perché la sfida si è trasferita dal campo della fisica sperimentale a quello della matematica. Una matematica che, contrariamente a ciò che era sempre avvenuto, non è cos' avanzata rispetto alle esigenze della fisica teorica. Questa pone richieste continue di teorie che siano capaci di descrivere non solo qualitativamente forme del campo matematico (topologia) ma anche quantitativamente (algoritmo metrico). Le forme compatibili con la specifica topologia prescelta dalla teoria delle stringhe sono molte e legate tra loro da regole di trasformazione precise mentre gli algoritmi metrici che permettono di condurre misure consistenti con la topologia che è stata scelta sono semplici o complessi a seconda della specifica scelta di forma tra le molte alternative permesse. Si è quindi sprofondati in un percorso di ricerca della migliore forma e metrica che spesso è irresolubile alla luce delle osservazioni sperimentali fino ad oggi condotte in quanto le energie sperimentali create artificialmente sono troppo limitate per permettere riscontri delle nuove previsioni della teoria e verificarne o falsificarne le scelte. Dalle osservazioni sperimentali del passato che raccolsero patrimoni di dati sulla cui base i fisici teorici dedussero le teorie concettuali ed i relativi algoritmi metrici, si è giunti ad algoritmi di forma e metrici capaci di unificare la descrizione di una realtà naturale che però non ci fornisce sufficienti dati sperimentali per poter confutare le eventuali scelte errate rispetto alle alternative più soddisfacenti.

Un primo approccio alla teoria unitaria: la 'funzione d'onda' di Wheeler-De Witt

Wheeler ha sintetizzato che in teoria di gravitazione universale: *'la materia dice allo spazio-tempo come curvarsi, lo spazio-tempo curvo dice alle masse come muoversi'*. Un'affermazione che si può accettare per la sua forza di sintesi e che si può estendere riformulandola così *'l'energia dice allo spazio-tempo come curvarsi, lo spazio-tempo curvo dice alle particelle come muoversi in funzione dei loro caratteristici parametri quantici'*. Infatti sappiamo dalla *teoria della gravitazione* che esiste un'*equivalenza tra massa e energia* tramite l'apporto della *velocità della luce* quantità universale invariante. Sappiamo anche che i quanti d'energia elettromagnetica, in *quanto-elettro-dinamica*, generano coppie di particelle di materia ed antimateria con processi reversibili. Sappiamo che i leptoni (di cui l'elettrone costituisce il primo esempio), sembrano essere le uniche particelle realmente *fondamentali* e che la *carica dell'elettrone* sembra essere la *carica elementare* di cui non si conoscono sottomultipli; in analogia col fotone. Sappiamo anche che la *teoria elettromagnetica di Maxwell* risulta pienamente compatibile con quella della *gravitazione relativistica* benché sia stata formulata almeno quaranta anni prima. Esistono molteplici forme sotto cui l'*energia* ci appare all'osservazione, energia che è l'unico vero *elemento unitario* e comune a tutti i diversi campi sotto i quali essa viene osservata. Esistono quindi diverse forme di *campi d'energia* secondo i punti d'osservazione umani ma in realtà esiste un unico *campo d'energia universale* sin dai primordi delle capacità umane di esercitare osservazioni secondo le modalità frammentarie delle sue capacità di percezione sensoriale. Eventualmente estese e potenziate dall'applicazione delle conoscenze a strumenti sempre più sofisticati che hanno acuito le capacità di penetrare la realtà fenomenica. Una realtà dunque che non *rappresenta* la realtà naturale ma piuttosto varia costantemente col migliorare delle capacità umane di osservazione.

Quindi i diversi *campi d'energia* sono frutto d'una *percezione riduzionista* dell'osservatore che è obbligato a distinguere tra loro campi diversi secondo cui essa si *esterna* ai suoi sensi. Infatti tale *esternazione* non gli consente di osservare e di studiare il *campo energetico unitario* né i *campi energetici* bensì solamente di osservare e studiare i comportamenti delle *sonde esplorative* che egli inserisce nel *campo d'energia* e che gli rivelano l'*intensità delle forze* che il campo d'energia esercita in modo selettivi sulle sonde stesse. Si parla allora più propriamente dei *campi di forza* tra loro distinti secondo cui procede lo sviluppo delle conoscenze dell'uomo rispetto alla realtà dell'*energia unitaria* che potrebbe, se conosciuta, essere rappresentata da un solo *campo unitario* capace di abbracciare in reciproca compatibilità ognuna delle diverse, parziali manifestazioni proprie dei *campi di forza* osservati. I *campi di forza* in cui l'uomo è giunto sino a oggi a sintetizzare le sue conoscenze sono quattro: la forza *gravitazionale*, quella *elettro-magnetica* e le due *nucleari, debole* e *forte*. Le *sonde* che l'uomo ha adottato nella sua ricerca delle *leggi* che governano il moto delle *particelle immerse nel campo energetico* della natura, sono varie e caratterizzate da parametri che le descrivono fino al livello più *elementare* in cui ci è stato finora possibile *osservarle: massa*, per la forza gravitazionale, *carica elettrica* e *dipolo magnetico*, per la *forza elettro-magnetica* e altri parametri più variopinti (*spin, colore, stranezza*, ecc.), per le *forze nucleari*. Una reale *teoria unitaria* deve riuscire a sintetizzare in un unico *campo di forza* la realtà *olistica* dell'energia naturale grazie a un unico e comune *elemento traducibile* dall'una all'altra manifestazione. Cerchiamo di passare in rapida rassegna quanto l'uomo è stato capace di studiare sino ad oggi, seppure in modo frammentario, per poi tentare faticosamente di ricomporre l'unità.

La *fisica gravitazionale classica* di Newton si definisce come rappresentazione *locale* e *deterministica* della realtà. Essa cioè descrive le *leggi dei campi di forza* sulla base di corpi ubicati in *posizioni locali* nello spazio-tempo e ne descrive gli *effetti dinamici* e l'associato movimento indotto con equazioni che consentono di definirne un *prima* e un *dopo*, una *causa e un suo successivo effetto*.

273

La fisica *gravitazionale quantistica* di Dirac invece è definita come descrizione *non locale* e *probabilistica* dei fenomeni dinamici. Essa cioè descrive il *campo di forze* con una *funzione d'onda* (l'equazione più generale rappresentativa del campo) presente in ogni punto dello *spazio-tempo* la quale permette che, in linea di principio, se ne possano osservare *diversi effetti pratici* in cui essi possano manifestarsi secondo uno *spettro di probabilità* ben descritto dalla *funzione d'onda*. L'osservatore umano col suo intervento strettamente *vincolante* e *perturbatore* costituito dalla catena *realtà-strumento-osservatore*, contribuisce con una sua indissolubile *perturbazione soggettiva* delle sperimentazioni, a *ridurre* poi tale vasta gamma di manifestazioni *possibili a-priori* in uno specifico *insieme di fenomeni osservati* su cui egli può tentare di formulare delle leggi *descrittive* dei *campi di forza* perturbati. È una vera e propria *rivoluzione* del concetto di scienza tanto per ciò che concerne l'apparente duplicità della natura (una realtà *probabilistica energetica* e una diversità *deterministica dei fenomeni delle forze*) quanto per ciò che concerne la stessa *epistemologia* della scienza (rinuncia all'*oggettività* e ricerca della *falsificabilità*). Ogni nuova teoria descrittiva della realtà richiede di poter dare ragione dei fenomeni già noti in precedenza pur accettando il suo maggiore grado di *rappresentatività* rispetto ai modelli precedenti. Si dice che ogni teoria deve permettere la *decoerenza* delle sue più sofisticate descrizioni a ritrovare gli specifici processi di tipo classico già noti seppure meno sofisticati. Ciò vale per la *teoria della gravitazione relativistica* rispetto alla *newtoniana* e deve valere anche per la *teoria quantistica* rispetto ai fenomeni classici.
I fisici hanno tentato di dare una descrizione unitaria del *campo universale* al di là dei citati quattro campi di forze noti sino ad oggi. Una sorta di *funzione d'onda* (o l'equazione più generale di un campo) che descriva il *campo unitario d'energia* e che si scomponga poi nei già noti quattro campi secondo cui sono stati studiati sino ad oggi i fenomeni dinamici della realtà. Wheeler-De Witt hanno formulato negli anni '50 quella equazione che viene oggi accettata come tentativo praticabile per descrivere in modo

unitario la realtà naturale pur consentendo di ritrovare al suo interno tutti gli aspetti classici e quantistici che le quattro manifestazioni distinte delle forze manifestano in natura. Cioè un'equazione che *rappresenti* la *funzione d'onda dell'universo* con una *curvatura* determinata da una certa *densità di distribuzione d'energia* nello spazio-tempo. Il tempo è contenuto in quella stessa *funzione d'onda* e ciò consente di superare le due illogiche *discontinuità* che si erano incontrate in tutte le precedenti *funzioni d'onda* con cui s'era cercato di descrivere l'universo, ad esempio i *buchi neri* e il *big bang* all'inizio dei tempi. In particolare il *big bang* diviene uno dei molti *stati normali permessi* in cui può venirsi a trovare l'*universo* nelle transizioni verso altri stati successivi dell'*unico e unitario spazio-tempo*, senza discontinuità. Ciò porta ad accettare che l'*equazione di Wheeler-De Witt* possa descrivere una *molteplicità di universi* diversi tra loro ma tutti permessi dall'unica *funzione d'onda* e conduce a una nuova e più astratta sofisticazione dei *concetti di scienza* e di *epistemologia della scienza*. L'equazione di Wheeler-De Witt costituisce un *insieme di universi* di cui si è tentato di valutare il numero secondo i criteri della logica matematica che governa quel tipo di equazioni. Quello della *numerabilità* è concetto fondamentale nella logica matematica prima di diventare strumento particolare delle singole metodiche di misura (le *metriche* applicabili alle singole *strutture degli elementi costitutivi* d'ogni linguaggio matematico). Si è scoperto allora che l'insieme di universi permessi dalla *funzione d'onda* di Wheeler-De Witt è non solo *infinito* ma addirittura *non-numerabile* e cioè il numero delle *foliazioni spazio-temporali* permesse non è *decidibile* secondo il modo in cui è stata descritta la *numerabilità matematica* da Gödel-Türing a seguito delle loro speculazioni sulle *teorie dell'informazione* (Shannon) e *robotica computazionale* (Türing e Asimov). In altri termini potrebbe essere impossibile per l'uomo prevedere quale tra i tanti possibili universi sia quello prescelto per la realtà che siamo obbligati a percorrere.
Tra le forme topologiche (le *geometrie iperspaziali*) prescelte per rappresentare lo *spazio-tempo* nel quale vigono le leggi

275

matematiche della *teoria unitaria*, s'è cercato di risolvere il problema delle *discontinuità* in diverso modo e consentire di accogliere il concetto di *curvatura*, confermato ormai dalla *relatività generale*, e ipotizzare quindi una geometria che rimuovesse le singolarità che denotano altrimenti una incapacità di assicurare la descrizione del *continuum spazio-temporale* della natura. L'*universo senza bordi* ipotizzato da Hartle-Hawking accetta la *quadri-dimensionalità* fino ad ipotizzare una *struttura curva* anche per la dimensione *tempo*. Il *tempo-curvo* risolve i problemi delle *singolarità* nel tempo (l'attimo del *big bang*) e ripristina coerenza tra la *teoria topologica* dello *spazio-tempo* e l'associata e coerente capacità del *sistema d'equazioni* di tentarne una *rappresentazione misurabile* di teoria delle forze o *leggi di natura* che manifestano *simmetria*. Un caso emblematico d'un fenomeno quantistico *non-locale* e solo nel *tempo immaginario* (senza durata - *relazione di Wick*) e che tuttavia si traduce in *eventi osservabili* e quindi *locali*, è l'*effetto tunnel* colle sue applicazioni pratiche nell'elettronica d'ogni giorno. Ciò sottolinea quanta consistenza e coerenza vi sia negli sviluppi *quanto-elettro-dinamici* tra la teoria e le sue applicazioni pratica. Come nel *big bang* l'ipotizzata *funzione d'onda dell'universo* si è trasformata in un possibile, anche se poco probabile, universo tra i tanti permessi e così ne ha avviato l'*osservabilità* nel tempo. Una sorta di *enucleazione dal vuoto* di tutti gli universi possibili in una *curvatura* che viene descritta dalla *geometria iper-sferica* prescelta come ipotesi da De Sitter-Fantappiè-Arcidiacono sin dagli anni '50. Il *modello di De Sitter* risulta infatti il *naturale ampliamento* della geometria ipotizzata inizialmente per la *relatività generale* da Einstein-Minkowski e naturalmente converte la *teoria unitaria* dell'*universo quanto-relativistica* da *leggi di dinamica dei campi* a *super-legge di topologia dei campi*. In altri termini s'ipotizza che la *densità d'energia* conformi la *geometria della realtà spazio-temporale* ove si addensano i campi o le specifiche manifestazioni di *forme in cui ci appare l'energia* che resta *entità unitaria*. Nulla si *crea*, nulla si *distrugge*, tutto si *trasforma*.

Un altro modello più recente di *teoria unitaria* su questa linea è, come già citato, la *teoria dei loop* in cui lo *spazio-tempo unitario quanto-relativistico* è ipotizzato come un *dominio di coerenza* dettato da un intrinseco *micro-mosaico di tessere* denominate *grani di spazio* discontinui, ovverosia *quantizzati*. Lo spazio e le superfici del *vuoto* sono quantizzati e il suo ordine intrinseco è ipotizzato come costituito da una vera e propria *rete di transizioni* elementari e quantizzate, non-locali (Bohm-Finkelstein). Il *multiverso* (molteplicità d'universi) è suggerito da Everett-Wheeler-De Witt-Deutsch per descrivere ogni *storia quantistica* come uno dei componenti attuali d'un'unica struttura: il *multiverso*. Ogni evento è *vero* su *foliazioni* diverse dello *spazio-tempo unitario*. Non si tratta però di *universi paralleli e indipendenti* ma di manifestazioni *sovrapposte* e mutuamente *interferenti degli stati quantici* di un'*unica funzione d'onda*: quella del *multiverso*. Universi tra loro correlati in modo *non-locale* tramite la *costante di Planck* che diviene l'*indice* d'una scala di *coerenza quantistica* delle diverse *storie*. L'*'equazione fondamentale'* di Wheeler-De Witt è quindi la *funzione d'onda del multi-verso* e le sue *foliazioni classiche* costituiscono le sue autosoluzioni. Il *quantum computing* rappresenta oggi il possibile travaso in *pratico impiego tecnologico* della *teoria quantistica* dopo tutte queste speculazioni teoriche di *cosmologia quantistica*.

Le *coordinate curvilinee* della relatività generale sono preziose per il trattamento dei *fenomeni idrodinamici* propri dei campi d'energie non-lineari (*funzioni di Green o parentesi di Peierls*). *Quantizzare* la gravità e lo spazio è necessario per tentare di ricondurre anche la gravitazione a una teoria unitaria, dopo la avvenuta unificazione delle altre tre forme di forza elettro-magnetica e quanto-dinamiche. Se l'*universo è unitario*, dice Feynman, non ci si può limitare a quantizzarne una parte la *elettro-quanto-dinamica* ma occorre procedere a *quantizzare* anche *la gravitazione* e, quindi, gli *spazi* occupati dalla *massa-energia*. La *quantizzazione del campo gravitazionale* richiede tuttavia di applicare *procedure matematiche* diverse da quelle usualmente già applicate per convertire in forma unitaria le equazioni degli altri campi (*regauge*). Infatti le *teorie di gauge* che hanno consentito di definire le *procedure matematiche* adottate per trasformare le equazioni dei campi tradizionali in un *unico sistema metrico-matematico*, curano la descrizione delle *simmetrie dei campi* (per esempio la *simmetria di rotazione*) per assicurarne la conversione coerente in altri sistemi matematici. Qualora una simmetria non goda di *commutatività* (per es. il *gruppo delle rotazioni* nei sistemi di riferimento) essa è definita *non-abeliana*. Per assicurare il *regauging* dei *campi non-abeliani* Feynman ha tentato di impiegare un particolare *campo* quello di Yang-Mills. Esso potrebbe costituire un *campo di regauge non-abeliano* se si ipotizza la esistenza d'una *particella virtuale* (e cioè *non-osservabile*) che Feynman a suo tempo denominò *fantasma*. Solo in tempi successivi se ne riscontrò la concreta esistenza oltre un decennio più tardi e fu attribuita a Faddeev-Popov in ragione d'un articolo di Feynman che non gli venne pubblicato a tempo debito. La *teoria delle perturbazioni* è la sola teoria matematica disponibile insomma per *quantizzare i campi* ma non si può applicare alla *relatività generale* perché, così come è stata formulata in equazioni matematiche, non è *teoria perturbativa rinormalizzabile*. La *teoria di gravitazione* è cioè diversa dalla *teoria di Yang-Mills* che è il *campo di gauge non-abeliano* per eccellenza. L'interpretazione di Hugh Everett della *meccanica quantistica* è che il *formalismo matematico* si debba considerare *alla lettera*. Che cioè occorra supporre che esso *rappresenti la realtà* così come venne ipotizzato nella teoria classica di Newton per lo *spazio geometrico* e per le associate equazioni del *calcolo integrale differenziale*. Esisterebbero quindi *molti universi* oltre a quello da noi percepito, in quanto la *funzione d'onda* dell'universo ci consente una sola percezione tra le molte *possibili a-priori*. La *teoria dei loop* impiega questo *campo di regauge* per verificare le *grandezze invarianti* nelle soluzioni della *funzione d'onda* (le auto-soluzioni cioè che corrispondono a *grandezze fisiche osservabili*). La *funzione d'onda* di Wheeler-De Witt descrive in tre dimensioni la *gravità quantistica* mentre il tempo compone il *legame di quarta dimensione* tra quelle

278

geometrie tri-dimensionali equi-possibili caratterizzate da diverse *probabilità di transizione*. *Le regole di sviluppo* per tutti gli *ordini di loop* propri della *teoria dei campi* permettono di *regolarizzare* il *campo di regauge* di Feynman *dimensionalmente* e ciò conferma l'esistenza dei *fantasmi di Feynman-Feddeev-Popov*.

Un secondo approccio alla teoria unificata dei campi: l'elettro-dinamica O(3) di Evans

riassunto

La *teoria elettro-dinamica O(3)* viene derivata come ben definito caso particolare della *teoria unificata del campo, generalmente covariante* (in cui cioè le *leggi fisiche* non cambiano di validità), di Evans. Quest'ultima teoria è descritta tramite connessioni di *spin del campo elettro-magnetico* dopo che nel corso di miliardi di anni d'evoluzione dello spazio-tempo, esso s'è *separato dal campo gravitazionale*.

introduzione

Evans ha formulato, a partire da una teoria del *campo di gauge precursore*, una recente *teoria unificata generalmente covariante dei campi gravitazionale ed elettro-magnetico; l'elettro-dinamica O(3)*. La *teoria unificata del campo* si basa sulla *geometria differenziale* e completa la ricerca di Einstein, tra il 1925 fino al 1955, d'una struttura che fosse estensione logica della sua *teoria della gravitazione* originaria del 1915. Quest'ultima si basa su una *geometria di Riemann* (cioè uno *spazio-tempo* in cui il *tensore torsione* risulta per costruzione *nullo*). Einstein quindi cercò di sviluppare una *teoria unificata dei campi* in cui tanto l'*elettro-magnetismo* quanto la *gravitazione* fossero concepiti come una proprietà stessa *generalmente covariante* dello spazio-tempo. Per realizzare questo tentativo *lo spin* (o *torsione*) dev'essere incorporato nell'*ambito della relatività generale*. Per avere una *teoria unificata* quindi non è sufficiente sostituire le derivate con *derivate covarianti* tramite *connessioni di Christoffel* (come avviene nelle equazioni di Maxwell-Einstein). La ragione è che la *connessione di Christoffel è simmetrica* nei suoi *due indici a pedice* quindi il *tensore torsione* discende essere *nullo* per costruzione. Ciò significa che *lo spin* non viene a essere incluso in modo *auto-consistente* con le equazioni di Maxwell-Einstein. Einstein se ne rese conto e inseguì per trenta anni un più corretto tipo di *geometria per lo spazio-tempo.* Evidentemente essa dev'essere una geometria in cui il *tensore torsione* non sia nullo, si tratta quindi d'una *geometria differenziale.* È stato dimostrato che una tale geometria possa essere direttamente *trasferita in una teoria unificata generalmente covariante del campo* nella quale il blocco costruttivo di base sia il vettore di valore quadruplo. Il *campo di potenziale del settore elettro-magnetico* allora risulta definito dalla *derivata esterna covariante* in cui figura la *connessione di spin.* L'elettro-dinamica O(3) risulta essere un ben definito *limite della teoria unificata del campo* di Evans.

Nella *teoria unificata del campo* la *connessione di spin* risulta obbedire a specifiche relazioni cicliche in quanto la *curvatura di Riemann* deve svanire quando l'*elettro-magnetismo* si separa dalla *gravitazione.* Perciò per derivare l'elettro-dinamica O(3) dalla *teoria unificata del campo* occorre siano simultaneamente soddisfatti due tipi di relazioni tali che *limitandosi agli indici spazio* esprimano *nove elementi di connessione di spin e tre equazioni.* Una volta dettagliata, la complessa sequenza di relazioni matematiche che ne discende, conduce a ritrovare l'insieme delle necessarie *relazioni elettro-dinamiche* per assicurare la *convertibilità* della teoria di Maxwell nel corpo della teoria unificata stessa.

La *struttura elettro-dinamica O(3)* risulta essere una *struttura geometrica* in cui l'indice 'a' di *raggruppamento tangente* risulta essere una ben definita proprietà della *geometria differenziale* (e perciò della *fisica generalmente covariante*). La originaria elettrodinamica O(3) fu sviluppata come una *teoria del campo di gauge* in cui l'*indice interno* risulta un indice del *raggruppamento fibroso* imposto a uno *spazio-tempo piatto.* In entrambi i casi la *struttura matematica* è la stessa, la sua interpretazione geometrica tuttavia è preferibile in quanto essa è *generalmente covariante.* Tutte le *leggi della fisica* devono infatti essere *generalmente covarianti e oggettive* in qualsiasi *sistema di riferimento*. Tale ultima interpretazione consente l'*unificazione dei campi* attraverso la prima *identità di Bianchi* della *geometria differenziale* producendo, per esempio, l'*equazione del campo omogeneo* di un campo unificato che vede un'unica equazione scindersi in due entità separate allorquando avvenga la *separazione tra campo gravitazionale ed elettromagnetico*. Ciò rende la rappresentazione dell'elettrodinamica O(3) coerente con quanto richiesto dalle 2 teorie *gravitazionale e elettro-magnetica*. Il *campo elettromagnetico* essendo il *tensore torsione*. Inoltre se ne ricava una previsione che consentirà di condurre verifiche sperimentali sulla teoria O(3). Infatti risulta che dovrebbe esistere una minuscola, reciproca influenza fisica tra l'*elettro-magnetismo* e la *gravitazione*. Minima per la nota precisione dell'*induzione* secondo le *leggi* di Gauss e di Faraday. La struttura di Maxwell-Heaviside è *archetipo della relatività ristretta* ed è *invariante* solo rispetto alle *trasformazioni di Lorentz*, non sotto *trasformazioni generali* di coordinate. La *teoria unificata del campo* di Evans è invece *generalmente covariante* e perciò obiettiva sotto *trasformazioni di coordinate* d'ogni tipo. Perciò essa viene preferita rispetto alla *teoria di campo di Maxwell-Heaviside*. La teoria di Evans segnala in modo consistente anche i *fenomeni non lineari di ottica* quali la magnetizzazione dovuta a radiazione *polarizzata circolarmente* (effetto inverso di Faraday). Quest'ultima è la *magnetizzazione* in ogni materiale e a ogni frequenza grazie al *campo di spin* di Evans. Una delle proprietà fondamentali della *radiazione elettro-magnetica* a ogni frequenza e in qualsiasi *stato di polarizzazione*. Il *campo di spin* di Evans è una proprietà *generalmente covariante* di natura, ovvero una proprietà e predizione della *teoria della relatività generale* di Einstein estesa di recente da Evans nell'ambito d'una *teoria unificata del campo* che includa tutti i campi sia radianti che di materia. Il *campo di spin* di Evans è una *proprietà non lineare della radiazione elettromagnetica* ed è un *elemento della forma torsione*. Per queste ragioni esso non è definito nella *teoria di Maxwell-Heaviside del campo elettro-magnetico* in quanto questa è una teoria *lineare e covariante solo secondo Lorentz*. La *teoria del campo* di Heaviside-Maxwell non prende in considerazione la *forma torsione* (o *connessione di spin*) della *geometria differenziale* in quanto è una *teoria a spazio-tempo piatto* ove la *connessione di spin* e tutte le *forme di torsione e di Riemann* svaniscono. Perciò nell'*equazione omogenea di campo* della teoria di Heaviside-Maxwell la *derivata covariante esterna* viene sostituita da una *derivata esterna* di minor contenuto informativo nella quale *spariscono* le *connessioni di spin*. In assenza di *connessione di spin*, anche taluni *indici interni* nelle equazioni perdono di senso. Si dice in definitiva che la *struttura* di Heaviside-Maxwell può essere derivata dalla *teoria unificata del campo* di Evans ai *limiti del suo spazio-tempo* ove cioè la *connessione di spin* si riduce asintoticamente a zero. A quel *valore limite* è ovvio che sia assente la *gravitazione* in quanto lo *spazio-tempo* è *piatto* e la *forma di Riemann* è *sparita*. Questa procedura perde tuttavia una gran parte del suo *contenuto informativo*, viene scartata tutta l'*ottica non lineare* così come l'*assioma della covarianza generale* che è a base della *filosofia della natura* di Einstein. Perciò, non ostante essa assicuri la teoria di Heaviside-Maxwell come *caso limite asintotico* della *teoria del campo* di Evans, si preferisce scartare tale procedura. Sembra invece molto più accettabile la *procedura elettro-dinamica O(3)* che permette di ritrovare le *leggi di induzione* di Gauss e di Faraday senza perdere la *covarianza generale* né l'*effetto di Faraday inverso* e il *campo di spin* di Evans. Più in generale l'*elettro-dinamica O(3)* può venir trasformata in una teoria capace di descrivere qualsiasi tipo d'*effetto ottico non lineare* pur conservando la *covarianza generale*.

La *teoria unificata del campo* di Evans porta a unità anche la *relatività generale* (che ha carattere causale o *deterministica*) e la *meccanica ondulatoria* (a carattere *probabilistico*) sviluppando un noto postulato della *geometria differenziale* (quello *tetradico*) entro il *lemma di Evans* che diviene una proposizione secondaria della geometria e caratterizza la *natura quantizzata dello spazio-tempo*. Applicato al settore *elettro-dinamico* della teoria, il *lemma di Evans* descrive come il campo elettro-magnetico sia *quantizzato in modo*

282

causale. Ciò concorre a sostenere la *linea di pensiero determinista* rispetto alla *probabilistica* della *scuola di Copenaghen.* Infine una forma generale del famoso *campo di Einstein* consente di tradurre il lemma di Evans nella *funzione d'onda di Evans* in cui figurano: la *costante di Einstein*, un *tensore contratto d'energia-impulso* e la *curvatura scalare dello spazio-tempo.* Che tuttavia a questo punto, in quanto proprietà del campo unificato di Evans, non sono più valori riferiti *in modo ristretto alla gravitazione.* In questo *campo unificato* sia il *tensore di Ricci* che quello *energia-impulso* canonico sono *asimmetrici* e devono quindi essere sempre somma di componenti *simmetriche e asimmetriche* (secondo un teorema basilare del *calcolo matriciale*). Nel campo unificato di Evans anche la *metrica è asimmetrica* ed è un *tensore prodotto di tetrodi.* Si può comunque eseguire la *contrazione*, come Einstein nella sua *funzione d'onda.* Nella teoria di Evans anche questa diviene, è evidente, una *equazione in tensori asimmetrici* in luogo del semplice *tensore asimmetrico* della originaria teoria di Einstein del 1915.
La *funzione d'onda* di Evans ha dimostrato di riprodurre tutte le principali *equazioni della fisica* quali la *funzione d'onda* di Dirac. È possibile ricavare questa ultima in quanto l'*indice di raggruppamento tangente della tetrade* può essere usato in ogni *rappresentazione spaziale.* Avendo ottenuto la *funzione d'onda* di Dirac si è riusciti a ricavare i *fermioni e le particelle elementari* dalla relatività generale. In modo simile la *struttura* della *teoria del campo nucleare* sia *debole che forte* può essere ricavata usando appropriati spazi rappresentativi per il *raggruppamento tangente della tetrade.* Si può sempre definire una *lagrangiana* dalla quale la *funzione d'onda del campo* possa essere ricavata tramite variazioni e equazione di Eulero-Lagrange. La *derivata covariante* può sempre essere scelta in modo da poter costruire qualsiasi tipo di *teoria unificata generalmente covariante del campo* di particelle elementari. Avendo già raggiunto il limite della Heaviside-Maxwell si può ottenere in modo automatico anche il *campo elettro-debole* di Glashow-Weinberg-Salaam (GWS) come *limite della teoria unificata del campo* di Evans. Una tale procedura

283

tuttavia, poiché presenterebbe le stesse difficoltà di quella descritta in precedenza, viene sconsigliata. Il campo di Heaviside-Maxwell scarta cioè sia l'*ottica non lineare* che la *covarianza generale* e pertanto altrettanto farebbe la *teoria di GWS*. Sarebbe preferibile sviluppare dall'*elettro-dinamica O(3)* una *teoria del campo elettro-debole* come è già stato tentato di recente. Più in generale la *teoria unificata del campo* di Evans dovrebbe venire elaborata in modo rigoroso in una *teoria generalmente covariante del campo elettro-debole* grazie a una appropriata selezione di *rappresentazione della geometria dello spazio-tempo*. Anche la complessiva struttura della *teoria quantistica del campo forte* (*quanto-cromo-dinamica*) è stata ricavata dalla *teoria del campo unificato* di Evans usando la richiesta rappresentazione SU dello *spazio d'esistenza*. Perciò qualora i *quark* esistano come *particelle fondamentali* si potrebbero descrivere in modo analogo a partire dalla *teoria* di Evans *del campo unificato*. I *quark* tuttavia sono stati postulati come *entità non osservabili* (confinate) e in *filosofia della natura* ogni *non osservabile* non ha contenuti fisici. Per concludere, il *campo di spin* di Evans costituisce l'*archetipo di stringa* del *campo elettromagnetico* e la *teoria del campo* di Evans potrebbe essere sviluppata con la *teoria delle stringhe* che però è spesso ritenuta un *costrutto puramente matematico* invece d'una *teoria fisica*.

Un innovativo approccio alla teoria unificata del campo energetico
Per Bak, David Yurth, Donald Ayres
introduzione

Cercando di definire una teoria unitaria del campo energetico primordiale (che è rinnovato costantemente dai processi quantistici che hanno luogo nelle stelle e che pervadono e trasformano il vuoto turbolento in una realtà dello spazio-tempo), è stata di recente formulata la *teoria Y-Bias & Angularity: the dynamics of self-organizing criticality*. Si tratta di un'applicazione della *teoria SOC (Self-Organized Criticality)* di Per Bak a tutti i sistemi complessi (*animati e inanimati*) esistenti in natura che sono capaci di estrarre da un ridotto numero di *processi caotici* delle *strutture ordinate quasi-stabili* grazie a un meccanismo di graduale riduzione (tra tutti i tipi delle interazioni possibili tra gli *elementi interni al sistema*) delle rispettive probabilità per giungere così a consolidare le interazioni che si dimostrano più adeguate a garantire la tutela di una crescita efficiente del sistema complessivo, alle spese di quelle che invece ne minerebbero la stabilità. La teoria in linea di principio è applicabile a ogni sistema, *animato o inanimato* che segue la teoria di Prigogine della *termodinamica dei sistemi lontani da equilibrio.* Secondo la *teoria dei sistemi dissipativi* di Prigogine, ogni sistema che non abbia ancora raggiunto uno stato di criticità auto-organizzativa (il punto cioè in cui, all'interno del sistema senza interventi dall'esterno, avviene in modo spontaneo un evento creativo o *catastrofico*) vigono le regole del caos e della entropia. La *teoria Y-Bias & Angolarity* propone che materia, energia, tempo e tutti gli effetti di campo siano costruiti e distrutti in modo costante dal vuoto turbolento in un perpetuo ciclo di criticalità auto-organizzative e di dissipazioni strutturali tramite il *punto zero* (il fondo energetico primordiale). Questa teoria solleva diffidenze tra i fisici e riporta in auge il dibattito tra *riduzionisti e olisti* in relazione all'interpretazione della *teoria evoluzionista* di Darwin. Tra cui il tema di poter indagare sulla forma della *meta-legge* che stia regolando la evoluzione dell'universo dandovi un'intrinseca direzione (*disegno intelligente*) oppure di rinunciare a tale analisi affidando con spirito fideista l'evoluzione a un puro susseguirsi di *salti* la cui logica sia generata da puri fatti *stocastici* (con un accumulo del valore di *probabilità composte* del suo sviluppo finale sempre più infinitesimo). È una teoria che con molto *buon senso* si propone di riunificate tutte le conoscenze finora acquisite in campo fisico teorico senza affidarsi (nella tradizione di Farady-Maxwell) alla scelta del linguaggio matematico col quale tradurre le conoscenze acquisite in un unico sistema d'equazioni, procedendo dapprima a una revisione profonda dei concetti di base che possano descrivere nei suoi processi elementari i modi in cui la natura opera le sue manifestazioni primordiali (comuni a ogni fenomeno osservabile - animato ed inanimato). Ciò si può ricavare da una accettazione delle diverse scoperte delle molte teorie consolidate (*relatività generale, elettro-quanto-dinamica, termodinamica dei sistemi lontani dall'equilibrio, etc.*) per ipotizzare quali meccanismi, al livello del micro-cosmo, governino le interazioni tra processi quantistici capaci di trasferire dosi di energia in aggregati gerarchici sempre più complessi senza contravvenire ad alcuna delle *leggi settoriali* che fin qui sembra siano riuscite a descrivere almeno parzialmente i diversi fenomeni. Solo successivamente si è cercato di verificare se le odierne lacune delle altre teorie e i paradossi possano essere adeguatamente chiariti dalla nuova descrizione operativa. Lo *strumento matematico* più idoneo a trasferire in equazioni questa teoria sarà poi compito di contributi di specialisti in fisica matematica.

Le dinamiche delle criticità che pilotano i processi critici auto-organizzativi che strutturano e destrutturato anche il tempo-spazio quadridimensionale (L^4) di Minkowski possono essere definiti come interazioni della Y-Bias sviluppantisi tra insiemi di cariche virtuali e fotoni virtuali nel vuoto turbolento tramite il *punto zero* e a ogni livello di scala. Il *punto zero* dal *principio d'indeterminazione* di Heisenberg si deriva che il vuoto è permeato da un *mare di fluttuazioni quantistiche* che creano coppie di particelle e anti-particelle virtuali che si annichiliscono in un tempo inversamente proporzionale alla propria energia. Il contributo complessivo all'energia del vuoto risulta così mediamente diverso da zero e pari a **hf/2** dove **h** è la costante di Planck e **f** è la frequenza di un generico modo di vibrazione associabile alla lunghezza d'onda materiale delle particelle virtuali. Integrando rispetto allo spazio tutti i contributi dati dalle fluttuazioni quantistiche a tutte le energie e lunghezze d'onda si ottiene una quantità di energia enorme per unità di volume. Dal momento che l'*energia produce gravità* essa dovrebbe contribuire a determinare in modo significativo il valore della costante cosmologica che invece risulta di entità molto esigua. Nella realtà dunque, questa enorme energia viene a elidersi quasi totalmente e non è facile pensare a un modo pratico per estrarla dal suo *background* di vuoto quantistico. In teoria quantistica dei campi, il termine energia di punto zero e' sinonimo di energia del vuoto. L'esistenza di una energia non nulla associata al vuoto e' alla base dell'effetto Casimir, previsto nel 1947 e confermato sperimentalmente. Altri effetti derivanti dall'energia di punto zero sono le forze di Van der Waal, lo spostamento Lamb-Retherford, la spiegazione dello spettro di radiazione di corpo nero di Planck, la stabilità dello stato fondamentale dell'atomo di idrogeno dal collasso radiativo, l'effetto delle cavità di inibire o aumentare l'emissione spontanea di fotoni dagli atomi eccitati e la radiazione di Hawking responsabile dell'evaporazione dei buchi neri. L'organizzazione in crescente complessità della materia e dell'energia avviene allora per livelli, nel rispetto di una gerarchia di gradi di organizzazione successivi producendo i *fenomeni osservabili* che popolano lo *spazio-tempo*. Viene suggerito che il *grado di angolarità* che intercorre tra tali manifestazioni possa essere tale che o riescano a determinare al *primo livello di scala* delle interazioni il rafforzarsi nel *dominio-tempo* degli insiemi di *cariche polarizzate in spin* (superando la *soglia quantistica di rumore* $1/f$) combinandosi coi prodotti di altre interazioni d'altrettanta solidità (aumentando così la sequenza di complessità organizzativa e propagando gli *effetti di campo*) oppure, in alternativa, non riuscendo a raggiungere gradi di coerenza sufficienti destrutturano i loro stati virtuali e indifferenziati avviati precedenza nel vuoto. Nei casi in cui le interazioni raggiungono coerenza al primo livello, la *angolarità* e le connesse *interazioni Y-Bias* determinano se le manifestazioni possono *diventare osservabili* sulla base delle esigenze imposte dal SOC sui confini frattali o sull'assenza di frontiere. In questo modo, come ipotizzato da Bohm, si dispiega o collassa la materialità dell'ambiente fisico. Il cosmo si presenta quindi come un unico sistema SOC complesso a tutti i livelli di scala. I sistemi SOC presentano quattro caratteristiche uniformi per tutto il cosmo: 1) relazioni di potenza e legge logaritmica tra eventi correlati nei sistemi complessi aperti o nei loro sotto-sistemi, 2) equilibri puntuali, 3) geometrie frattali definite da serie di Fibonacci, 4) livelli di soglia di rumore quantistici pari a $1/f$. Ayres ha proposto nella sua *teoria Y-Bias & Angolarity* che le dinamiche che operano meccanicamente in questi sistemi SOC siano collegate all'intensità delle interazioni ed all'angolarità esistente tra esse. In questa teoria tutte le interazioni cosmiche possono essere descritte tramite: 1) la grandezza pesata della forma d'onda e delle velocità vettoriali espresse lungo l'asse y di uno dei partecipanti all'interazione sull'asse x/z della traiettoria di un altro dei partecipanti, 2) l'angolo di intersezione tra i due partecipanti all'interazione, 3) forma pesata d'onda risultante e velocità vettoriali, dominio-tempo, e effetti di polarizzazione degli spin che si manifestano come risultato delle interazioni.

una teoria unitaria compatibile con questi sviluppi

Esiste una recente teoria fisica che conferma l'esigenza di unificare i fenomeni animati e inanimati in un quadro unitario dei comportamenti della Realtà Naturale con una generale conservazione dell'entropia complessiva e del rispetto interno per le trasformazioni fisiche che caratterizzano le evoluzioni di quel capitale primordiale di energia indifferenziata in fenomeni osservabili e in un costante divenire. Si tratta della teoria di gravitazione a-temporale (a suo tempo ipotizzata da Gödel-Einstein). La teoria afferma che il tempo è solo il nostro modo di misura dei cambiamenti. In realtà lo spazio (e le posizioni in esso) è a-temporale nell'universo che assegna pari dimensioni a spazio e tempo. Quindi l'Universo (la realtà della Natura) è a-temporale. Nella Relatività Generale la *forza di gravitazione* è solo il risultato della *curvatura dello spazio*. I corpi stellari ne modificano c costantemente la geometria. Tanto maggiore la massa d'un corpo, tanto più curvo è lo spazio, tanto maggiore la forza gravitazionale. Con la teoria di Gravità Quantistica a Loop, si propone una struttura granulare dello spazio stesso. Lo spazio cioè è composto da quanti di spazio della dimensione del volume di Planck, secondo tale teoria lo spazio consiste di un insieme

288

primordiale di quanti spaziali (QS) la cui dimensione fondamentale (volume di Planck) non è un invariante ma dipende flessibilmente dal contesto energetico. In assenza di corpi stellari tale densità è elevata e la dimensione dei quanti è il volume a noi noto. Laddove invece, in prossimità o all'interno dei corpi stellari, la densità dello spazio è bassa e la dimensione dei quanti spaziali cresce.

I quanti spaziali che compongono lo spazio non sono connessi in modo rigido. Lo spazio è in realtà un sistema dinamico di energia indiversificata nel quale le fluttuazioni dei quanti di spazio segue il moto (la configurazione variabile) dei corpi stellari e delle particelle elementari. Il muoversi nello spazio dei corpi pesanti, macro- o micro-scopici che siano, diminuisce la densità dello spazio attorno ad essi. Tale densità cresce con la distanza dai corpi dotati di massa, la densità di spazio dipende dalla densità di massa. Tanto più elevata è questa tanto minore è la densità di spazio. Tanto minore è tale densità di spazio, tanto più ridotto è il numero di quanti di spazio per unità di volume spaziale. Laddove è piccola la densità di spazio i quanti di spazio risultano elasticamente più tesi e mostrano una maggiore propensione a ridursi in tensione. Tale forza di richiamo elastico costituisce la forza di gravitazione che agisce sui quanti di spazio quadri-dimensionali. La forza di gravità tiene coeso (vi evita strappi o singolarità topologiche) lo spazio e quindi i corpi tridimensionali che vivono nello spazio quadri-dimensionale. Ad esempio la forza di gravitazione, tra Terra e Luna, agisce tra nuvole di spazio quadri-dimensionali a bassa densità di Terra e Luna. Non agisce direttamente tra quei due corpi, solo sullo spazio in cui essi esistono secondo lo schema: Terra-nuvola di spazio Terra-forza di gravitazione-nuvola di spazio Luna-Luna.

Tanto minore è la densità della nuvola di spazio, tanto più elevata è la sua curvatura.

Così lo spazio a-temporale è una sorta di mezzo gravitazionale (una sorta di 'etere' compatibile con la relatività generale e con la quanto-elettro-dinamica) tra corpi stellari ma in tal modo lo spazio a-temporale è anche il *mezzo informativo* tra particelle elementari che potrebbe chiarire l'esperimento concettuale di Einstein-Podolski (confermato più volte su piano sperimentale) che afferma come l'informazione quantistica (che è parte strutturale dell'epistemologia della Natura) può trasmettersi a velocità superiori a quella della luce. Infatti in questo schema della Realtà Naturale, l'informazione non viaggerebbe tra i corpi ma sarebbe un componente costitutivo fondamentale dello spazio a-temporale quadri-dimensionale nel cui ambito i corpi esistono e son sottoposti a sollecitazioni mediate da esso.

In tale teoria i vettori forza gravitazionale sarebbero solo vettori della direzione in cui si manifestano le differenze di tensione interna dei quanti di spazio (verso aree cioè di minori densità di spazio). I corpi si spostano verso aree di densità di spazio calante. Solo corpi pesanti generano nuvole di spazio attorno a loro. Ciò non accade per le particelle prive di massa.

Nello spazio ove non esistano differenze di densità (gradienti) non esistono gradienti di curvatura (suoi tassi di inclinazione). La forza di gravità in quanto *forza di raggrinzimento elastico* dello spazio vi è sempre presente ma non esercita effetti su corpi pesanti eventualmente ivi esistenti.

Queste aree di tensione nulla tra i quanti di spazio esistono sia nei punti di *equilibrio Lagrangiano* tra corpi sia al *centro dei corpi stellari* (la calma nell'occhio del ciclone) laddove la densità di spazio è stabile e pur non esistendo gradiente di curvatura, la gravità è presente ma inattiva.

All'interno dei buchi neri la densità di spazio è così rarefatta che lo spazio possiede un'enorme *forza di richiamo elastico* e riesce a disintegrare qualunque particella per convertirla in quanti di spazio. Le masse, superato il *raggio di Schwartzschild*, si riconvertono in quanti di spazio. Tale conversione di masse in quanti di spazio aumenta continuativamente le densità di spazio al centro dei *buchi neri* disperdendosi così da questi alla velocità della luce nello spazio *quadri-dimensionale* sottoforma di onde gravitazionali.

Ciò spiegherebbe le osservazioni cosmologiche che mostrano il diminuire della velocità di rotazione (periodo orbitale) dei corpi neutronici binari la massa delle cui stelle neutroniche si convertirebbe in radiazione gravitazionale.

Una troppo rapida conversione di massa in densità di spazio potrebbe causare l'esplosione temporanea dei corpi densi. Esplosioni in cui i quanti di spazio si convertirebbero in nuove particelle elementari.

Questo reversibile processo di conversione di massa in spazio e nuove particelle, in modo costante rinnoverebbe la struttura elementare dell'universo convertendo materia vecchia in nuova in nuova conservando costante l'entropia dell'energia primordiale dell'universo.

La somma di densità di materia e densità di spazio in un dato volume tende all'equilibrio.

Il raggio di Schwartzschild è la dimensione-limite sotto la quale la densità di attrazione è così forte da non permettere l'emissione di particelle materiali o luminose. È la misura della minima singolarità permessa per la struttura quantizzata dello spazio. Le sue dimensioni sono date dalla formula: $R = 2GM/c^2$ in cui $G = 6,67.10^{-11}$ (m^3/Kg.s^2) M=massa del corpo c=3.10^8 (m/s). Il nostro Sole per diventare corpo nero dovrebbe avere un raggio di circa 3 Km, la Terra di 9 mm.

In definitiva sembra che l'Universo possa essere un *sistema di energia primordiale* a entropia costante e struttura di quanti temporali e spaziali che segue le leggi della Relatività Generale e della Quanto-elettro-dinamica, nel cui ambito si svolge una costante serie di turbolente trasformazioni locali di energia tra le sue diverse forme e che globalmente segue le leggi della teoria termodinamica di Prigogine assumendo catene di assetti quasi stabili di configurazione in sistemi termodinamici auto-equilibrantisi secondo la teoria di Per Bak.

considerazioni riepilogative

Sulla base di una vasta gamma di fenomeni fisici e biofisici emersi e non completamente chiariti (tra cui l'effetto Casimir e l'esperimento di Aharonov-Bohm), la teoria *teoria Y-Bias & Angolarity* ipotizza che il vuoto fisico (sede dell'energia di *punto zero*) sia la sede di un unico potenziale energetico composto da treni d'onda longitudinali, bidirezionali, coniugati in fase di lunghezze d'onda fino alla lunghezza di Planck tra cui figura anche il potenziale scalare elettromagnetico descritto da Whittaker. Un tale sistema di *potenziale energetico* si comporta unitariamente con un sistema di processi caotici, virtuali di natura (SOC) *criticalità auto-organizzative* intrinsecamente capace quindi di stabilire una sequenza di stati auto-organizzantisi in sequenza di ordine quasi stabile. Stati che si formano e disfano secondo le regole dei sistemi termodinamici lontani dall'equilibrio di Prigogine e che garantiscono continuità e omogeneità di comportamenti nella generazione e distruzione dei sottosistemi lungo tutta la gamma di scale dimensionali in cui si manifestano i *fenomeni reali* (o osservabili in natura), da quelli sub-nucleari dei quark prossimi alla struttura di base della *schiuma quantistica* della *teoria M delle stringhe* di cui si compone lo *spazio-tempo* secondo i *modelli standard*, fino a quelli più complessi che caratterizzano i fenomeni di scambi energetici tra organismi viventi e il loro ambiente fisico. La gamma delle manifestazioni osservabili ha luogo lungo una scala di dimensioni caratterizzata da specifiche simmetrie, ogni *rottura* delle quali ad un livello di scala dà luogo ad una simmetria al livello di scala gerarchicamente superiore con un relativo trasferimento di energia sotto forme diverse nel rispetto delle leggi vigenti per ogni tipo di forza cui il campo energetico sottopone i peculiari *sensori* ad esse soggetti. Gli scambi energetici tra i *sensori* dei vari campi di forza avvengono nel rispetto delle leggi quanto-relativistiche tramite *portatori* di energia (sia virtuali che reali) che regolano le interazioni permesse tra traiettorie di eventi possibili in quell'ambito di scala. I *gruppi matematici di simmetria* consentono di descrivere in equazioni le funzioni d'onda del campo in cui figurano i parametri di simmetria che caratterizzano i *sensori* ed i *portatori* degli scambi energetici.

I processi caotici che si sviluppano di continuo nel vuoto fisico (al livello di energia zero) sono descritti da traiettorie in reciproca interazione secondo probabilità (sezioni d'urto dipendenti dall'*angolarità* delle traiettorie) che determinano la possibilità o meno che si accumulino successivamente e gradualmente quanti di energia virtuale fino al raggiungimento di livelli di saturazione dai quali (per *stimolazione indotta*) possono avvenire decadimenti reali (osservabili sperimentalmente). Una vera e propria catena continua di processi a entropia negativa che creano ordine sviluppando fenomeni a *valanga* attorno a punti critici di auto-equilibrio secondo la teoria di Bak grazie ai quali l'energia reale può essere impiegata nell'ambiente da parte di *fenomeni osservabili* a entropia positiva. Non esiste uno stato di equilibrio stabile ma solo stati di quasi-equilibrio la cui *catastrofe* (cambiamento di forma) avviene secondo le caratteristiche a valanga con trasformazioni che seguono sviluppi *frattali* all'atto del raggiungimento di *punti critici* nell'ambito di una conservazione dell'energia globale con travasi continui e reversibili di dosi che avvengono nelle due direzioni negativa e positiva del tempo stabilendo un bilanciamento al livello del vuoto fisico (al punto di energia zero) tra i processi a entropia negativa e quelli a entropia positiva. La gamma dei fenomeni fisici (reali e virtuali) aviene nell'ambito di una gerarchia di scala secondo leggi valide a quel livello con una continuità di trasferimenti energetici tra essi e con omogeneità di comportamenti SOC del sistema globale e dei suoi sotto-sistemi di scala inferiore. La gerarchia di scala dei fenomeni è descritta come segue: 1) la scala primaria alla quale si creano i campi di potenziale che si auto-organizzano poi dando struttura allo spazio-tempo quadridimensionale di Minkowski. Questa è la scala descritta dal modello (QED) *quanto-elettro-dinamico* o dall'alternativo ma equivalente (SED) *elettro-dinamico-stocastico* che trattano rispettivamente le particelle sub-atomiche reali (hadroni e leptoni) oppure il vuoto di punto zero come interfaccia tra spazio-tempo fisico e *mare di campi* indifferenziati (*o onde elettro-magnetiche*). *Mare* che corrisponde alla *schiuma quantistica* della teoria M delle stringhe. Sembra che si possano così ottenere spiegazioni per l'effetto Casimir e la *fusione fredda*. Si tratta di fenomeni associati a particelle sub-quark (scala terziaria) e quark (scala quaternaria).; 2) scala secondaria alla quale gli insiemi virtuali di potenziale indifferenziato interagiscono per divenire *dati* (in un senso di *informazione formale*) in cui il tempo diviene operativo come dimensione autonoma dotata di una propria densità di energia. A questo livello di scala le regole dei sistemi SOC diventano pienamente operative. A questo livello si manifestano cariche reali e se ne conserva il trasferimento di energia dal livello virtuale precedente ad un livello reale e osservabile (problema della *carica fonte*). L'interazione degli insiemi di cariche creano il tempo come entità osservabile nei processi dissipativi di energia (trasformazioni a entropia positiva). Una delle manifestazioni primarie degli insiemi di cariche a questo livello di scala sono i comportamenti rotazionali (*spin*). Le violazioni del principio di Pauli che presentano sia i *quark* che le particelle *sub-quark* vengono risolte grazie all'ipotesi di interazioni tra il *vuoto fisico* (punto zero) e le attività svolte dai cinque campi energetici (che sono un'espressione derivata di interazioni *Y-Bias & Angolarity*). Le interazioni al secondo livello di scala operano in modo olografico (con interazioni coerenti ed interferenti a più dimensioni) manifestando aspetti non-locali/non-lineari (cioè senza riferimento a tempi o distanze) e *frattali* (dimostrando uno spazio-tempo di caratteristiche locali-lineari). A questo livello di scala è stato riformulato l'intero insieme delle equazioni di Maxwell per descrivere i comportamenti dei *campi elettro-magnetici*. Se ne è ricavato anche la legittimità di forme di trasmissione di informazione con velocità enormemente superiori a quella della luce e propria della velocità di gruppo delle onde del *campo non-locale/non-lineare*. Si sono poi studiati anche i comportamenti di azione e di persistenza della *polarizzazione del vuoto fisico* da parte del campo *non-locale/non-lineare* con la sperimentazione (CERN Dr. Gisin) della conversione simultanea dello spin tra fasci separati da un unico fascio iniziale di positroni e elettroni imponendo la conversione dello spin delle particelle di un fascio si induceva analoga *immediata* (a velocità superiore a

294

quella della luce) *commutazione dello spin* delle particelle nello altro fascio (dimostrazione del trasferimento d'*informazione* reale a distanza a velocità superiori alla luce - teorema di Bell - grazie al comportamento non-locale/non-lineare del campo energetico di fondo nel quale il tempo costituisce un'intrinseca caratteristica dell'energia del campo che pervade e costituisce la realtà ultima anche degli elettroni e positroni. Essi sono quindi in effetti particelle composte da lepto-quark portatori delle proprietà uniche, invarianti e pervasive del tessuto quantistico elementare del cosmo (la *schiuma quantistica*). Si sono altresì realizzate produzioni di densità di energia dell'ordine del Kw.h/Kg nell'ambito di tipi di super-condensatori realizzati con strutture allo stato solido; 3) scala terziaria alla quale le coppie di cariche differenziate e polarizzate in spin interagiscono per costruire i componenti della realtà fisica osservabile. È la scala in cui si manifestano gli effetti attrattivi esercitati dagli *spinori* come effetti magnetici che dimostrano la polarità. Il comportamento dei (quark, antiquark) fondamentali costituenti della natura vi si evidenzia; 4) scala quaternaria alla quale gli insiemi organizzati di cariche mostran caratteristiche dotate di simmetrie che compongono le *sei varietà di quark* e i loro *opposti complementari*. Questo gruppo di insiemi sub-atomici non comprende né il *lepto-quark* (un costituente ipotetico di elettroni e neutrini) né il *penta-quark* (la particella composta da cinque quark osservata solo di recente). A questa scala si era formulato il principio di esclusione di Pauli che non viene rispettato dai quark in quanto si presume che essi non operino né esistano singolarmente ma occupino lo stesso spazio degli hadroni e dei barioni che sono soggetti a quel principio.

La *teoria Y-Bias & Angolarity* è la logica conseguenza dello sviluppo di talune teorie precedenti sulla via della descrizione unitaria del *campo universale dell'energia* che prendono il via dal riesame critico di quei fatti che, alla luce del modello standard, risultano *non chiariti* o *paradossali* per spingersi a formulare *leggi di trasformazione* dell'unico campo energetico primordiale che siano valide sia per il mondo animato che per quello inanimato. Tra i fenomeni presi in considerazione da queste teorie figurano taluni fenomeni di vecchia data quale quello relativo alla persistenza nel campo elettromagnetico della cosiddetta *carica fonte* Bearden ne ha fornito di recente una descrizione che ha le sue radici nel modo in cui l'*energia del vuoto* entra in ruolo attivo per la produzione di fenomeni osservabili connessi tra loro in una gerarchia di *rotture di simmetria*. Cioè Bearden ha suggerito che il processo si sviluppi come segue: 1) al livello del *vuoto fisico* un insieme virtuale di cariche assorbe in modo continuo disordinati *fotoni virtuali* con uno scambio di energia dal vuoto turbolento, 2) l'energia ΔE di ogni fotone virtuale assorbito viene convertita in un cambiamento virtuale di massa ΔM della particella carica coerentemente alla legge di massa $\Delta E/c^2 = \Delta M$ 3) siccome la massa è unitaria, il suo successivo stato di energia virtuale accumula in modo coerente i successivi cambiamenti virtuali ΔM_i ($\Delta M = \sum \Delta M_i$). Questo processo riordina insomma le energie disordinate assorbite fino a che si raggiunga un livello quantistico permesso, 4) quando si è giunti ad accumulare un sufficiente cambiamento di massa-energia ΔM, si raggiunge un livello di eccitazione massa-energetico $1/f = \Delta E = (\Delta M)/c^2$ che è sufficiente all'emissione di un fotone osservabile (reale), 5) siccome le fluttuazioni del vuoto turbolento (*zitterbewegung*) sono incessanti, una volta raggiunta la soglia $1/f$, la particella eccitata viene sollecitata a decadere con l'emissione di un fotone reale. A quel momento si è realizzata una coerente integrazione d'energia virtuale in energia osservabile. Questa descrizione di Bearden del problema della *carica fonte* è applicabile come ipotesi che le interazioni di livello primario che producono la nascita delle prime cause osservabili (tempo, materia, energia, effetti di campo) della dinamica avvengano al *punto zero*. Non chiarisce tuttavia ancora quali siano le regole che definiscono: 1) materia unitaria della massa, 2) assorbimento di energia virtuale da insiemi di cariche virtuali, 3) interazione degli insiemi virtuali che ne mostrano le caratteristiche di carica, 4) perché taluni insiemi di cariche si rafforzino ed altri no, 5) il modo in cui la conversione di energia virtuale da parte di insiemi di cariche avvenga talvolta come materia o energia o polarizzazione nel dominio-tempo o in effetti di campo ai livelli primario, secondario o terziario, etc.. Queste risposte ha cercato di fornite la teoria Y-Bias & Angularity ipotizzando il vuoto attivo come sistema SOC. Oltre alla soluzione di quei problemi la teoria cerca di chiarire altri effetti sulla base d'un ruolo analogo e costante svolto sul piano quantistico dal campo energetico primordiale del vuoto così come l'effetto Casimir (fenomeno predetto nel 1948 dal fisico Hendrick Casimir in base a considerazioni di meccanica quantistica durante le sue ricerche sull'origine delle forze viscose nei fluidi) e che è quella forza che si esercita fra due oggetti estesi e separati non dovuta alla gravità o a carica elettromagnetica ma alla *risonanza dei campi energetici* presenti nello spazio fra i due oggetti. Campi fisici che son descritti in termini di *particelle virtuali*. Tra due lastre, Casimir predisse, solo quelle *particelle virtuali* le cui lunghezze d'onda siano sottomultipli interi della distanza tra le lastre possono contribuire all'*energia del vuoto*. Cioè la *densità d'energia* diminuirebbe generando quindi una forza attrattiva. All'avvicinarsi delle lastre l'*energia del vuoto* è legata ai *fenomeni vorticosi* di creazione e annichilazione di particelle che si riscontrano solo quando si spingano le osservazioni a distanze estremamente ridotte (sotto *lunghezza di Planck* $1,6x10^{-35}$m.) ove entrano in gioco decisivamente gli effetti quantistici. Per questa teoria l'*energia del vuoto* potrebbe essere origine della cosiddetta *energia oscura*. I calcoli condotti per stimare tale *energia del vuoto* (assumendo di attribuire il suo *contenuto particellare* alle particelle elementari oggi note) hanno però ottenuto valori troppo superiori al reale valore di Lambda (*costante cosmologica*). La stessa teoria accetta la *libertà asintotica*, che è la proprietà fisica di alcune *teorie di gauge* (teorie di scala), in cui l'interazione tra particelle (ad esempio *quark*) diviene arbitrariamente debole a distanze sempre più corte (ad esempio la *scala di lunghezza* che converge a zero asintoticamente oppure le *scale energetiche* che divengono arbitrariamente ampie). La *libertà asintotica* è infatti una manifestazione della *cromo-quanto-dinamica* (QCD) (ovvero la teoria quantistica dei campi di interazione tra *quark e gluoni*) scoperta dai premi Nobel per la fisica nel 2004 Gross, Wilczek e Politzer. La *libertà asintotica* implica che nello *scattering* (diffusione) a alte energie (all'interno dei nucleoni - *protoni* e *neutroni*) i *quark* si muovono come se fossero essenzialmente liberi (cioè come se fossero particelle che non interagiscono) e consente di calcolare la *sezione trasversa* dei vari eventi che riguardano la fisica delle particelle in modo attendibile usando le *tecniche dei partoni*. Scoperta che ha riabilitato la reputazione della *teoria quantistica dei campi* (QFT) che è considerata una *descrizione coerente* delle interazioni tra particelle. Molti teorici, prima del 1973, pensavano che la QFT fosse resa dal *polo di Landau* (Landau pole) *fondamentalmente incoerente* alle corte distanze che si presentano nell'*elettrodinamica quantistica* e in alcune altre *teorie di campo*. Le *teorie della libertà asintotica* perdono questo *polo di Landau*. La scoperta della libertà asintotica fu quindi la chiave di volta nello sviluppo del *Modello Standard* della fisica delle particelle basata sulla teoria quantistica dei campi. Mentre il *Modello Standard* non è di per sé del tutto *asintoticamente libero*, il fenomeno aumenta la possibilità che una teoria efficace dei campi avvicini a una grande *teoria unificata asintoticamente libera*; e poiché tali interazioni *forti* sono asintoticamente libere, qualsiasi polo di Landau in esso è costantemente sospinto nello spazio al di sotto della lunghezza di Planck (**1,6 x 10^{-35} metri**). Si tiene anche in considerazione il fenomeno dello *screening e anti-screening*, quella variazione che, in un costante accoppiamento fisico, è dovuta ad un *cambiamento di scala* che può essere qualitativamente considerato come conseguenza dell'*azione di un campo* su *particelle virtuali* che trasportano una *carica rilevante*. Nell'*elettrodinamica quantistica* (QED) ad esempio il comportamento del *polo di Landau* è una conseguenza dello *screening* nel vuoto da parte di coppie cariche di *particella-antipaticella virtuali* (tipo coppia *elettrone-positrone*). In prossimità della carica, il vuoto diviene *polarizzato*: le *particelle virtuali* di

298

carica opposta sono attratte dalla carica stessa e le *particelle di carica uguale* vengono respinte. L'effetto netto è che il campo risulta *parzialmente cancellato* a qualsiasi distanza di tipo finito. Cioè, più ci si avvicina al centro della carica, meno si fa sentire l'effetto del vuoto col risultato che la *carica effettiva* aumenta. Nella QCD accade la stessa cosa per le *coppie virtuali quark-antiquark*; essi tendono a nascondere la *carica di colore*. Comunque la QCD ha un espediente addizionale: le particelle portatrici di forza, i *gluoni*, trasportano anche la *carica di colore* e in un modo differente. Per dirla in modo sintetico, ogni *gluone* trasporta sia una *carica di colore* che una *carica di anti-colore*. L'effetto netto della *polarizzazione di gluoni virtuali* nel vuoto non è quello di nascondere il campo, ma di aumentarlo e di influenzare il suo colore. Ciò talvolta è detto *antiscreening*. Avvicinandosi di più a un quark diminuisce l'*effetto anti-screening* dei *gluoni virtuali* circostanti, così questo effetto può determinare *indebolimento della carica effettiva* al *diminuire della distanza*. Dal momento che *quark virtuali* e *gluoni virtuali* determinano effetti opposti, l'effetto prevalente dipende dal *sapore* (numero di tipi differenti di quark). Nella QCD standard con *tre colori* (poiché ci sono non più di 16 *sapori di quark* non contando gli antiquark separatamente), prevale l'*antiscreening* e la *teoria è asintoticamente libera*. Infatti sono noti soltanto 6 *sapori di quark*. La *libertà asintotica* si può calcolare con la *funzione beta* che descrive la *variazione della costante di accoppiamento* d'una teoria all'interno del *gruppo di rinormalizzazione*. Per distanze sufficientemente corte o per larghi scambi del momento (per esaminare il comportamento a corta distanza, a causa della relazione inversa tra *momento quantico* e *lunghezza d'onda*), una *teoria asintoticamente libera* è dipendente dai *calcoli della teoria perturbativa* utilizzando i *diagrammi di Feynman*. Queste situazioni sono dunque più trattabili sotto il profilo teorico rispetto alla lunga distanza, anche il comportamento di *accoppiamento forte* spesso presente in queste teorie, che si pensa producano un confinamento. Nel calcolo la *funzione beta* è una *matrice dei diagrammi di Feynman* di valutazione che contribuiscono all'interazione tra un *quark* che emette o assorbe un *gluone*. Nelle *teorie non-abeliane di gauge* (tipo la QCD) l'esistenza della *libertà asintotica* dipende dal *gruppo di gauge* e dal *numero di sapori* delle *particelle interagenti*. La *funzione beta* in una *teoria di gauge* di tipo SU(N) con tipi n_f di particelle quark-simili è

$$\beta_1(\alpha) = \frac{\alpha^2}{\pi}\left(-\frac{11N}{6} + \frac{n_f}{3}\right)$$

ove **α** è l'equivalente della teoria della *costante di struttura fine*, $g^2/(4\pi)$ nelle unità preferite dai fisici delle particelle. Se questa funzione è negativa, la *teoria è asintoticamente libera*. Per SU(3) (il *gruppo di gauge* della *carica di colore* della QCD) ad esempio, la teoria è asintoticamente libera se vi sono 16 o meno *sapori di quark*.

Evoluzione nel concetto di scienza

L'*oggettività* ha ceduto il passo alla *falsificabilità* di conoscenze e modelli di rappresentazioni scientifiche. Infatti è riconosciuto che la presunta oggettività delle misure sperimentali è anche essa falsificata dalla *inevitabile interferenza* apportata dall'*osservatore biologico* alle stesse osservazioni. Non solo in quanto anch'esso fa parte ineludibile del sistema composto da *oggetti osservati-strumenti d'introspezione-osservatore*, ma soprattutto perché egli *orienta le proprie attenzioni* con osservazioni incentrate su quei soli aspetti che sono caduti nel passato sotto la sua attenzione, ma che possono anche essere solo sintomi privi di primario interesse scientifico, qualora fossero avulsi dallo specifico contesto più vasto che li ha portati alla *settoriale attenzione* dell'osservatore solo in quanto dotato di *capacità biologiche* (mentre altri e forse più significativi, gli restano totalmente impercettibili sul *piano biologico*). Ciò impone il travaso costante e graduale della *realtà sensoriale* in un *mondo che la trascende* (in quanto la rappresenta entro *concetti astratti* elaborabili sotto il profilo delle *congruenze logiche*).
La *percettività del contesto* può trascendere le pure sensazioni e

osservazioni biologiche, di cui gli strumenti non sono altro che estensione e potenziamento. Esiste infatti una peculiare *capacità percettiva* dell'uomo che gli consente di *trascendere la realtà sensoriale* dei sistemi osservabili e gli consente di formulare *ipotesi di modelli* consistenti sotto il *puro profilo della criticabilità logica* e che risultino meglio *rappresentativi della realtà* falsificata dai paradossi scientifici che emergono costantemente nelle conoscenze. Si tratta di spostare il *concetto di scienza* dalle *capacità sensoriali* a quelle *logiche* che adottano il *linguaggio astratto* suggerito dalle *teorie della geometria* (per ciò che riguarda le *forme* della realtà ipotizzata) e della relativa *algebra* (per quanto consente di stabilire nell'ambito delle forme geometriche prescelte quelle *misure quantitative* che permettano di condurre i riscontri necessari per *validare-falsificare* la realtà ipotizzata).

La scelta di *modelli geometrici* (per rappresentare l'universo in cui viviamo) e delle relative *metriche algebriche* (per consentire la *verifica delle compatibilità* relative ai sintomi che possiamo osservare con crescenti capacità di penetrazione tecnologica) ci consente di costruire il costante *progresso della conoscenza* estendendo i confini a dimensioni sempre più ampie ed inclusive che possiamo sottoporre alla *critica della falsificazione logico-matematica*. Un processo *soggettivo* ma proprio per questo più controllabile sul piano razionale. In tal modo possiamo avviare una graduale *trascendenza dei limiti settoriali* delle nostre sensibilità bio-logiche che ci prospettano costantemente nuovi e insospettati campi *riduzionisti* della realtà che ci circonda ma che tutti devono entrare a fare parte dell'unico *olismo* naturale di cui siamo parte e che sia rappresentabile entro un *modello finale* che sia realmente *unitario e omni-inclusivo* delle conoscenze. Dalla *meccanica*, alla *chimica*, all'*elettromagnetismo*, alla *cosmologia gravitazionale*, alla *quanto-elettro-dinamica* delle particelle elementari, alla *gravitazione quantistica*, alla *biogenetica*, alla *termodinamica del caos*, alla *fluido-idrodinamica*, alle *percezioni biosensoriali*, alla *struttura neurologica*, alla *formazione della coscienza*, alle *instabilità comportamentali* ed *evolutive* della psiche, alle *trasformazioni della forma* in biologia evolutiva, alle transizioni tra assetti stabili permessi nell'*evoluzione dei processi complessi*, tutto entra a fare parte della unica disciplina originariamente ristretta all'*osservazione dei corpi in movimento*: la *fisica* o per meglio dire la *filosofia della natura*. Ogni *sistema complesso e dinamicamente evolutivo* segue leggi analoghe che ne descrivono in *linguaggio logico-matematico* le *forme assunte* e le loro *relative transizioni* nel tempo. Meglio ancora descrivono quali *assetti stabili* possano assumere le forme e quali siano le *transizioni permesse* tra quegli assetti lungo percorsi che possono venire logicamente percorsi indifferentemente in linea di principio nel senso dei tempi crescenti o nel loro scorrere inverso. In modo indipendente cioè dalla *monotonica* percorrenza che il tempo impone all'evolvere delle esperienze bio-logiche. L'*organicità delle conoscenze* è data dall'*unicità della descrizione morfologica e evolutiva* dei *modelli logico-matematici astratti* che l'uomo riesce a concepire per rendere con gradualità ragione unitaria e coerente all'*analisi riduzionista* dei molti *sistemi complessi* in cui ha suddiviso la *rappresentazione* delle sue conoscenze storicamente frammentate dell'*unica realtà trascendente*.

La *psiche*, la *conoscenza* e le *instabilità di psiche e modelli cognitivi*, di *relazione* e di *comportamento* non sono diversi dalla *morfologia e dalle trasformazioni* che hanno luogo in altri settori quali l'evoluzione *genetico-ambientale delle specie* e dei loro *caratteri ereditari* trascritti nella *complessità informativa dei codici genetici* o la costante *trasformazione d'energia in materia* nella evoluzione dei corpi celesti a partire dal *costante accumularsi dell'energia* dagli stati *virtuali e quantistici* delle *particelle elementari* in *aggregati macroscopici* sempre più complessi e localmente stabili a sufficienza da potere essere osservati sul piano bio-logico, o la *costante evoluzione del caos termodinamico* dello spazio-tempo in cui viviamo notandone solo una *quasi-stabilità locale*. Che i tempi siano incommensurabili rispetto alle nostre capacità percettive o che il tempo sia solo un vincolo obbligato dalla nostra limitatezza bio-sensoriale, non impedisce che le *capacità logico-astratte della mente* riescano a trascendere con lenta gradualità gli stessi *limiti bio-logici* per intuire (con un'azione realmente *creativa e artistica* generata da *suggestioni delle incoerenze* riscontrate dalla logica nell'ambito delle osservazioni) modelli sempre più *rappresentativi* d'una realtà universale. Modelli che nelle loro forme ridotte possano trovare anche applicazioni utili al servizio della nostra sopravvivenza o delle nostre capacità d'osservazione con lo *sviluppo di tecnologie* sempre più adeguate ad appagare la nostra aspirazione a *superare i limiti materiali o intellettuali* secondo quanto descrive la *psicologia dei bisogni* umani e alla luce dei *profili delle attitudini e motivazioni* individuali. Il modello unitario (la *topologia unitaria*) dovrebbe offrire ospitalità alla rappresentazione d'ogni tipo di *campo d'energia* garantendo la coerenza globale. Le *metriche* e le *procedure di regauging* adottate per eseguire misure in ogni *campo di forze* in cui si conducono osservazioni, dovrebbero permettere *trasformazioni tra riferimenti* privi di discontinuità. Oggi la *topologia unitaria* viene creata variando costantemente la distribuzione dell'*energia nello spazio-tempo* che perciò deve includere tanto le forze di massa-energia *osservate in gravitazione* (che rendono conto d'un solo 5% della globalità) quanto anche la porzione d'*energia scura* (che rende conto del restante 95% non ancora *localizzato* dalla scienza). Il miglior punto di partenza per un impegno di integrazione tra la *relatività generale* e la *quanto-elettro-dinamica,* sembra debba essere la *porzione di Maxwell* della teoria della *relatività generale.* In quanto essa ha dimostrato d'essere sia pienamente *relativistica,* ben prima della teoria di Einstein del 1905, sia capace di venire *quantizzata* assieme alla *quanto dinamica* degli anni '20.

In una teoria unitaria sarebbe strano non tenere conto d'una ipotesi praticabile per l'*energia scura.* Occorrerebbe stabilire cooperazione tra il gruppo di *revisionisti* dell'originaria teoria di Maxwell e il creativo gruppo di innovatori *quanto-relativistici* lungo la linea indicata dalla *funzione d'onda* o *equazione* di Wheeler-De Witt *di gravitazione generale.* Grazie ad una tale cooperazione forse occorrerebbe un *passo laterale* per uscire dal caotico insieme di sforzi in corso in *quanto dinamica*. Occorre riflettere sulla *poesia biblica* che rivela, tramite *concetti esoterici*, la verità del momento del *big bang*. Dio *creò lo spazio-tempo* come entità percepibile partendo da un *sempiterno caos* (indifferenziato e *non-vivo*) *d'energia unitariamente* distribuita. Il Suo primo atto fu separare *luce dal buio a partire dal caos unitario* con un *emergente* atto di *creazione verbale* di ordine: *'Fiat Lux'*. La luce generò poi *quanti* di materia carica. *La gravitazione* non è *l'approccio di base* per una *rappresentazione unitaria* della realtà. A meno che il *concetto di materia* non si possa *rileggere* dando ragione sia del 5% *osservabile* che del 95% *d'energia EM* o *massa-energia scura*. È più probabile che *l'elettromagnetismo* sia il campo capace di rendere conto del *processo continuo e costante* di separazione dell'energia dal suo *stato caotico* (*scuro o virtuale*) a quello *osservabile* di *luce-materia* che sono state unificate dall'interpretazione *gravitazionale*.

D'altronde una teoria unitaria dell'universo, per essere realmente tale, deve pure rivedere la prova sperimentale dell'inesistenza dell'*etere*. Infatti occorre che il campo energetico, se realmente fosse unitario, desse unitario e contemporaneo sostegno a ogni manifestazione più peculiare dei campi di forza. Ciò non può essere garantito da altro che da un tessuto strutturale nel quale si manifestano i processi energetici fondamentali e di carattere turbolento che abbiamo citato. Il tessuto unitario ha la struttura dello spazio-tempo a maglie quantizzate che si è cercato di descrivere in precedenza. Mentre lo spazio-tempo a stringhe multi-dimensionali è stato finora ritenuto una rappresentazione astratta sul piano dei gruppi di simmetria, esso deve anche avere una intrinseca realtà fisica sotto il profilo fenomenico. Ciò vuol dire che l'insieme di stringhe multidimensionali deve poter rappresentare anche le realtà micro-quantistiche di cui consiste il campo unitario di energia primordiale. Questa attribuzione di consistenza fisica alle vorticose celle quantizzate dello spazio-tempo lo rendono equiparabile ad una sorta di etere come il buon senso dei fisici all'epoca di Maxwell presumeva. L'esistenza d'un etere come struttura unitaria delle manifestazioni fisiche non è d'altronde stata negata anche da Einstein in quanto a compatibilità con le teorie della relatività gravitazionale e con quella elettro-quanto-dinamica. La teoria di Gravità Quantistica a Loop di cui abbiamo voluto dare notizia ci fornisce una possibile interpretazione sul funzionamento intrinseco di tale identificazione tra spazio-tempo come modello matematico e spazio-tempo come realtà fisica. Sembra di nuovo che il buon senso fisico non sia mai morto anche se ha dovuto attraversare periodi di lunga crisi sotto la pressione del senso comune imposto alla scienza ufficiale dalle limitate conoscenze del momento. Dapprima Maxwell ha rischiato la cancellazione delle intuizioni più profonde legate alla sua visione innovativa relativa alla consistenza dei campi rispetto a quella solo contingente delle forze. Gli si negò l'effettiva realtà fisica di quelle intuizioni matematiche. In seguito si è dimostrata l'inesistenza di un etere fisico di carattere elastico con esperienze riferite alla trasmissione dei segnali luminosi e all'impossibilità che in natura esistano riferimenti privilegiati rispetto al moto nell'etere universale. Poi si è dovuto riconoscere che una Natura che fosse solamente rappresentabile in termini di gruppi matematici non poteva costituire un'accettabile descrizione dei fenomeni osservabili. Siamo giunti al punto in cui l'elaborazione astratta dei fenomeni osservati ci ha condotto a formulare ipotesi di unitarietà richiedenti un campo comune nel cui ambito si possano giustificare i fenomeni più diversi. Siamo però anche giunti a capire che le capacità umane di astrarre dai fenomeni i loro fondamenti logici su cui sviluppare successive astrazioni teoriche e darne rappresentazioni logico-matematiche suggestive e fertili di progresso scientifico e applicativo sono talmente potenti nel loro assicurare alle conoscenze umane una trascendenza sulla natura osservata, da suggerire che probabilmente questo potenziale di trascendenza intrinseco alla capacità di astrazione logica possa essere sintomo anche di tipi di sensibilità e capacità d'osservazione che non ci sono ancora note ma di cui l'uomo potrebbe disporre nel suo percorso lungo la trascendenza della realtà osservata. La

psicologia ci ha dischiuso un mondo di potenzialità umane la cui
esistenza è scientificamente accettata ma i cui modi di gestione
sono ancora primitivi e limitati ai settori mediatici e commerciali.
I fenomeni osservabili coi nostri tradizionali cinque sensi sono una
gabbia che ci limita ad osservare la Natura attraverso una feritoia
troppo ristretta. Siamo alle soglie di nuovi progressi scientifici
basati sull'acuirsi delle capacità sensorie e astrattive umane.

Evoluzione nella percezione della struttura dello spazio-tempo

Newton
Gravitazione — i corpi e le loro distanze spaziali dettano con le loro masse le leggi del moto nel tempo e nello *spazio-contenitore*

Weber-Thomson
Elettro-magnetismo — le cariche e i loro *flussi d'energia* nello spazio generano i campi di forza elettro-magnetica e ne regolano le dinamiche lungo le linee-di-flusso

Maxwell-Faraday
Campo elettromagnetico — i campi energetici nello spazio-tempo turbolento manifestano campi di forza elettro-magnetici sulle masse cariche fisse o in moto nel loro ambito

Einstein
Relatività-generale — la *struttura geometrica* dello spazio-tempo è generata dalle disomogeneità nella distribuzione di massa-energia che creano le premesse dei percepibili fenomeni di *dinamiche geodetiche* gravitazionali o elettro-magnetiche

Dirac
Meccanica-quantistica — il continuum di *processi energetici virtuali* esibisce discontinuità di *salti quantici locali* che possono essere osservati solo nel

modo *disturbato* dalle specifiche modalità
predisposte dall'osservatore stesso

Prigogine
Termodinamica del caos la realtà standard è quella d'un *universo
d'energia caotica* che manifesta solo *locali
condizioni* di stabilità in cui vigono le *leggi*
che regolano i fenomeni da noi osservati
mentre le leggi dei sistemi termodinamici
reali sono quelle proprie delle *strutture
dissipative auto-organizzative*

Wheeler-De Witt-Rovelli
Gravità-quantistica le *non linearità* e le *instabilità del campo
energetico universale* manifestano una
topologia in continua trasformazione con
microstruttura di *cellule* a volume discreto
(*loop quantizzati*) con *sequenze di assetti*
relativi a *stati osservabili* (*foliazioni*) tra
varie alternative percorribili nei *due sensi
della variabile tempo.*

Conclusioni
Qui nel seguito vogliamo fornire taluni cenni a *carattere
divulgativo* sulle *innovazioni di scienza e tecnologia* che consentono
l'imminente avvento di una *rivoluzione energetica*, premessa e
traino d'un nuovo *modello di sviluppo globale* in grado di eliminare
l'*indigenza primaria* e di *limitare i flussi di persone* a quelli di strette
ragioni turistiche o industriali. Allo scopo si cita una serie di
articoli *specialistici* come esempi di *applicazioni pratiche* permesse
dai progressi consolidatisi di recente in diversi campi della *ricerca
fondamentale.*

Stivali magnetici di Radus (NASA)
Si tratta di speciali *calzature spaziali* dotate di suole con
incorporati magneti permanenti attivati in modo alternativo da
una piccola corrente di commutazione che renda asimmetrico il

circuito. Il potente flusso del magnete permanente viene commutato a chiudere alternativamente uno dei due circuiti magnetici, geometricamente simmetrici, che al momento della commutazione sono adiacenti alla rotaia di ancoraggio o allo stivale in movimento.

Il *magnete permanente di Radus* aveva una memoria che vi era stata indotta originariamente e che ne condizionava i comportamenti a conformarsi allo squilibrio generato dalla *piccola corrente di commutazione*. Una *struttura di flusso magnetico* può infatti essere commutata in modo asimmetrico e il *percorso magnetico* può conservare memoria delle direzioni di maggiore potenza fino al manifestarsi della commutazione successiva. Gli stessi *campi magnetici dei magneti permanenti* vengono commutati in fabbrica e programmati in modo opportuno. I *magneti permanenti* possono venire condizionati in fabbrica perchè esibiscano anomali comportamenti sottoponendoli a un primissimo impiego circuitale che vi induca una *memoria* nell'ambito delle *microstrutture interne* in cui si sviluppano in modo continuo le *dinamiche quantistiche*. I *meccanismi teorici* del condizionamento d'una memoria magnetica sono già noti nei *microcircuiti allo stato solido* ma meritano una più profonda attenzione anche in *elettro-tecnica* per i suoi rivoluzionari risvolti applicativi. I *materiali magnetici* sono altamente *non-lineari* e le *micro-strutture interne* ad ogni *magnete permanente* sono molto *complesse e dinamiche*. Le *micro-dinamiche* che si sviluppano con continuità all'interno di un *campo magnetico permanente* (in apparenza *statico*), confluiscono a comporne il *comportamento macro-scopico* d'una *stazionarietà stabile* ma *non statica*. Esistono almeno 14 diversi tipi di magnetismo connessi con la *teoria del campo scalare magnetico* dei monopoli magnetici topologici.

Con lo stesso principio si può far funzionare un *motore auto-alimentato a magneti permanenti* che, in modo analogo agli stivali di Radus, manifestino un comportamento asimmetrico sotto l'azione di una opportuna *memoria* originariamente trascritta nelle loro micro-strutture interne per potere quindi essere commutati in istanti ben fasati del periodo di rotazione attorno al loro asse di trazione centrale. Ogni dipolo infatti, come sono anche i magneti permanenti, costituisce un sistema aperto che risulta legittimamente ricettore d'energia dal vuoto attivo e turbolento che lo circonda per ri-emettere poi parte di quell'energia sotto forma di *flusso d'energia di Poynting*.

Motore e sistemi Johnson lontani dall'equilibrio col loro ambiente attivo
qualche informazione relativa al motore Howard Johnson
Johnson ha prodotto un motore rotativo a magneti permanenti che ruota senza bloccare il magnete. Fissato il magnete alla tavola della cucina, ha fatto ruotare l'apparato per oltre un'ora. Siccome i suoi supporti erano molto primitivi la durata è stata ritenuta sufficiente e l'unica copia esistente dell'apparato è stata mostrata a tre persone. Il vero problema incontrato è stato il taglio a mano dei magneti e dell'assemblaggio dei magneti in quanto l'effetto fisico di cui il motore fa uso richiede una grande precisione per ottenere la quale occorre condurre molti tentativi poiché la variazione dei magneti stessi è d'un ordine di grandezza maggiore della precisione richiesta. Infatti per ottenere il funzionamento del motore *non si usano* le semplici *repulsione e attrazione* magnetica. Johnson è sempre attivo e continua a migliorare il livello di precisione richiesto per le lavorazioni necessarie a completare il suo progetto. Lo scopo per cui usa diversi tipi di magnete tagliati a pezzi e assemblati è che in qualcuno di essi è riuscito ad evocare molto nettamente le *forze di scambio* nella direzione desiderata (controllata dall'esatto insieme di differenti materiali magnetici in reciproca interazione).
Tutti sanno che un circuito chiuso fornisce *un'integrazione della forza su linee chiuse* ha *valore* (o *somma complessiva*) *zero*; fornisce cioè un *campo conservativo*. Johnson tenta invece d'evocare le *forze di scambio* (tramite repentine commutazioni nella rotazione) che al momento della loro evocazione innescano una *forza di spunto* di migliaia o più volte superiore all'intensità del campo magnetico. Questa forza, anche per tolleranze macroscopicamente ridotte,

può raggiungere momentaneamente fino a 100 volte la *forza del campo magnetico*. Per le *forze di scambio* vedere i tre volumi di fisica di Feynman.

cenni sulle basi teoriche dei 'motori elettro-magnetici' asimmetrici

Chi fosse interessato a replicare l'approccio di Johnson deve sapere di dover innanzitutto avere uno schema che possa produrre un *campo magnetico non-conservativo* dal momento in cui la forza ha un integrazione lineare attorno all'intero circuito-chiuso su un valore reale non-zero. Se altrimenti si mira semplicemente al gestire il gioco di *attrazioni e repulsioni* tra i poli, non si ottiene il risultato.

Nei materiali magnetici esistono oltre 200 effetti, non si tratta affatto d'un argomento semplice, metà almeno di quegli effetti sono ben-compresi, taluni degli altri sono compresi a sufficienza, altri sono capiti solo parzialmente ma taluni non sono capiti affatto.

Potenziali a molti valori emergono in modo naturale nella stessa teoria magnetica. Se un potenziale a molti valori può manifestarsi in un sistema rotante in modo da mutare la *linea d 'integrazione*, allora si può ottenere un'*integrazione non-nulla* che segnala la possibilità dell'auto-rotazione. Gli studiosi di magnetismo ritengono che questa capacità costituisca un grande fastidio perchè difficile da capirsi e da impiegare e *distorcono* allora la stessa teoria magnetica in ogni modo per eliminare tali *potenziali a molti-valori*. Sulla traccia di quanto è avvenuto con la teoria originaria di Maxwell sin dalla fine del 1800 con la sua, già citata nel testo, *riduzione semplicistica* condotta da Heaviside-Lorentz. Ciò nonostante, se non manipolata in modo arbitrario, la teoria prevede e permette motori a *magneti permanenti* capaci di *auto-ruotare*. Non esistono problemi con la *fonte dell'eccesso di energia* necessaria; infatti ogni *dipolo* (includendovi un *dipolo di magnete permanente*) tra le sue terminazioni ha una componente di *potenziale scalare* e la scomposizione di Whittaker nel 1903 di tale potenziale mostra in modo molto chiaro che si tratta d'un insieme di *coppie d'onda EM bi-direzionali longitudinali coniugate in fase*.

Vediamo meglio le *coppie d'onda coniugate in fase* rispetto a quanto abbia fatto Whittaker o i suoi interpreti moderni. In realtà la *coniugazione in fase* esiste sul piano immaginario, cioè *prima che sia osservabile* sul piano fisico. Dopo l'*osservazione* (costituita cioè da un'interazione con materia carica - che in questo caso è l'interazione con la *carica magnetica* che ci si può raffigurare come un *polo*), s'è ottenuto di spostare l'onda dal *piano immaginario* (o dal *dominio del tempo* nel 4-spazio) allo *spazio reale 3-dimensionale* e se ne è invertita la direzione. Esso viene allora *osservato* come un'*onda EM reale uscente* come annotato da Whittaker e, poiché essa viene osservata come in contro-fase nello *spazio 3-dimensionale* rispetto alla sua *gemella nella coppia d'onde*, si genera l'interpretazione onnipresente ma erronea che la decomposizione sia tra *coppie d'onda EM bi-direzionali nello spazio 3-dimensionale*. Questo è solo un esempio di enormi errori in *fisica moderna*: e cioè la sostituzione d'un *effetto* (l'*onda osservata*, dopo che sia avvenuta l'interazione con un *osservabile* - come una *massa carica*) con la sua *causa* (l'onda come tale *esiste nello spazio-tempo, prima* dell'interazione e del suo sopraggiungere sulla *massa carica* per interagire con essa). Se correggiamo quell'errore onnipresente di mal interpretazione dell'onda causale, che è in realtà in arrivo *prima* che sia avvenuta la *reversione di parità* (causata dalla *perturbazione provocata dall'osservazione*), l'onda d'*input* (o *causale*) *prima* dell'interazione risulta essere l'onda *in arrivo coniugata in fase nel piano complesso*. Essa è *in arrivo* se noi non facciamo nulla per *tradurla entro lo spazio 3-dimensionale, ipotizzando* che sia avvenuta l'interazione con una carica magnetica e che sia stata condotta a termine un'osservazione.

Una rigorosa interpretazione della *decomposizione* di Whittaker 1903 è che il *potenziale tra i poli* d'un dipolo magnetico sia costituito da un *insieme armonico di onde EM longitudinali in arrivo nel dominio del tempo*. Si può dimostrare sperimentalmente in modo agevole che nessuna onda arrivi nel magnete dallo spazio 3-dimensionale perchè nessuna può essere rilevata dagli strumenti. É anche un fatto accertato (purché non si spinga troppo oltre

311

l'analogia) che la carica *ruoti di 720 gradi*. Essa *ruota di 360 gradi* nel dominio complesso (il *dominio del tempo*) e poi *ruota d'ulteriori 360 gradi* (*nello spazio 3-dimensionale*). Non si tratta di *rotazione piana* (come su un disco) ma piuttosto d'una *rotazione 3-dimensionale*. Comunque la *carica assorbe metà dell'energia in arrivo coniugata in fase* di Whittaker mentre *ruota nel dominio del tempo* (o *complesso*), per poi ri-emettere la sua *energia d'eccitazione* nello *spazio 3-dimensionale* allorquando vi compie una successiva *rotazione*.

Questa a proposito è la soluzione di ciò che da Sen e altri è stato indicato il problema più formidabile nell'*elettro-dinamica classica e quantistica*: il problema dell'associazione dei campi e dei potenziali con le loro energie, con la *carica sorgente (o il dipolo sorgente)*. Bearden ha risolto e pubblicato di recente quel problema. La *normale elettro-dinamica*, non apportando correzione alla mal-interpretazione dell'*onda coniugata in fase* ma ponendola nello spazio 3-dimensionale (laddove si assume che l'onda sia stata *sottoposta a osservazione* e sia quindi un *effetto* a priori), non può formulare una soluzione. L'interpretazione convenzionale assume semplicemente due *onde-effetto*, invece che una *coppia di onde* una *di causa* e una *di effetto*. In quel caso insomma l'*emissione continua d'energia EM* da una carica o dipolo sorgente in tutte le direzioni nello *spazio 3-dimensionale*, non ha soluzioni possibili in quanto diverrebbe una grossolana violazione della *legge di conservazione dell'energia*.

Quindi invece di risolvere il problema, tutti i testi correnti d'*elettro-dinamica* (compreso quelli universitari) assumono implicitamente che la *carica sorgente* (o il *dipolo sorgente*) semplicemente 'stia lì' e *crei dal nulla* tutta l'energia che riversa in modo continuo per formare i suoi *campi e potenziali*. O si risolve il *problema della carica sorgente e del dipolo sorgente*, oppure si deve completamente abbandonare la *legge di conservazione dell'energia*. Si è indicato come risolvere la questione salvando la *legge di conservazione dell'energia*.

Si può facilmente dimostrare che un *magnete permanente* (e ogni altro tipo di *dipolo*) produce energia in modo continuo. Proviamo a eseguire un *esperimento concettuale*. Tracciamo una linea radiale da un punto origine nel laboratorio e impostiamo diversi strumenti intervallati tra loro ad es. ad ogni *secondo-luce* fino alla distanza totale *d'un anno-luce*. *Fissiamo* ora improvvisamente un *dipolo* (o *carica sorgente*) all'origine degli assi. Un secondo più tardi, il primo strumento *leggerà la presenza* (o *l'arrivo*) d'un campo ma esso *resterà* a tale livello da quel momento in poi. Il secondo strumento *leggerà* una analoga presenza *due secondi* dopo la formazione del dipolo e *resterà* anche esso da quel momento in poi a quel livello, e così via. Attendiamo *un anno* che si sia riempito d'*energia EM* un volume di spazio del raggio d'un *anno luce* e *tutta l'energia* segnalata starà ancora uscendo dal *dipolo* (o *carica sorgente*).

Quando vengono considerate le *cariche virtuali* di segno opposto che si trovano raggruppate attorno a esso nel vuoto, ogni carica è solo un *insieme di dipoli in continua manifestazione*. Prendiamo, mentre esiste il dipolo, una di quelle *cariche virtuali* e un *frammento differenziale* della carica osservabile che si trova *isolata* al centro del raggruppamento. Quelle due cariche *formano un dipolo* cui può essere applicata la stessa considerazione fatta in precedenza. Così la *carica isolata* è solo un insieme di tali dipoli composti, uno come terminazione *momentanea* e l'altro che *continua* gli accoppiamenti alle molte *cariche virtuali* seguenti. Ogni dipolo composto tra le sue terminazioni ha, *durante la sua esistenza*, un *potenziale scalare* che impone di re-interpretarne la *decomposizione* di Whittaker 1903.

Ogni *carica o dipolo* riceve continuamente pertanto un'enorme e inutilizzabile *energia dal vuoto* e la riemette in modo continuo in tutte le direzioni come *energia EM utilizzabile* fintantoché la carica (o il dipolo) restino intatti. Le cariche e dipoli originari sono restati in un tale stato di *produzione d'energia* per ormai circa 15 miliardi di anni da oggi come ci mostra la realtà del cosmo che ci *illumina*. Un buon testo infatti mostrerà indicazioni sull'*enorme ammontare di energia EM* fluente nello spazio che circonda ogni *circuito o linea di trasmissione.* Kraus mostra contorni numerati del *flusso d'energia* attraverso lo spazio che circonda una *linea di trasmissione* standard. Per definizione, se si pone una *carica puntiforme unitaria* in un *punto dello spazio* su uno di quei *contorni*, il numero del contorno rappresenta la *potenza in watt per metro quadrato* che sarà intercettata e raccolta a quel singolo punto da quella carica statica puntiforme unitaria. Se si ponesse in quello stesso punto una carica di 100 unità puntiformi statiche, si raccoglierebbe su essa 100 volte tanta energia rispetto a quella raccolta sulla precedente carica unitaria. Questi contorni rappresentati da Kraus giacciono tutti sulle *linee di flusso d'energia* dove il flusso d'energia fallisce di intercettare l'intero circuito (lo *manca*) e viene cioè semplicemente *sprecata.* Se si chiede ai migliori professori di tentare di calcolare l'*energia EM totale* che può essere raccolta intercettando/raccogliendo cariche nello spazio che circonda un semplice piccolo circuito alimentato a batteria e consistente in due cavi dalla batteria verso un semplice resistore (o se si tenta di trovare questa valutazione in un qualsiasi articolo o testo), si può scoprire l'assenza di risposte.

Poynting non prese mai in considerazione quel vasto componente del *flusso d'energia* che è *sprecato* in quanto *manca* interamente il circuito, egli assunse solo il piccolo componente del *flusso d'energia* che *entra* nel circuito (viene da esso fisicamente *intercettato*).

Heaviside scoprì invece quel *mancante, grande componente* mostrato da Kraus ma fu molto cauto. Per un semplice esempio nominale, quello che complessivamente *manca* il circuito ma viene *emessa* dalle terminazioni, è un *flusso d'energia* di almeno **10 trilioni** superiore rispetto a quello che fisicamente *colpisce le cariche* sulla *superficie dei conduttori* e viene deviato sui *cavi di alimentazione* del circuito.

Il problema negli 1880s era, *da quale parte potrà mai provenire un tale enorme flusso d'energia?* Gli scienziati non avevano infatti ancora scoperto né gli atomi e gli elettroni, consideravano che lo *spazio* fosse ripieno di *etere* (un *sottile fluido materiale*), consideravano il *tempo* un fluire immutabile e non esistevano concetti quali i *flussi d'energia nel dominio del tempo*. Whittaker non aveva ancora eseguito la *scomposizione matematica del potenziale scalare*, né aveva ancora suggerito la *teoria del super-potenziale*. *Chiunque* poteva stimare o calcolare quanta energia sia immessa sull'asse d'un generatore ma *nessuno* avrebbe potuto credere che *dalle terminazioni del generatore* avrebbe potuto *emergere* energia trilioni di volte tanta rispetto a quella immessa per riempire tutto lo spazio attorno al circuito esterno connesso. Heaviside, benché brillante, era un auto-didatta che non aveva mai frequentato l'università, perciò fu molto cauto e non desiderò ma essere accusato di essere uno dei *folli del moto perpetuo*, che lo avrebbe distrutto. C'erano solo circa tre dozzine di elettro-dinamici al tempo in tutto il pianeta. Heaviside parlò dell'"angolo" (di ammontare piccolo) del *flusso d'energia entrante nel circuito* e usata per alimentarlo, e dell'*angolo d'enorme flusso d'energia che restava* ma che *neanche entrava* nel circuito. Ma è chiaro che gli era nota l'enormità dell'ammontare del flusso extra d'energia che *mancava* di entrare nel circuito e che non veniva utilizzata per niente.

Negli anni 1880s non esisteva una *teoria del vuoto attivo*. Non erano ancora state neanche concepite né tanto meno costruite né la *relatività ristretta e generale* né la *meccanica quantistica*. Il più grande *scienziato elettro-tecnico* del tempo era H.A.Lorentz. Egli comprese il lavoro di Heaviside, ma ebbe esattamente lo stesso problema relativo a ogni possibile attribuzione *ragionevole di sorgente* dell'enorme e impressionante *flusso d'energia non-deviata* attorno ai circuiti. In nessun modo avrebbe potuto rendere conto d'un tale *enorme flusso d'energia* che emergeva dalle terminazioni d'una batteria o generatore elettro meccanico. Neanche il grande Lorentz poteva permettersi apertamente d'indicare quella semplice spiegazione a meno di non venire anche lui ghettizzato come uno dei *folli del moto perpetuo* e venire distrutto sul piano scientifico. Perciò, incapace di risolvere il problema, trovò un semplice modo per evitarlo; scartarlo in toto. Pensò che il *componente extra del flusso* d'Heaviside che *mancava il circuito non potesse avere*

315

significato fisico (sono le sue parole) in quanto esso non alimentava alcunché.

Così Lorentz stabilì come *assunto* (o per definizione) che l'*integrazione del vettore flusso d'energia* dovesse avvenire attorno a *superfici chiuse* attorno a ogni *volume elementare* d'interesse. Come si può vedere una tale scelta *azzera in modo a-prioristico* ogni *vettore non-divergente* perciò il *componente enorme ed extra del vettore di Heaviside* è *non-divergente* solo in quanto esso *non intercetta alcunché*. Il componente del vettore di Poynting è tuttavia solo *deviato a priori*, in quanto Poynting partì da tale preciso assunto. Quindi emerge il solo *vettore di Poynting* mentre il *vettore flusso d'energia scura non-considerato* di Heaviside sparisce da ogni possibilità di essere contabilizzato. Gli elettro-dinamici e gli elettro-tecnici usano ancora oggi quell'*arbitrario procedimento* concepito da Lorentz per liberarsi di quel *flusso sprecato d'energia* allora imbarazzante da spiegare. Come si vede il problema del *flusso d'energia scura* di Heaviside e Lorentz in essenza costituisce la stessa bestia nera di *quella che manca i circuiti* e che è stata responsabile del *problema della carica o del dipolo sorgente e dei suoi campi e potenziali associati e di tutta l'energia in essi contenuta.* Ora possiamo invece chiarire e localizzare il meccanismo per riuscire a estrarre enormi quantità d'*energia EM dal vuoto* in un modo semplice, facile ed economico, a volontà, in ogni momento e ovunque nell'universo.

Non stiamo attraversando una *crisi energetica* ma una crisi di contabilizzare, intercettare ed impiegare flussi di energia in quanto gli scienziati energetica stanno ancora usando un *modello di flusso d'energia EM* che è stato mutilato per oltre un secolo. L'*elettro-dinamica classica* richiede invero il vigoroso tipo di ri-lettura che è stata caldamente raccomandata da Bunge nei termini seguenti: "... *usualmente non si riconosce che l'elettro-dinamica, sia classica che quantistica, si trovino in un triste stato.*"

Inoltre la recente soluzione al *problema della carica sorgente e del dipolo sorgente* trascina con sé direttamente la *fisica delle particelle*, quando, negli 1950s venne scoperta la *rottura di simmetria* (a quel punto *si ebbe* una soddisfacente integrazione tra *meccanica quantistica* e una *teoria del vuoto attivo*). In *fisica delle particelle* è ben-noto che ogni dipolo è *una 3-simmetria rotta* nel suo intenso *scambio d'energia EM col vuoto attivo*. Per la stessa definizione di *simmetria rotta*, ciò significa che *qualche* porzione dell'energia *disintegrata* (o *virtuale*) assorbita in modo continuo dal vuoto dalla carica o dipolo sorgente, *non* viene reirradiata indietro in forma disintegrata (*virtuale*) ma viene *integrata* (dallo *spin della carica o dipolo*) e, quando la carica entra lo spazio 3-dimensionale nel suo *ciclo di spin*, viene ri-emessa in tutte le direzioni come *osservabile energia EM reale*. Quindi la recente soluzione a ciò che è stato chiamato il *più grande problema in elettro-dinamica* è coerente con tutto quanto è noto alla data e salva anche la *legge di conservazione dell'energia*. Notare anche che nella teoria dello spazio 4-dimensionale il 4^0 asse è rappresentato come *i.c.t* ove '*i*' rivela la *connessione col piano immaginario*, '*c*' rivela la *compattezza della stessa dimensione* e '*t*' è l'*unica variabile*. Ogni *flusso d'energia EM lungo quell'asse* è quindi un flusso nell'ambito dell'unica variabile '*t*'. Ciò impatta in modo diretto e cambia l'interpretazione di *potenza reattiva* degli elettro-tecnici come un'onda reale *successiva* all'osservazione nello spazio 3-dimensionale. Onda che esiste effettivamente *dopo* l'interazione con le cariche ma, precedentemente a tale interazione, la reale e nascosta *potenza reattiva* è in effetti un'onda nel *dominio del tempo* (4° asse nel piano complesso). Potremmo adattarle perciò il termine di *potenza pre-reattiva* per poterla distinguere dalla accezione elettro-tecnica corrente che è *successiva all'osservazione* (come fosse un *effetto* invece d'una *causa*). La soluzione al problema della carica e del dipolo è anche di diretta importanza per i ricercatori di *energia libera* (*gratuita*). In un sistema in equilibrio col suo ambiente di vuoto attivo non esiste un possibile valore di COP (*coefficiente di prestazione*)>1.0. L'*EM classico non propone neanche un modello per lo scambio tra il vuoto e il sistema, tanto meno una 3-simmetria rotta in un tale sistema*. Le *equazioni originarie* di Maxwell e la loro severa riduzione da parte di Heaviside includono ancora 2 tipi di *sistemi Maxwelliani:* (1) quelli in equilibrio col vuoto attivo (*ignoto all'epoca*), e (2) quelli distanti dall'equilibrio col vuoto attivo. La *teoria di Maxwell-Heaviside* è però onerosa da gestire; le variabili non sono separate e risulta molto difficile, quasi impossibile, una *soluzione chiusa.* Ciò significa che essa richiedeva un massiccio uso di metodi numerici una terribile esigenza a quei tempi senza computer. Di nuovo Lorentz intervenne e *simmetrizzò* le equazioni di Maxwell-Heaviside e le cambiò ancora una volta. Imponendo loro tale conversione simmetrica, Lorentz scelse di impiegare solo quella metà dell'insieme della teoria di Maxwell-Heaviside che rappresentava solo i sistemi in equilibrio col vuoto attivo. L'alterazione dei potenziali al puro scopo di rendere *uguali e opposte* le due *forze extra* che apparivano, equivalse ad assumere (per assicurare una tale peculiare presenza di quelle due forze esattamente uguali e opposte dalla diretta alterazione dell'energia potenziale del sistema) che esistesse un *genietto* o *demone* che *imponesse* quell'equilibrio col vuoto. Ogni altro sistema di Maxwell-Heaviside (e in modo specifico quelli lontani dall'equilibrio col vuoto) fu pertanto scartato *in un modo arbitrario* da Lorentz.

Gli elettro-dinamici hanno continuato a usare quel sotto-insieme *simmetrizzato* della teoria di Maxwell-Heaviside perché le equazioni risultanti permettono la separazione delle variabili e di ottenere soluzioni analitiche chiuse. Inoltre la maggioranza degli elettrodinamici è ancora incline a credere che tale *regauging simmetrico* non modifichi il modello fondamentale teorico o la realtà che esso modella. Ciò è ovviamente errato. In breve gli *elettro-dinamici* stessi quasi universalmente continuano a scartare (dopo più d'un secolo) tutti i sistemi, permessi da Maxwell, componenti di *sistemi aperti* che usano *in modo gratuito* energia ricevuta dal vuoto attivo. Si può facilmente dimostrare che un circuito standard ad anello chiuso *impone la simmetria* durante la scarica di dis-eccitazione del circuiti eccitati in modo rigoroso. La *potenzializzazione* (l'iniziale eccitazione) costituisce naturalmente una violazione della condizione *imposta da Lorentz.* Segnaliamo che il vuoto, avendo una *densità d'energia* non nulla, è solo una sorta d'*enorme potenziale scalare*. Qualsiasi *potenziale EM* che creiamo è una modifica a quel *potenziale del vuoto* (o una *variazione* a un *potenziale intermedio*) che produce quel cambiamento. Così, che ce ne rendiamo conto o meno, coi *potenziali* noi trattiamo in realtà col *vuoto attivo* e con la sua energia. E quando cambiamo la *densità locale di energia* del vuoto (*spazio-tempo*), che ce se ne renda conto o meno, si evoca la *curvatura della relatività generale e dello spazio-tempo*.

Sono altri elementi d'interesse emersi con la soluzione al *problema della carica sorgente*: (1) la propagazione d'energia EM attraverso lo spazio 3-dimensionale è alquanto diversa da quanto viene attualmente assunto in fisica. In modo specifico, non esiste una tal cosa mentre esiste una forma di propagazione dal *dominio del tempo* a successivi punti differenziali o *regioni nello spazio*. Si tratterà ancora di ciò nel seguito. (2) tutta l'energia EM che appare ovunque nello *spazio 3-dimensionale*, v'è entrata dal dominio del tempo. (3) i flussi e le correnti di energia EM nel *dominio del tempo* sono più fondamentali dei flussi e correnti d'energia EM nello spazio 3-dimensionale. *A priori*, qualsiasi cosa nello *spazio 3-dimensionale* è (o si assume lo sia stato) osservato (*interagito*) è perciò un *effetto*. Tutte le osservazioni sono spaziali come è noto in *meccanica quantistica*. (4) non è stato risolto solo il *problema della carica sorgente*, è stata scoperta anche una nuova più alta *simmetria del flusso d'energia* nello *spazio a 4-dimensioni*, tra *dominio del tempo* e *spazio a 3-dimensioni*. Tale nuova simmetria nel flusso di energia è il *primo principio dell'energia libera* e della *estrazione d'energia EM* dal vuoto attivo.

Fondamentalmente, quando una 3-simmetria nel flusso d'energia EM viene rotta, deve prevalere una *4-simmetria* in quanto la *conservazione d'energia* richiede la conservazione nello *spazio 4-dimensionale* (ma *non ristretta* a quello 3-dimensionale) L'imposizione della conservazione del flusso d'energia EM nello spazio 3-dimensionale è una *richiesta extra*. Quando si impone tale *condizione aggiuntiva* a proposito della costruzione degli attuali sistemi di potenza elettrica, ci si condanna a non poter mai progettare sistemi d'estrazione di potenza dal solo vuoto attivo mentre ci si assume l'aggiuntivo onere di erogare tutta la quantità d'energia EM richiesta dai carichi e dalle inutili perdite di progetto. È questo il solo motivo della attuale distruzione delle risorse naturali, dell'aria nelle città, dell'acqua nei fiumi e laghi e oceani, ecc. Ingegneri e scienziati in materia energetica semplicemente non potranno costruire sistemi elettrici di potenza capaci di capitalizzare sulla *rottura di 3-simmetria* del dipolo nel suo *intenso scambio d'energia col vuoto*. Ogni volta che riusciamo a creare un *piccolo dipolo*, la natura manifesta massima gentilezza, i *dipoli rompono* parte della aggiuntiva richiesta di *condizione di 3-simmetria*. Perciò con la *re-interpretazione e correzione* della decomposizione del *potenziale scalare* di Whittaker 1903 (cambio nel *potenziale del vuoto*) tra i poli del dipolo, potremmo accedere all'*El Dorado* dei ricercatori d'*energia libera*: la natura eroga *energia EM libera* a quel *dipolo sorgente* dall'*asse dei tempi*, sotto forma di potenza elettrica reattiva o *pre-reattiva*. Le *cariche del dipolo* assorbono tale energia dal *dominio del tempo*, la fa *ruotare* nello *spazio 3-dimensionale* e ri-emette la loro *energia d'eccitazione* come *flusso d'energia EM nello spazio 3-dimensionale* in ogni direzione. Il *dipolo sorgente* continuerà –se non lo si distrugge con un improprio progetto di circuito– in modo indefinito a emettere tale *energia EM*. Inoltre esso emette un enorme non previsto flusso d'*energia scura*. Per oltre un secolo non s'è posta alcuna attenzione a catturare porzioni di quest'*energia scura disponibile* (e usarla per alimentare in modo efficiente carichi utili e, simultaneamente, autoalimentare i generatori) senza usare la metà di ciò che catturiamo nella sterile *distruzione del dipolo sorgente*.

Raccomandazioni
Viene chiesto ai media e agli opinion leader industriali di cooperare a diffondere l'informazione relativa ai temi trattati. Dall'iniziale diffusione d'informazioni tecnico-scientifiche relative alle opportunità offerte all'industria dalla pratica applicazione delle *soluzioni tecnologicamente innovative o rivoluzionarie* cui s'è già

fatto cenno si potrebbe passare alla successiva fase di presentazione dei tentativi pratici condotti in passato o in corso su base globale lungo le linee indicate. Corredata da eventuali convegni che consentano agli *opinion leader* e ai media di ricevere dirette conoscenze scientifiche e tecnologiche dei protagonisti stessi delle ricerche. Lo scopo è di sensibilizzare e convincere l'industria in Italia (Paese *trasformatore* che tra quelli più industriali è nella situazione più critica in tema di *fonti energetiche* e che è tra i più idonei in quanto tecnologicamente evoluto) a promuovere un investimento in questo *settore della ricerca applicata*. Un tipo di ricerca già ormai molto maturo sul piano delle conferme fornite dalla *fisica teorica* e su quello dei *brevetti già realizzati* col sostegno di eminenti studiosi in campo internazionale. Un impegno d'investimento industriale che potrebbe, quindi, assicurare risultati celeri e redditizi richiedendo meno risorse finanziarie e di tempo rispetto a quanto non sia accettato in campi molto meno *rivoluzionari* e scientificamente molto meno maturi come quello della *fusione calda* o della *fusione fredda*.

Infine con questo documento si propone di istituire una stabile organizzazione di *eventi di cultura scientifica* e sulla disponibilità in *chiave divulgativa* di *soluzioni industriali* spesso ignote al mercato soprattutto delle *piccole e medie aziende* spesso i potenziali, più idonei beneficiari ad acquisirne la licenza d'uso industriale. Un vero e proprio *programma di giornalismo tecnico-scientifico* che si presta in modo eccellente ad organizzare un *parco di edu-tainment* (o *educazione divertente*) sulla traccia di ciò che avviene nei Paesi più avanzati a beneficio dei bambini, degli studenti e della ricerca scientifica e in definitiva dell'industria che vede integrate le sue opportunità alla disponibilità di risorse e di *consenso sociale*.

Note

S'è voluto presentare in modo organico benché *divulgativo* quale sia grande l'opportunità, per lo sviluppo economico e sociale alle cui soglie ci ha condotto la impressionante *rivoluzione scientifica* avvenuta in diversi settori della ricerca fondamentale, dalla seconda metà dell'800 a oggi in modo convergente. Le note in calce aiutano a capire i concetti essenziali contenuti nei testi in bibliografia. Oltre a tale presentazione s'è anche voluto segnalare, sempre *divulgativamente*, le ragioni che consentono di credere alle previsioni scientifiche relativamente ai possibili sbocchi tecnologici delle conoscenze acquisite. S'è voluto presentare infine anche un numero di *impegni tecnologici* e di pratico *sviluppo di brevetti industriali* sulle linee delle *previsioni scientifiche* su tali opportunità di *innovative applicazioni tecnologiche*. Nel seguito forniamo una bibliografia che, pur senza pretendere carattere di completezza né di aggiornamento, può consentire però a chiunque fosse stato stimolato dalla lettura del testo ulteriori conoscenze sia sotto il puro profilo mediatico che sotto quello scientifico e industriale.

Lo Spazio Fisico è a Struttura Quaternionica?
Le Equazioni di Maxwell. Una nota fisico-matematica.

Peter Michael Jack - Hypercomplex Systems - Toronto, Canada - (July 18, 2003)

Abstract

Questo documento mostra come scrivere le Equazioni di Maxwell in Quaternioni di Hamilton. Il fatto che la moltiplicazione tra quaternioni sia non-commutativa conduce a derivate diverse di-sinistra o di-destra che devono essere entrambe incluse nella teoria. Viene quindi rivelato un altro componente che riduce in parte I gradi di libertà esistenti nel sistema di riferimento metric (gauge), ma che può essere usato per spiegare la termoelettricità, e che suggerisce che la teoria del calore ha un'altrettanto fondamentale connessione con l'elettromagnetismo di quella che ha il campo magnetico con il campo elettrico, in quanto la nuova teoria ora collega i fenomeni termici, elettrici e magnetici in un unico insieme di equazioni elementari. Questo risultato si basa su un'iniziale ipotesi chiamata l'"Assioma Quaternionico" che postula che la struttura dello spazio fisico sia quaternionica.

I. L'Assioma Quaternionico.

I quaternioni

$$a = a_0 + a_1.i + a_2.j + a_3.k \tag{1}$$

in cui i, j, k sono le radici anti-commutative iper-complesse di -1, e le a_0, a_1, a_2, a_3 sono elementi dell'insieme dei numeri reali, possono essere usati per scrivere le Equazioni di Maxwell. Se postuliamo che lo spazio fisico sia a struttura quaternionica, allora le unità {i, j, k} rappresentano dimensioni spaziali, mentre lo scalare {1} rappresenta il tempo e le unità spaziali obbediscono alle regole di moltiplicazione date da W. R. Hamilton in 1843;

$$i2 = j2 = k2 = -1 \tag{2}$$

$$i = jk = -kj, j = ki = -ik, k = ij = -ji$$

Faremo riferimento a questo postulato come l'Assioma Quaternionico. Un vettore di posizione in questo spazio quaternionico assumerà la forma, r = ct + ix + jy + kz, in cui c è la velocità caratteristica che collega le misure di tempo a quelle di spazio, qui equivalente alla velocità della luce, così che tutte le misure nell'ambito di questo spazio quaternionico di 4-vettori sono espresse in ultima analisi nelle stesse unità-di-lunghezza.

A. Ambiguità dei Prodotti tra Grandezze Vettoriali Quaternioniche.

Ora, poiché i quaternioni non commutano, dobbiamo riconoscere la diversità tra operazioni verso-destra e operazioni verso-sinistra. Consideriamo due variabili quaternioniche a & b. Definiamo che i simboli '$\rightarrow$' e '$\leftarrow$' significhino rispettivamente 'operare verso destra' ed 'operare verso sinistra'. Allora, per esempio, se il termine 'a' è l'operatore e il termine 'b' è la variabile su cui agisce l'operatore, avremo;

$$a \rightarrow b = a_0.b_0 - a_1.b_1 - a_2.b_2 - a_3.b_3$$
$$+ a_0.(b_1.i + b_2.j + b_3.k)$$
$$+ (a_1.i + a_2.j + a_3.k).b_0 \quad\quad (3)$$
$$+ (a_2.b_3 - a_3.b_2).i$$
$$+ (a_3.b_1 - a_1.b_3).j$$
$$+ (a_1.b_2 - a_2.b_1).k$$

$$b \leftarrow a = a_0.b_0 - a_1.b_1 - a_2.b_2 - a_3.b_3$$
$$+ a_0.(b_1.i + b_2.j + b_3.k)$$
$$+ (a_1.i + a_2.j + a_3.k).b_0 \quad\quad (4)$$
$$- (a_2.b_3 - a_3.b_2).i$$
$$- (a_3.b_1 - a_1.b_3).j$$
$$- (a_1.b_2 - a_2.b_1).k$$

Osservate che dobbiamo solo inserire i simboli, $\rightarrow$ e $\leftarrow$, tra gli stessi quaternioni. Una volta risolta l'algebra al livello dei componenti, possiamo riportarci all'usuale convenzione di porre l'operatore sulla sinistra e la variabile su cui esso opera a destra. Se non esistono motivi fysici per scegliere un prodotto rispetto all'altro, entrambi i prodotti dovranno figurare ugualmente nelle espressioni usate per rappresentare i fenomeni in qualsiasi teoria, altrimenti le espressioni della teoria saranno portatrici di un'intrinseca polarizzazione di privilegio a-priori per le operazioni verso-destra o verso sinistra.

Trattando quindi con prodotti tra operatori, definiamo il prodotto verso destra con, a $\rightarrow$ b, ed il prodotto verso sinistra con, b $\leftarrow$ a.

Allora le due loro combinazioni, prodotto simmetrico, {a,b}, e prodotto antisimmetrico, [a,b], sono definiti in corrispondenza;

$$\{a, b\} = (1/2)(a \to b + b \leftarrow a) \qquad (5)$$
$$[a, b] = (1/2)(a \to b - b \leftarrow a) \qquad (6)$$

Il tipo di prodotto che adotteremo nella nostra teoria, e dove lo applicheremo, è imposto dalle simmetrie inerenti al problema fisico.

II. Le Equazioni di Maxwell.

Ora sia il Potenziale Elettromagnetico;

$$A = U + A_1.i + A_2.j + A_3.k \qquad (7)$$

e l'operatore differenziale (d/dr) sia definito da,

$$d/dr = 1/c \, \delta/\delta t + \delta/\delta x \, i + \delta/\delta y \, j + \delta/\delta z \, k \qquad (8)$$

allora se ne può derivare che i campi Elettrico e Magnetico in forma quaternionica saranno dati da,

$$E = -\{d/dr,A\} = -(1/2)(d/dr \to A + A \leftarrow d/dr) \qquad (9)$$
$$B = +[d/dr,A] = +(1/2)(d/dr \to A - A \leftarrow d/dr) \qquad (10)$$

Cioè, il campo elettrico è la derivata simmetrica negative del potenziale, ed il campo magnetico è la derivata anti-simmetrica positiva del potenziale. Le componenti spaziali di questi campi quaternionici corrispondono esattamente ai campi elettrici e magnetici dell'usuale calcolo 3-vettoriale. Tuttavia, il campo elettrico quaternionico ora presenta una componente tempo, che rappresenteremo con T, così che, E = T + **E**, mentre il campo magnetico quaternionico non ha componenti tempo, così che, B = 0+**B**. E se consentiamo alla nostra notazione di passare dai 3-vettori di Heaviside-Gibbs ai 3-vettori quaternionici di Hamilton, avendo cura di confrontare solo i componenti delle espressioni appropriate, possiamo scrivere le derivate quaternioniche in termini della più familiare notazione vettoriale,

$$d/dr \to A = 1/c \, \delta U/\delta t - div(\mathbf{A}) + 1/c \, \delta\mathbf{A}/\delta t + grad(U) + curl(\mathbf{A}) \qquad (11)$$
$$A \leftarrow d/dr = 1/c \, \delta U/\delta t - div(\mathbf{A}) + 1/c \, \delta\mathbf{A}/\delta t + grad(U) - curl(\mathbf{A}) \qquad (12)$$

In cui osserviamo che le derivate quaternioniche hanno "cinque" componenti distinte, analogamente alle cinque dita della mano umana. Il campo elettrico allora è ottenuto come il battere le mani tra loro, così che la distinzione tra i due

svanisce (e conseguentemente origina, come vedremo, il "calore" al fianco dell'elettricità). Mentre, il campo magnetico è ottenuto dall'azione opposta di separare le mani tra loro, così che la distinzione tra le due viene esaltata.

Ora benché si possa inventare un costrutto che usi i coniugati dei quaternioni per eliminare le component tempo da ogni calculo e così ottenere gli stessi risultati del calcolo 3-vettoriale, ciò renderebbe i calcoli più artificiosi e meno naturali rispetto alla semplice struttura qui presentata. Seguiremo pertanto la struttura naturale dell'algebra nell'esame dei risultati che discendono dall'accettare questo nuovo componente del campo, invece di tentare di eliminarlo dalla nostra osservazione. Allora, dall'analisi, la riformulazione delle **Equazioni** del Campo di **Maxwell** è,

$$[d/dr, B] = +\{d/dr, E\} \qquad (13)$$
$$[d/dr, E] = -\{d/dr, B\} \qquad (14)$$

La derivata antisimmetrica del campo magnetico è il positivo della derivata simmetrica del campo elettrico. E la derivata antisimmetrica del campo elettrico è il negativo della derivata simmetrica del campo magnetico. La prima rappresenta una legge fisica reale, mentre la seconda si dimostra facilmente essere un'identità algebrica alla luce delle definizioni di campo elettrico e magnetico di cui sopra.

Se scritte nella notazione vettoriale di Heaviside-Gibbs, queste due equazioni a 4-vettori (quaternioni) si riducono alle usuali quattro equazioni a 3-vettori,

$$\text{curl}(B) = +1/c. \ \delta E/\delta t + \text{grad}(T) \qquad (15)$$
$$\text{curl}(E) = -1/c. \ \delta B/\delta t \qquad (16)$$
$$\text{div}(E) = +1/c. \ \delta T/\delta t \qquad (17)$$
$$\text{div}(B) = 0 \qquad (18)$$
$$T = -1/c. \ \delta U/\delta t + \text{div}(A) \qquad (19)$$
$$E = -\text{grad}(U) - 1/c. \ \delta A/\delta t \qquad (20)$$
$$B = \text{curl}(A) \qquad (21)$$

pur di identificare ora la densità di carica elettrica, ρ, e la densità di corrente elettrica, J, coi termini coinvolgenti T. Quindi, $4\pi\rho = +1/c$. $\delta T/\delta t$, and $4\pi\ J/c = grad(T)$.
Chiameremo la quantità scalare, T, il "Campo Temporale." Questo campo scalare ha le stesse unità-di-misura di quelle dei campi vettoriali elettrico e magnetico nel nostro sistema di unità Gaussiano. E perciò per una certa carica q la quantità qT ha unità di forza, simile alla forza elettrica, $q\mathbf{E}$, ed alla forza magnetica, $q\mathbf{v}/c \times \mathbf{B}$. Tuttavia, questa forza scalare non presenta orientamento spaziale. Invece essa agisce lungo la linea del tempo, in quanto quello è l'asse scalare sotto vigenza dell'Assioma Quaternionico assunto come base in questa derivazione matematica.
Qual'è l'effetto prodotto da una forza scalare che agisce lungo la linea del tempo?

III. La Termoelettricità.
La forza elettrica che sposta una carica, q, per una distanza $d\mathbf{x}$, compie un lavoro, $dW = q\mathbf{E}\cdot d\mathbf{x}$. E il lavoro è una forma d'energia. Questa energia è ceduta all'ambiente esterno ed è disponibile, per esempio, come lavoro meccanico, in grado di muovere le parti d'un sistema meccanico contro resistenze di attrito.

A. Calore.
Similmente, la forza temporale che agisce si una carica, q, per un intervallo di tempo, cdt, produce un termine tipo–energia, $dW = -qT\ cdt$ (il segno meno riflette i segni opposti dei valori del quadrato nell'unità di tempo, $1^2 = +1$, e nell'unità di spazio, $i^2 = j^2 = k^2 = -1$, nello spaziotempo quaternionico, qui necessari poichè $\mathbf{E}$ e $d\mathbf{x}$ sono vettori di Heaviside-Gibbs; perciò una carica positiva, $q > 0$, sotto influsso di un campo positivo a valore temporale, $T > 0$, produce l'equivalente di un lavoro negativo, cioè il sistema interattivo campo-carica assorbirà energia dall'ambiente circostante, le cariche positive quindi in effetti appaiono "fredde" mentre le cariche negative in effetti appaiono "calde").

In questo caso, sull'intervallo di tempo dato, l'energia viene assorbita o ceduta dal sistema interattivo carica-campo in funzione che i segni delle cariche e del campo temporale siano uguali o opposti. Poiché questa energia scalare non necessita che la carica si muova nello spazio al fine di materializzare qualche fenomeno fisico osservabile l'energia che è assorbita e/o ceduta deve manifestarsi come una forma di calore. Inoltre, questo calore è proporzionale alla prima potenza della carica, e quindi inverte di segno col segno della carica, o in corrispondenza al cambio di segno della corrente elettrica, rendendolo un tipo di calore reversibile, in coerenza con le osservazioni sperimentali già note come effetti Peltier e Thomson in termoelettricità.

Quindi, il campo temporale, $T = -1/c. \delta U/\delta t + div(\mathbf{A})$, rappresenta il calore totale per unità di tempo (cioè tempi misurati in unità di lunghezza) dal sistema interattivo carica-campo dovuto a entrambe la perdita in energia potenziale elettrostatica tra luoghi e flusso di impulso elettrodinamico al di fuori della stessa ubicazione, in modo simile alla diffusione di flusso termico dovuto alla somma di due processi differenti, conduzione e convezione, in termodinamica di non-equilibrio.

Ora, invece di usare le derivate simmetriche ed antisimmetriche, le due equazioni elettromagnetiche quaternioniche si possono anche scrivere usando le derivate verso-sinistra e verso-destra del potenziale.

$$d/dr \rightarrow (d/dr \rightarrow A) + (A \leftarrow d/dr) \quad d/dr = 0 \qquad (22)$$
$$d/dr \rightarrow (A \leftarrow d/dr) - (d/dr \rightarrow A) \quad d/dr = 0 \qquad (23)$$

Quando si introducono i termini della densità di carica elettrica e della fonte di corrente elettrica, come parametri aggiuntivi disomogenei dei termini temporali, invece di identificare direttamente la fonte elettrica con gli stessi termini temporali, la seconda equazione resta immutata, mentre la prima equazione diventa,

$$d/dr \rightarrow (d/dr \rightarrow A) + (A \leftarrow d/dr) \leftarrow d/dr = 8\pi \, J \qquad (24)$$

dove, $J = (\rho, J/c)$. Nel formato 3-vettoriale di Heaviside-Gibbs, le nuove equazioni elettromagnetiche disomogenee perciò diventano,

$$curl(\mathbf{B}) = +1/c. \, \delta E/\delta t + grad(T) + 4\pi \, J/c \qquad (25)$$

$$\text{curl}(E) = -1/c. \, \delta B/\delta t \tag{26}$$
$$\text{div}(E) = +1/c. \, \delta T/\delta t + 4\pi \, \rho \tag{27}$$
$$\text{div}(B) = 0 \tag{28}$$
$$T = -1/c. \, \delta U/\delta t + \text{div}(A) \tag{29}$$
$$E = -\text{grad}(U) - 1/c. \, \delta A/\delta t \tag{30}$$
$$B = \text{curl}(A) \tag{31}$$

Queste equazioni allora forniscono una più chiara distinzione tra i contributi delle fonti "termica" ed "elettrica" ai campi elettromagnetici.

P. W. Bridgman nel 1961 ha osservato che i fenomeni termoelettrici richiedono la descrizione fenomenologica della f.e.m. per rendere ragione di due differenti tipi di forza elettromotrice, una che fornisce ciò che egli chiama la f.e.m. "operante" e l'altra che fornisce la f.e.m. "sollecitante" per il sistema termoelettrico. La f.e.m. "operante" è responsabile della produzione dell'energia totale che emerge dal sistema, mentre la f.e.m. "sollecitante" è responsabile per lo spostamento delle cariche nel sistema, originando la corrente elettrica.

Queste due f.e.m., tradizionalmente considerate le stesse normalmente in elettricità, non sono le stesse se si includono gli effetti termoelettrici.

Bridgman inventa un costrutto termodinamico per definire queste due f.e.m. necessarie sul piano fenomenologico ma sottolinea che poiché si tratta di costrutti essi non siano direttamente osservabili. Ora questa analisi quaternionica fornisce una spiegazione alternative dell'idea di Bridgman delle due f.e.m. su basi molto più fundamentalmente connesse alle equazioni elettromagnetiche e senza richiedere i suoi argomenti termodinamici ad hoc.

Se osserviamo le nuove equazioni relative alla legge di Coulomb-Gauss, eqn (27), e separiamo le fonti per isolare i due effetti al fine di considerare l'impatto dell'una indipendentemente dall'altra, troviamo i risultati corrispondenti alle due f.e.m. di Bridgman. Mettiamo a zero la densità di carica elettrica libera ed etichettiamo il campo elettrico, la cui fonte è data dal solo termine temporale, $+1/c. \, \delta T/\delta t$, con un suffisso che indichi che questa parte origini dalla fonte temporale; E_T.

$$\text{div}(E_T) = +1/c. \ \delta T/\delta t \tag{32}$$

Poi, sottraendo questo campo elettrico dal campo totale otteniamo la legge di Coulomb-Gauss con cui abbiamo maggiore familiarità, che consiste della sola densità di carica elettrica libera come fonte.

$$\text{div}(E - E_T) = 4\pi \ \rho \tag{33}$$

Qui, possiamo definire E, come campo "sollecitante", in quanto esso è chiaramente responsabile di spostare le cariche attraverso la regione di spazio. Allora, $E-E_T$, è il campo "operante", che determina l'energia totale (cioè l'energia netta) erogata dal campo nell'atto di muovere queste cariche - parte dell'energia che normalmente sarebbe osservata dovuta ad una carica in moto sotto l'influenza di quel campo elettrico totale che ora viene riassorbito invece dalla meccanica del calore reversibile termoelettrico nel processo interno di conversione dell'energia. Non mi è chiaro tuttavia, se queste due f.e.m. dovrebbero semplicemente rimpiazzare il costrutto concettuale di Bridgman o se invece la f.e.m. di Bridgman dovrebbe essere considerata esistente indipendentemente, mascherando con ciò la presenza dei risultati quaternionici.

Bridgman segnala anche che l'argomento termoelettrico simmetrico richiede che una temperatura variabile nel tempo sia capace di indurre una correlata forza elettromotrice termoelettrica nel materiale soggetto alla variazione termica, un effetto che non è ancora stato osservato sperimentalmente.

Ora, ci attenderemmo che il campo temporale, T, in un material omogeneo, dovesse risultare esso stesso uniforme lungo tutto il mezzo materiale, e non mostrasse variazioni dirette indipendenti in spazio o tempo, eccetto se, data la stretta relazione con l'energia termica, il campo temporale vari direttamente con la temperature, K, e mostri in conseguenza un'indiretta variazione spaziale e temporale nella misura in cui la temperatura stessa vari con lo spazio ed il tempo.

B. dT/dK

Questa relazione tra campo temporale e temperatura può essere espresso più chiaramente in modo funzionale, T = T (K). Con ciò a mente, concludiamo che il tasso di cambiamento nel tempo del campo temporale è proporzionale al tasso di cambiamento nel tempo della temperatura,

$$1/c \rightarrow\leftarrow \delta T/\delta t = 1/c \; dT/dK \; \delta K/\delta t \qquad (34)$$

In effetti, per ogni dato mezzo material omogeneo, la misura del campo temporale è semplicemente una misura della temperatura, perché il parametro dT/dK è una caratteristica del mezzo.

Dato che possiamo scrivere, $dT/dK = -1/(qc).d(-qT\,c)/dK$, e che $-qTc$ è l'energiaa termica assorbita per unità di tempo dalla carica, q, vediamo che dT/dK è in effetti la misura di un tipo di "capacità termica" dell'unità di carica in ogni materiale particolare.

In conseguenza, dalla nuova legge di Coulomb-Gauss, si ricava che il campo elettrico, E_T, è indotto da un tasso di variazione della temperatura nel tempo, la grandezza del campo essendo determinata da questa speciale "capacità termica" della carica unitia nell'ambito del materiale ed il tasso di cambiamento della temperatura nel tempo. La direzione del campo è radialmente in uscita dal punto in cui avviene il cambiamento di temperatura.

In un mezzo omogeneo isotropo, I punti adiacenti producono campi simili, ma essendo di opposte direzioni, si cancellano mutuamente, senza lasciare campi netti nel mezzo. Tuttavia, dove esista un'anisotropia introdotta nel mezzo, come un gradient di temperatura nel materiale, emergerà un campo netto nella direzione dell'anisotropia. Ciò è consistente con la f.e.m. termoelettrica di Bridgman indotta dalle variazioni di temperatura nel tempo, che richiede la presenza di una corrente elettrica isoterma, che fornisce la richiesta anisotropia, ed è anche consistente con l'effetto piroelettrico in cui lo stress e strain meccanico fornisce condizioni anisotrope. Perciò, di nuovo, ritroviamo gli effetti del campo temporale mascherate da altri fenomeni anticipati sul piano teorico e già noti sperimentalmente.

C. Effetto Seebeck

Consideriamo ora una carica elettrica in moto da un mezzo materiale ad un altro, diciamo due metalli differenti.

Dal sistema di riposo della carica in moto, rileviamo un salto nel campo temporale, T, al tempo in cui la carica è vista attraversare il confine tra un metallo per entrare nell'altro metallo nel sistema di laboratorio. Questo tasso di cambiamento del tempo del campo temporal è visto come un campo elettrico, E_T , dalla carica, in accordo con la nuova legge di Coulomb-Gauss, ciò produce una forza elettrica sulla carica che la accelera dallo stato di riposo nel suo sistema di riferimento istantaneo, o la accelera semplicemente nel sistema di laboratorio, ciò costituisce la fonte della f.e.m. termoelettrica di Seebeck.

Notare, che non sono richieste cariche statiche di superficie ai confine tra I due metalli per stabilire un campo elettrostatico che poi accelererà le cariche per dare sostegno alla corrente. Il salto nel campo temporale tra i due metalli, che è essenzialmente correlato al salto nelle specifiche capacità termiche per carica unitaria e al salto in conduttività elettrica, è la sola fonte che manifesta la f.e.m. muovendo in modo stocastico le cariche che attraversano il confine verranno accelerate da quella f.e.m. ed un circuito chiuso darà sostegno alla corrente.

D. Effetto Thomson

Consideriamo la forma nuova della legge di Ampere. Se moltiplichiamo ambo i termini dell'equazione (25) del rapporto di corrente con la conduttività elettrica, J/σ, usando il vettore "prodotto punto," scriviamo il gradiente del campo temporale in termini del gradiente di temperatura, e ri-organizziamo i termini, ottenendo 4 quantità la cui somma è zero,

$$J^2/\sigma + c/4\pi\sigma \, dT/dK \, J \cdot grad(K) \qquad (35)$$
$$- \quad c/4\pi\sigma \, J \cdot curl(B) + 1/4\pi\sigma \, J \cdot \delta E/\delta t = 0.$$

Il primo termine lo riconosciamo come calore Joule prodotto da una corrente elettrica. Esso è proporzionale al quadrato della densità di corrente elettrica, J2, ed è quindi indipendente dalla direzione della corrente o dal segno dei portatori di carica.

Nel secondo termine riconosciamo la forma del calore Thomson prodotto da una corrente elettrica che risale un gradiente di temperatura. Esso è lineare nella densità di corrente elettrica, J, e perciò cambia segno al cambiate di direzione della corrente o al ribaltarsi del segno dei portatori di carica.

Questi due termini devono solo bilanciare gli ultimo due termini nell'equazione, per un sistema elettromagnetico isolato termicamente. Se progettiamo un esperimento per ridurre gli ultimi due termini a zero, per esempio, se organizziamo le cose per rendere costante il campo elettrico nel tempo, $\delta E/\delta t = 0$, e se la circolazione (rotore) del campo magnetico è resa perpendicolare al flusso di corrente, $J \cdot \text{curl}(\mathbf{B}) = 0$, allora il sistema non può più essere isolato termicamente, in generale, e dovremo o pomparvi energia termica oppure estrarne calore per mantenere la condizione particolare richiesta.

Se di pone questo sistema elettromagnetico in contatto con contenitori di calore, perciò, e si permette al calore di essere scambiato tra il sistema e i contenitori, allora gli ultimi due termini svaniscono, e si ottiene la condizione che caratterizza l'esperimento termico di Thomson.

Il tasso netto di energia termica scambiata coi contenitori, dQ/dt, ora equivale alla somma dei due primi termini termici e l'equazione diviene l'usuale equazione termoelettrica di Thomson, che dice che il tasso di calore prodotto dal sistema è dato dalla somma dell'irreversibile calore Joule e del reversibile calore Thomson,

$$dQ/dt = J^2/\sigma - hT \, J \cdot \text{grad}(K) \qquad (36)$$
$$hT = - \, c/4\pi\sigma \; dT/dK \qquad (37)$$

In cui ora, hT , è il calore specific di Thomson del materiale, che è definito come quantità di "calore reversibile" assorbito per unità di tempo da una corrente elettrica di intensità unitaria che fluisce verso l'alto del gradiente di temperatura di un grado per unità di lunghezza in un filo di sezione areale unitaria. Il "calore reversibile" è separato dal "calore irreversibile" dovuto al riscaldamento di Joule misurando il calore totale prodotto dalla corrente fluente in una direzione, poi ribaltando la direzione della corrente e misurando nuovamente il calore totale. La differenza tra i due calori totali costituisce il doppio del calore di Thomson. Siano ora nella posizione di interpretare lo speciale parametro della "capacità termica", dT/dK, introdotto in precedenza. Equivale essenzialmente al prodotto del calore specifico di Thomson e della conduttività Elettrica del mezzo hT $\cdot$ σ, e quindi è in realtà una caratteristica del materiale.

Iv. Polarizzazione e Magnetizzazione.

Possiamo identificare il campo elettrico netto con lo spostamento elettrico, $D = E - E_T$. Poi, se definiamo il campo magnetico, B_T, essere quello che risolve l'equazione, $curl(B_T) = +1/c.\delta E_T/\delta t + grad(T)$, possiamo scrivere, $H = B - B_T$, e ottenere le più familiari equazioni macroscopiche.

Possiamo allora dedurre che in un mezzo macroscopico, gli effetti dovuti alla presenza di questi nuovi termini, $grad(T)$ e $+1/c.$ $\delta T/\delta t$, normalmente sono nascosti nelle complessità dei parametri di Polarizzazione e Magnetizzazione che descrivono i materiali, e quindi, in molti casi, gli effetti del campo temporale non sono tanto facilmente separabili da essere identificati e misurati come fenomeni indipendenti.

V. Conclusioni.

Quando James Clerk Maxwell scrisse la seconda edizione del suo **Trattato di Elettricità e Magnetismo** vi incluse una rappresentazione quaternionica delle sue equazioni elettromagnetiche, ma non vi incluse sia le derivate verso–sinistra e verso–destra, e l'operatore differenziale "**nabla**" restò limitato allo spazio 3-dimensionale una forma da cui era assente la componente temporale, e così il suo lavoro è fondamentalmente diverso da quanto presentato qui.

Invero,nel calcolo dei quaternioni l'operatore differenziale quasi sempre appare alla sinistra ed opera sulla variabile alla sua destra, ignorando l'altra alternativa.

E benché, Charles Jasper Joly noti la distinzione nel suo libro **Un Manuale dei Quaternioni**, l'importanza dell'idea viene nascosta, resta inesplorata ed inutilizzata. Di conseguenza una component importante del campo venne smarrita dale Equazioni di Maxwell e tutta la fisica moderna si è sviluppata da allora perpetuando una delle conseguenze di questa dimenticanza, e cioè che il campo elettromagnetico possiede sei componenti, laddove, come abbiamo mostrato, ce ne dovrebbero essere sette.

La nostra esperienza macroscopic ci dice che il calore è prodotto da due agenti contrapposti nell'azione, l'uno contro l'altro, sfregando come nel caso familiare dell'attrito meccanico, per produrre il fuoco che si manifesta come calore quando c'è contatto con la materia. Così, quando troviamo il campo elettrico è la somma di due principi opposti, la tensione orientata a sinistra che agisce contro quella orientate a destra, non ci dovremmo sorprendere di trovare una componente termica, un più sottile tipo di fuoco, celato nel campo ed emergente come calore quando il campo viene in contatto con la materia carica.

Invero l'azione di un corpo materiale può essere generalmente descritta in termini di tre trasformazioni: traslazioni, rotazioni e pulsazioni. Il campo elettrico, E, tende ad indurre traslazioni in una carica sonda, mentre il campo magnetico, B, tende ad indurre rotazioni quando la carica è in moto, siamo pertanto condotti a concludere che il campo temporale, T, tenda ad indurre le pulsazioni.

Perciò, con l'inclusione del campo temporale mancante la descrizione dell'azione di una particella materiale carica è completa – deduciamo che una tale particella deve avere una struttura estesa con una pulsazione variabile intrinseca in aggiunta al suo spin fissato intrinsecamente dalla meccanica quantistica.

Questa breve nota introduce le idee essenziali che verranno esplorate più in dettaglio in un documento futuro.

Riconoscimenti

Voglio riconoscere l'incoraggiamento dalla rete communitaria degli studiosi di fisica e di fisica delle particelle e di matematica dove vivaci discussioni delle mie idee sono inziate nel 1995 e riconoscere in particolare al Prof. Pertti Lounesto che mi ha stimolato a pubblicare queste idee in un documento più formale.

Bibliografia

[1] W. R. Hamilton, 1844, On a new species of Imaginary Quantities connected with the Theory of Quaternions [communicated November 13, 1843], Ir. Acad. Proc., II, 424-434.

[2] P. W. Bridgman, 1961, The Thermodynamics of Electrical Phenomena in Metals and a Condensed Collection of Thermodynamic Formulas, Dover Publications. – for definitions of "working" and "driving" electromotive forces, see comments in preface page v, and text pages 19,61,63,69,129ff. And for comments relating to the expected, but as yet unseen, "E.M.F. produced by temperature varying with time," see preface page vi, and text pages 144-145.

[3] We use the letter, K, for temperature, instead of the more usual letter, T, since the latter is being used here for the temporal field, and we can remember this as K for Kelvin instead of T for Thomson, given that William Thomson became Lord Kelvin, hence the promotion of the letter.

[4] J. C. Maxwell, 1954, Treatise on Electricity and Magnetism, 3rd ed., 2 vols, Dover, New York.

[5] C. J. Joly, 1905, A Manual of Quaternions, London Macmillan. In Art 57, Joly recognises the two different left and right differentiations; pp.74-77, and Exercises Ex.5, Ex.11, on pg.76.

Bibliografia
a carattere scientifico e umanistico

Riferimenti bibliografici

1. Atchison, I. 1985. *Nothing's Plenty: The Vacuum in Modern Quantum Field Theory* - Contemporary Physics 26(4): 333-391.
2. Arcidiacono G. *Relatività ed Esistenza* – 1975 – Studium Christi - Roma.
3. Arcidiacono S. *Ordine e Sintropia* – 1975 – Studium Christi – Roma
4. Bak Per, *How Nature Works*, Springer-Verlag (New York @ Copernicus) 1996.
5. Ballhausen Carl. J. - *Introduction to Ligand Field Theory* - McGraw-Hill, New York, 1962
6. Barbour J. B. – *The timelessness of Quantum Gravity* – Classical and Quantum Gravity, Vol.11, Nr 12, 1994, pp. 2853-2873(21) - Publisher: Institute of Physics Publishing
7. Barrett, T. 1993. *Electromagnetic Phenomena Not Explained by Maxwell's Equations* - In Lakhtakia, A. [ed.], *Essays on the Formal Aspects of Electro-magnetic Theory*. World Scientific Publishing, River Edge, N.J.USA.
8. Bartocci Claudio - *Racconti matematici* – Einaudi – Torino, 2006.
9. Bearden T. 2000. *Giant Negentropy from the Common Dipole* - Journal of New Energy 5(1): 11-23.
10. Bearden T. 2002. *Energy from the Vacuum: Concepts and Principles*. Cheniere Press, S.a Barbara, CA USA.
11. Bedini J. 2002. *Device and method of a back EMF permanent electromagnetic motor generator* -U.S. Patent No.6,392,370. May 21, 2002.
12. Bedini J. 2003. *Device and method for utilizing a monopole motor to create back EMF to charge batteries* - U.S. Patent No.6,545,444. April 8, 2003.
13. Bedini J. 2004. *Device and method for pulse charging a battery and for driving other devices with a pulse* - U.S.

Patent No. 6,677,730. January 13, 2004.

14. Bedini J, Bearden T.2004. *Radiant Potential Energy Charger* - U.S. Provisional Patent Application ER 677978580 US.

15. Bjerknes V. 1906. Introductory remarks in *Fields of Force*, Columbia University Press, New York, N.Y..

16. Bohren C. 1983. *How can a particle absorb more than the light incident on it?* - American Journal of Physics 51(4): 323-327.

17. Bourbaki N. – *Elementi di storia della matematica* – Feltrinelli, Milano 1963.

18. Buchwald J. 1985. *From Maxwell to Microphysics.* University of Chicago Press, Chicago, Illinois, USA.

19. Bunge M. 1967. *Foundations of Physics.* Springer-Verlag, New York, New York, USA.

20. Careri G. – *Ordine e disordine nella materia* – Laterza ed. 1981 Roma.

21. Charon Jean, *L'esprit cet inconnu*, Paris Albin Michel1977.

22. Charon Jean, *Pour une theorie unitaire de l'universe*, Paris Ed. Grange Bateliere 1962.

23. Collins Francis -*The Language of God: A Scientist Presents Evidence for Belief* - Free Press July 11, 2006.

24. Cornille,P.1993. *Inhomogeneous waves and Maxwell's equations* - In A. Laktakia, ed. *Essays on the formal Aspects of Electromagnetic Theory*, World Scientific, Singapore, p.138-182.

25. Crooks, G. 1999. *Entropy production fluctuation theorem and the non-equilibrium work relation for free energy difference - Physical Review E* 60: 2721-2726.

26. Cullity L. C., *Introduction to magnetic materials*, Addison Wesley, 1972.

27. De Chardin T– *The future of man* –Fortune Books,NY1969.

28. D'Arcy Thompson W. – *On growth and form* – Cambridge University Press, 1961.

29. Denur, J. 2004. *Modified Feynman Ratchet with Velocity-Dependent Fluctuations - Entropy* 6: 6-76.
30. De Salle Rob. & Yuddle Michael Ed. *The genomic revolution: unveiling the unity of life* - 2002.
31. Deutsch D. – *The global approach to Quantum Field Theory*
32. Dewitt C. & B. *Geometrokynetics and the issue of the final state* – Les Houches Lectures, 1963 Carden & Brian, NY.
33. Dirac, P. 1930. *A Theory of Electrons and Protons - Proceedings of the Royal Society of London*, Series A, 126(801): 360-365.
34. Donnelly, R. & Richard Ziolkowski, R. 1992. *A Method for constructing solutions of homogeneous partial differential equation: localized waves - Proceedings of the Royal Society of London A* 437 (673-692).
35. Drude, P. 1900. *Zur Elektronentheorie der Metalle* - Annalen der Physik 1: 566; 3:369.
36. Du Sautoy – *The music of the primes* – Cambridge University Press, 2004.
37. Einstein, A. 1916. *Die Grundlage der Allgemeinen Relativitätstheorie."* [*"The Foundation of the General Theory of Relativity[- Annalen der Physik* 49: 769-822.
38. Evans, D. & Rondoni, L. 2002. *Comments on the Entropy of Nonequilibrium Steady States - Journal of Statistical Physics* 109(3-4): 895-920.
39. Evans, D. & Searles, D. 1994. *Equilibrium microstates which generate second law violating steady states - Physical Review E* 50: 1645-1648.
40. Evans, M. 2004. *The Equations of Grand Unified Field Theory in Terms of the Maurer Cartan Structure Relations of Differential Geometry - Foundations of Physics Letters* 17(1): 25-37.
41. Everett H. – *Theory of universal wave function* – Princeton University Press – Princeton 1973.

42. Farmelo, G. 2002. *Pipped to the positron - New Scientist,* 10 Aug., 48-49.
43. Feynman R. et al. 1964. *The Feynman Lectures on Physics.* Addison-Wesley, New York, N.Y., USA. 3 vol.
44. Feynman R. 1966. *Theory of Fundamental Processes –* Westview Press – Perseus Books Gr. 1961.
45. Feynman R. 1966. *QED –* Princeton University Press 1988.
46. Gibbs, J. 1934. *The Collected Works of J. Willard Gibbs.* Longmans, Green & Co.,New York, N.Y.,USA.Vol. 2.
47. Gilmore Robert 1995. *Alice in wonderland.* Springer Verlag, New York, Inc.
48. Hamilton, W. 1853. *Lectures on Quaternions,* 1st Edn. Hodges and Smith, Dublin, Ireland.
49. Heaviside, O. 1885-1887. *Electromagnetic Induction and Its Propagation - The Electrician.* Una serie di 47 sezioni, pubblicate *sezione-per-sezione* in vari numeri di *The Electrician* durante gli anni 1885, '86 e '87.
50. Heaviside, O. 1893. *On the Forces, Stresses, and Fluxes of Energy in the Electromagnetic Field - Philosophical Transactions of the Royal Society of London* 183A: 423-480
51. Heisenberg W. *The physical principles of the Quantum Theory –* Univ. of Chicago Press, Chicago 1930
52. Heisenberg W. *Physics and Philosophy –* Harper and Row New York 1962.
53. Hertz, H. 1887. *Uber sehr schnelle electrische Schwingungen [with] Nachtrag zu der Abhandlung über sehr schnelle electrische Schwingungen - Annalen der Physik und Chemie* 31: 421-448, 543-544.
54. Hertz, H. 1893. *Electric Waves: Being Researches on the Propagation of Electric Action with Finite Velocity Through Space.* Translated by David Evan Jones. Preface by William Thompson, Lord Kelvin. Macmillan and Co., London, England. È la prima traduzione inglese del testo tedesco di

Hertz.
55. Jackson, J. 1975. *Classical Electrodynamics*. 2nd Edition. Wiley, New York, New York, USA.
56. Jackson, J. 1999. *Classical Electrodynamics*. 3rd edition. Wylie, New York, New York, USA. Jackson presenta qui il *regauging simmetrico di Lorentz* utilizzato dagli odierni elettro-dinamici. Per il vuoto le *equazioni di Maxwell* (Heaviside-Lorentz) si riducono a due coppie d'equazioni la 6.10 e la 6.11 a p. 246. La condizione di *regauging di Lorentz* è applicata da Jackson a p. 240 e risulta nelle due *equazioni d'onda* disomogenee 6.15 e 6.16. La *condizione di Lorentz* è data nell'equazione 6.14 a p. 240.
57. Josephs, H. 1959. *The Heaviside papers found at Paignton in 1957* - The Institution of Electrical Engineers Monograph No. 319, p. 70-76.
58. Julian Jaynes. *The origins of consciousness in the breakdown of the bicameral mind*. Princeton University 1976.
59. Klein, F. *Vergleichende Betrachtungen über neuere geometrische Forschungen* - 1872.
60. Kondepudi, D. and Prigogine, I. 1998-1999. *Modern Thermodynamics: From Heat Engines to Dissipative Structures*. Wiley, New York, New York, USA. Reprinted with corrections 1999.
61. Kosyakov, B. 1992. *Radiation in electrodynamics and in Yang-Mills theory* - Soviet Physics Usp. 35(2): 135-142.
62. Laithwaite, E. 1982. *Oliver Heaviside – establishment shaker* - Electrical Review 211(16): 44-45.
63. Lee, T. 1956. *Question of Parity Conservation in Weak Interactions* - Physical Review 104(1): 254-259.
64. Lee, T. et al. 1957. *Remarks on Possible Non-invariance under Time Reversal and Charge Conjugation* - Physical Review 106(2): 340-345.
65. Lee, T. 1981. *Particle Physics and Introduction to Field*

343

Theory. Harwood, New York, New York, USA.
66. Letokhov, V. 1967. *Stimulated emission of an ensemble of scattering particles with negative absorption* - *ZhETF Plasma* 5(8): 262-265.
67. Letokhov, V. 1968. *Generation of light by a scattering medium with negative resonance absorption* - *Soviet Physics JETP* 26(4): 835-839.
68. Letokhov, V. 1995. *Laser Maxwell's Demon* - *Contemporary Physics* 36(4): 235-243.
69. Leyton, M. 2001. *A Generative Theory of Shape*, Springer-Verlag, Berlin, Germany.
70. Lomborg Bjorn 2001. *The skeptical Environmentalist,* Cambridge University Press.
71. Lorentz, H. 1892. *La Théorie electro-magnétique de Maxwell et son application aux corps mouvants* - *Arch. Néerl. Sci.* 25: 363-552. In questo articolo Lorentz portò avanti il *regauging simmetrico* della già manipolata teoria di Maxwell eliminando così da essa ogni *sistema asimmetrico* Maxwelliano.
72. Lorentz, H. *Die Energie im elektromagnetischen Feld* - In H.A. Lorentz, *Vorlesungen über Theoretische Physik an der Universität Leiden, Vol. V, Die Maxwellsche Theorie (1900-1902).*Leipzig, Germany, Akademische Verlagsgesellschaft M.B.H. 1931, pp. 179-186
73. Mandelsbrot B. - *The Fractal Geometry of Nature* - NY1982, W. H. Freeman & Co., USA.
74. Mandl, F. & Shaw, G. 1993. *Quantum Field Theory.* Wiley, New York, New York, USA, under the heading *5.2 Covariant Quantization* and *5.3 The Photon Propagator* - Chapter 5.
75. Maxwell, J. 1865. *Dynamical Theory of the Electromagnetic Field* - *Royal Society Transactions* CLV: 554-564.
76. Maxwell, J. 1871. *Theory of Heat.* Longmans and Green,

London, England, Chapter 12.
77. Maxwell, J. 1873. *A Treatise on Electricity and Magnetism.* Oxford University Press, Oxford, England.
78. Maxwell, J. 1878. *Tait's Thermodynamics II - Nature* 17: 278–280.
79. Maxwell, J. 1881. *A Treatise on Electricity and Magnetism.* 2nd edn. Niven [ed.], Oxford University Press, Oxford, England.
80. Maxwell, J. 1892. *A Treatise on Electricity and Magnetism.* 3rd edn. J. J. Thomson [ed.], Oxford University Press, Oxford, England.
81. Michelson, A. and Morley, E. 1886. *Influence of motion of the medium on the velocity of light - American Journal of Science* 3: 377-386.
82. Michelson, A. & Morley, E. 1887. *The relative motion of the earth and the luminiferous aether - American Journal of Science* 4(3): 333.
83. Michelson, A. and Morley, E. 1887. *On the relative motion of the earth and the luminiferous aether - Philosophical Magazine* 24(4): 449.
84. Patrick, S. et al. 2002. *Motionless Electromagnetic Generator* - U.S. Patent No. 6,362,718.
85. Paul, H. and Fischer, R. 1983. *Comment on "How can a particle absorb more than the light incident on it? - American Journal of Physics* 51(4): 327.
86. Poynting, J. 1884. *On the transfer of energy in the electromagnetic field,* - Part 1, *Philosophical Transactions of the Royal Society of London* 175: 343-361. The first part of Poynting's theory.
87. Poynting, J. 1885. *On the Connection Between Electric Current and the Electric and Magnetic Inductions in the Surrounding Field - Philosophical Transactions of the Royal Society of London* 176: 277-306. The second part of

Poynting's theory.
88. Prigogine I. *La fin des certitudes* –Paris Ed.Odile Jacob 1966
89. Prigogine I., Stengers I. - *Order Out of Chaos:* man's new dialogue with nature, Bantam, N.Y.(Apr. '84).
90. Radowitz, J. 2005. *Electric Motor Breakthrough Hits the Fast Lane* - PA News, May 30, 2005.
91. Ricossa S., 1986 - *La fine dell'economia* – Sugarco, Milano.
92. Rovelli C. – *Quantum Gravity* – Cambridge University Press, 2004.
93. Sachs, M. 1999. *On Unification of Gravity and Electromagnetism and the Absence of Magnetic Monopoles* - Il Nuovo Cimento B 114: 123.
94. Singh S. – *Codici e segreti* – Rizzoli, Milano 1999.
95. Sen, D. 1968. *Fields and/or Particles*. Academic Press, London, England.
96. Smolin L. – *Three Roads to Quantum Gravity* – Oxford University Press, 2000.
97. Stewart Ian. *Com'è bella la matematica. Lettere a una giovane amica* – Bollati Boringhieri 2006.
98. Tesla, N. 1919. - *The True Wireless* - Electrical Experimenter, May.
99. Thom René – *Stabilité structurelle et Morphogenesè* – 1972 InterEditions Paris.
100.Torrance, T. [ed.]. 1996. *J. C. Maxwell: The Dynamical Theory of the Electromagnetic Field*. Wipf and Stock Publishers, Eugene, Oregon, USA.
101.Van Flandern, T. 1998. - *The speed of gravity: what the experiments say* - Physics Letters A 250: 1-11.
102.Watson J.D. – *The double helix* – Atheneum – New York 1968.
103.Wang, G. et al. 2002. - *Experimental Demonstration of Violations of the Second Law of Thermodynamics for Small Systems and Short Time Scales* - Physical Review Letters

89(5): 050601.

104. Weil A. – *Teoria dei numeri: storia e matematica da Hammurabi a Legendre* – Einaudi, Torino 1993.
105. Weinberg, S. 1993. *Dreams of a Final Theory*. Vintage Books, Random House, New York, N.Y., USA.
106. Whittaker, E. 1903. *On the Partial Differential Equations of Mathematical Physics.*- Mathematische Annalen 57: 333-355.
107. Whittaker, E. 1904. *On an Expression of the Electromagnetic Field Due to Electrons by Means of Two Scalar Potential Functions* - Proceedings of the London Mathematical Society, Series 2, 1: 367-372.
108. Wu, C. et al. 1957. *Experimental Test of Parity Conservation in Beta Decay* - Physical Review 105: 1413.
109. Yaglom, I. 1988. Felix Klein & Sophus Lie: *Evolution of the Idea of Symmetry in the Nineteenth Century*, Birkhäuser, Boston, Massachusetts, USA
110. Yarris Lynn - *Automated DNA Sequencing*, Berkeley Labs. October 1992.
111. Yurth David G., Ayres Donald - Y-Bias and Angularity: The Dynamics of Self-Organizing Criticality From the Zero Point to Infinity - August 20, 2005, Holladay, Utah, USA.

www.ingramcontent.com/pod-product-compliance
Lightning Source LLC
Chambersburg PA
CBHW071410180526
45170CB00001B/49